军事运筹学

黄力伟　冯　杰　王　勤　尹成义　编

国防工业出版社

·北京·

内 容 简 介

本书以决策优化为核心，坚持基础理论与军事应用并重的原则，分七章展开论述，依次为军事运筹学概论、数学规划、动态规划、对策论、决策优化基础、网络计划、搜索论。

本书着重介绍军事运筹的理论与方法，注重结合军事应用，每章都配有丰富的军事应用例题。为便于读者加深理解、掌握与运用，书中每章后均附有习题。

本书内容充实，实用性强，可以作为军事院校本科生教材，还可供广大军事科研人员、工程技术人员和研究生使用。

图书在版编目(CIP)数据

军事运筹学/黄力伟等编．—北京：国防工业出版社，2016.2(2018.8 重印)

ISBN 978-7-118-10378-6

Ⅰ．①军… Ⅱ．①黄… Ⅲ．①军事运筹学 Ⅳ．①E911

中国版本图书馆 CIP 数据核字(2016)第 025591 号

※

国防工業出版社出版发行

（北京市海淀区紫竹院南路 23 号　邮政编码 100048）

北京虎彩文化传播有限公司印刷

新华书店经售

*

开本 787×1092　1/16　**印张** 12¾　**字数** 287 千字

2018 年 8 月第 1 版第 2 次印刷　**印数** 2001—2500 册　**定价** 52.00 元

（本书如有印装错误，我社负责调换）

国防书店：(010)88540777　　发行邮购：(010)88540776

发行传真：(010)88540755　　发行业务：(010)88540717

前　言

军事运筹学是应用现代科学和数学方法及现代计算技术,研究军事活动中的数量关系,从而为军事领域的正确决策提供依据的学科。现代战争正朝着信息化、联合作战方向发展,在新军事革命中,军事运筹学对军事理论与现代战争正产生前所未有的深刻影响。在世界范围内,军事运筹学正围绕着将高技术特别是信息技术转化为进行现代战争的实战威慑能力的各个关键环节展开,美国已把军事运筹学作为争夺21世纪军事制高点的关键技术之一。20世纪90年代以来的几场局部战争的实践已经充分表明:要把高技术武器装备转化为巨大的实际战斗力,必须要有与之相适应的高素质的军事指挥和谋略人才。对于我海军来说,培养能够适应现代高技术局部海上战争需要的、具有创新精神和高超谋略水平及作战筹划能力的新型指挥员,是当前海军质量建设急需解决的重要课题之一。

近年来,军事运筹学的发展越来越快,新理论、新方法不断涌现,军事运筹学的应用研究更是越来越广泛。2002年,由海潮出版社出版了由海军大连舰艇院军事运筹教研室主编的教材《海军运筹学基础》。2011年,在原有教材的基础上,增加了军事运筹学的应用内容,编写了本科生教材《军事运筹学》。经过多年的教学活动与实践,为突出军事运筹学的军事应用,对原有教材《军事运筹学》进行了全面整理、修改,形成了新的本科生教材《军事运筹学》。

本书内容分为7章。其中第1章对军事运筹学研究的形成、发展和研究内容等做了概述;第2章介绍了数学规划问题,着重阐述了数学规划的模型建立及军事应用;第3章对动态规划的基本原理及其在军事上的应用进行了讨论;第4章论述了对策论的基本概念和求解方法;第5章阐述了决策优化的基本概念及决策方法;第6章介绍了网络计划图的绘制及优化方法;第7章介绍了搜索论的基本概念以及各种搜索方式下的搜索效率。本书是本科生军事运筹学的教材,同时也可供在军事运筹学领域工作的科研人员,以及对军事运筹学感兴趣的广大科技工作者参考。

本书由海军大连舰艇学院军事运筹教研室黄力伟副教授、冯杰教授、王勤讲师、尹成义讲师共同编著。冯杰编写了第1章,王勤编写了第5章,尹成义编写了第6章、第7章,黄力伟编写了其余章节的内容,并对全书的初稿进行了全面修改和补充,全书最后由黄力伟统稿和定稿。

在本书编写过程中我院舰船指挥系张建军主任、滕玉军政委提出了许多建设性的意见,在此表示衷心的感谢。此外,感谢在本书出版过程中给予我们支持、帮助的所有人员。

由于编著者水平有限和时间紧迫,书中不妥之处在所难免,敬请读者批评指正。

编著者

2014年10月

目　　录

第1章 军事运筹学概论

1.1 军事运筹学的基本概念

1.1.1 军事运筹学的来历

通俗地讲,"运筹"就是运算、筹划的意思,几乎在每个人的头脑中都天生存在着。当要完成一项任务或做一件事时,人们脑子中会产生自然的想法,就是在条件许可的范围内,尽可能找出一种最好的办法去办好那件事。这种朴素的"选优"和"求好"的思想,实际上就是运筹学的思想。而"军事运筹"就是站在军事的角度运算、筹划问题。

"运筹学"的英文原词是 Operational Research(美国称为 Operation Research),最早出现于1938年,是由英国的鲍德西雷达站负责人 A. P. 罗威就整个防空作战系统的研究工作提出的,当时是特指作战研究。但第二次世界大战后,用于作战研究的这些理论、方法广泛用于民用领域,故又将原词理解为"运用研究"。1956年,我国学术界通过钱学森、许国志等科学家的介绍,了解了这门学科后,将原词译为"运筹学"。运筹一词出自《史记·高祖本纪》:"夫运筹帷幄之中,决胜于千里之外。"词意是如果善于筹划,则可取得战争的胜利。随着运筹学在军事领域应用的不断扩大,进一步促进了军事运筹研究工作的深入发展,逐渐形成了一门独立的军事学科,在我国称为军事运筹学(Military Operational Research)。

1.1.2 军事运筹学的定义

虽然人们对军事运筹学的性质和特点没有太大争议,但军事运筹学作为一门相对年轻的军事学科,至今还没有统一而确切的定义。

莫尔斯和金博尔在《运筹学方法》一书中称运筹学是"为执行部门对它们控制下的业务活动时,采取决策提供定量根据(以数量化为基础)的科学方法"。它首先强调的是科学方法,这含义不单是某种研究方法的分散和偶然的应用,而是可用于整个一类问题上,并能传授和有组织的活动。它强调以量化为基础,必然要用数学。但任何决策都包含定量和定性两方面,而定性方面又不能简单地用数学表示,如政治、社会等因素,只有综合多种因素的决策才是全面的。运筹学工作者的职责是为决策者提供可以量化方面的分析,指出那些定性的因素。

美国1978年出版的《运筹学手册》认为"运筹学就是用科学方法去了解和解释运行系统的现象,它在自然界的范围内所选择的研究对象就是这些系统"。

联合国国际科学技术发展局在《系统分析和运筹学》一书中,对运筹学所下的定义是"能帮助决策人解决那些可以用定量方法和有关理论来处理的问题"。

另一个定义是:"运筹学是一门应用科学,它广泛应用现有的科学技术知识和数学方法,解决实际中提出的专门问题,为决策者选择最优决策提供定量依据。”该定义表明运筹学具有多学科交叉的特点,如综合运用经济学、心理学、物理学、化学中的一些方法。

运筹学是强调最优决策,“最”是过分理想了,在实际生活中往往用次优、满意和合理等概念代替最优。因此,运筹学的又一个定义是:“运筹学是一种给出问题坏的答案的艺术,否则的话问题的结果会更坏。”

张俊学教授在《作战运筹学》中定义为“军事运筹学是应用现代科学和数学方法及现代计算技术,研究军事活动中的数量关系,从而为军事领域的正确决策提供依据的学科。”

张最良研究员在《军事运筹学》中做了如下定义:“军事运筹学是应用数学和计算机等科学技术方法研究各类军事活动,为决策优化提供理论和方法的一门军事学科。”这个定义说明了军事运筹学的研究对象、方法、内容和目的。

2011 年颁发的《中国人民解放军军语》对军事运筹学做了如下表述:军事运筹学是研究军事问题的定量分析及决策优化的理论和方法的学科。主要是通过运用数学模型、电子计算机技术和定量分析等方法,揭示各种军事系统的结构、功能及其运行规律。

在本书中,我们采用《中国人民解放军军语》对军事运筹学的定义。

1.1.3 军事运筹学与相关学科的关系

军事运筹学是不同领域的科学家运用自然科学、社会科学、军事科学的相关理论,在研究分析军事问题的运筹实践活动中产生的边缘学科。它与数学、物理学和电子计算机技术等有着密切的联系,在军事科学领域中与相关学科也有着密切的关系。

1. 与军事系统工程的关系

军事运筹学与军事系统工程,都是在早期作战研究的基础上发展起来的。它们都强调定量分析和整体效益,注重优化决策等。但军事运筹学侧重于定量分析现有系统的作业情况,而军事系统工程则是以定量与定性相结合的方法,解决工程技术及其他方面的组织管理技术问题。有的学者认为军事运筹学是军事系统工程的基础理论,也有的学者认为两者同多异少,在应用上可以看成同一类科学方法。

2. 与其他军事学科的关系

军事运筹学与战略学、战役学、战术学、军队指挥学、军制学、军事情报学、军事训练学、军事装备学等学科存在着相互交叉、相互渗透的关系。军事运筹学的应用研究需借助其他军事学科提供的理论基础,而其他军事学科的研究与发展则需借助军事运筹学的理论和方法。

1.2 军事运筹学的形成和发展

1.2.1 历史渊源

军事运筹学虽然起源于第二次世界大战中,但军事运筹思想的应用却有着悠久的历史。早期的军事运筹思想可追溯到古代军事计划与实际作战运算活动中的选优求胜思想。公元前 6 世纪我国著名的军事家孙武可能是历史记载中最早的军事运筹思想的实践者了。在举世闻名的《孙子兵法》中,他提出的许多关于合理运用人力、物力获取战争胜利的见解,体现了丰富的军事运筹思想。在《孙子》一书中,关于作战力量的运用与筹划的论述,孙子写道:“夫未战而庙算胜者,得算多也;未战而庙算不胜者,得算少也。多算胜,少算不胜,而况于无算乎!”这段话的大意是说:开战之前,预计能够胜过敌人的,是因为计算周密,胜利条件多;开战之前,预计不能胜过敌人的,是因为计算不周,胜利条件少。计算周密,胜利条件多,可能胜敌;计算不周,胜利条件少,不能胜敌,更何况根本不计算、没有胜利条件呢! 关于运筹研究的方法,他写道:“兵法:一曰度,二曰量,三曰数,四曰称,五曰胜,地生度,度生量,量生数,数生称,称生胜。”这句话的大意是说,用兵之法:一是“度”二是“量”,三是“数”,四是“称”,五是“胜”。根据战场地形情况,做出利用地形的判断;根据对战场地形的判断,得出战场容量的大小;根据战场容量的大小,估计敌我双方可能投入兵力的数量;根据双方可能投入兵力的数量,进行衡量对比;根据双方兵力的对比,判断出作战的胜负。关于兵力的运筹方法,孙子认为:“百战百胜,非善之善者也;不战而屈人之兵,善之善者也。”意思是说,百战百胜,不算是最好的,不战而使敌人屈服,才算是最好的。他还认为:“用兵之法,十则围之,五则攻之,倍则分之,敌则能战之,少则能逃之,不若则能避之。故小敌之坚,大敌之擒也。”就是说,用兵的方法,有十倍于敌的绝对优势的兵力,就要四面包围,迫敌屈服;有五倍于敌的优势兵力,就要进攻敌人;有一倍于敌的兵力,就要设法分散敌人;同敌人兵力相等,就要善于设法战胜敌人;比敌人兵力少,就要善于摆脱敌人;各方面条件均不如敌人,就要设法避免与敌交战。弱小的军队如果只知坚守硬拼,就会成为强大敌人的俘虏。

例如,《史记・孙子吴起列传》中记载的春秋战国时期孙膑辅助齐将田忌与齐威王赛马,田忌采用孙膑建议的取胜策略,就体现了对策论中的最优策略思想。又如,11世纪沈括的《梦溪笔谈》中根据军队的数量和出征距离,筹算所需粮草的数量,将人背和各种牲畜驮运的几种方案与在战场上“因粮于敌”的方案进行比较,得出了取粮于敌是最佳方案的结论,反映了当时后勤供应中多方案选优的思想。

古希腊数学家阿基米得利用几何知识研究防御罗马人围攻叙拉古城的策略,也是体现军事运筹思想最早的典型事例之一。

在我国长期革命战争中,毛泽东和其他老一辈无产阶级革命家,在制定作战方针和实施作战指挥中,一贯重视兵力的运用研究,十分注意对敌我双方情况进行科学的定量分析,从统计资料中找出规律性数据,为决策提供依据。例如,土地革命战争时期,科学地分析战略形势,针对敌强我弱的实际情况,确定了以农村包围城市的斗争道路;抗日战争时期,分析敌我力量对比,确定以持久战胜敌的思想;解放战争时期,基于对战争中敌我双方兵力消耗及兵员补充数据的分析,毛泽东提出了每战必须集中6倍、5倍、4倍、至少3倍于敌的兵力才能打歼灭战的集中兵力原则;指出了在歼敌1万,自损2~3千的双方兵力消耗下平均每月歼敌一定数目的可能性;预测了夺取解放战争胜利的时间表,计算战争进程,确定在3~5年内从根本上消灭国民党军队,推翻国民党反动统治等,都科学地运用了定量分析的方法。历史证明了这种预测的正确性。此外,他还利用作战经验及大量统计数据,提出作战理论原则,并把一些重要的数量依据,直接纳入原则体系,指导作战。十大军事原则中“每战集中绝对优势兵力(2倍、3倍、4倍、有时甚至是5倍或6倍于敌之兵力),四面包围敌人,力求全歼,不使漏网”(《毛泽东选集》,第2版,北京,人民出版社,

1991 年,第 1247 页)的原则,就是一例。

在古今中外战争史上,还可以找到大量运用军事运筹思想的案例。正因为有这样的历史渊源,在科学技术水平及武器装备发展到一定阶段的条件下,产生了军事运筹学。

1.2.2 军事运筹学发展简况

军事运筹学的形成与发展大致可分为三个阶段。

1. 萌芽时期(1908—1945)

第一阶段是第一次世界大战至第二次世界大战结束,这是军事运筹学的萌芽时期。战争条件和新式武器装备的出现推动一些自然科学工作者直接参与研究与新式武器装备使用有关的作战问题。事实上,在第一次世界大战前后,已经出现了这样的活动。1914 年,英国汽车工程师兰彻斯特发表了关于古代冷兵器战斗和近代枪炮战斗数学模型的论文,第一次应用微分方程分析数量优势与胜负的关系,创造性地用数学方程式来描述两军对战的过程,从中论证了集中优势兵力的战略效果。定量地论证了集中兵力原则的正确性。他所建立的战斗损耗方程被称为兰彻斯特方程,一直受到人们的重视和研究。1915 年,俄国的 M. 奥西波夫独立推导出类似于兰彻斯特方程的奥西波夫方程,并用历史上的战例数据做了验证;同年,美国学者 F. W. 哈里斯首创库存论模型,用于确定平均库存与经济进货量,提高了库存系统的综合经济效益。

稍后美国发明家 T. A. 爱迪生为对付德国潜艇的威胁,运用数学方法研究反潜战术,他用数学中的博弈理论及一些统计数字的分析,得出商船用"之"字形方法机动,可大大避免遭受潜艇攻击的结论,减少了敌方潜艇对商船的毁伤;这些研究虽然仅处于探索阶段,对当时的战争也未起到重要作用,但对后来的运筹学发展却很有影响。

1921—1927 年,法国数学家 E. 波莱尔发表的一系列论文,为对策论的创建奠定了基础,其中证明了极小极大定理的特殊情形。这些均是为适应不同的军事需要而逐步发展起来的早期运筹理论和方法。

第二次世界大战中,英、美等国为了适应作战的需要,发明了一批新式武器,其中英国皇家空军为了对付德国飞机的空袭,研制出一种新的防空警戒工具——雷达,但由于武器的使用落后于武器的制造。因此,如何更有效地使用新式武器,在实践中充分发挥它的作用,成为一个亟待解决的问题。开始由于雷达和高射武器配合不好,防空效果很低,甚至引起了人们对新装备——雷达作用的怀疑。1940 年 3 月,英国国防部门成立了一个由物理学家勃兰凯特领导的小组,研究如何有效地使用雷达控制防空系统。该小组成员共 11 人,其中有两位数学家,四位物理学家,三位生理学家,一位测量员,一位军官,是一个跨学科的小组,被人们称为"勃兰凯特杂技团"。后来这个小组在作战现场研究,找到了合理运用与配合的方法,使击毁敌机率大大提高。值得一提的是,当时从雷达的技术上讲,英国不如德国的先进,可是由于运用得当,作战效果比德国好得多。勃兰凯特小组的工作和成果,引起了盟军的注意。

1942 年 3 月间,美国海军在反潜部队中成立了一个由莫尔斯领导的小组。他本人是物理学家,还邀集了数学家和人寿保险、统计、遗传、量子力学等方面的专家,他们在反潜战研究中,认为潜艇之所以可怕无非是因为它潜入水中不好发现,所以首先要研究搜索,这个研究后来发展为搜索理论。发现敌艇后,还有如何击沉它的问题。当时海军使用的深水炸弹爆炸深度至少为 75 英尺，杀伤范围只有 20 英尺，由于空投时，飞机发现潜艇一般均在浮出水面时攻击，因此不易炸毁，后来根据这个小组的建议，在水深 30 英尺处爆炸，仅此一项措施，即使得潜艇的击沉率成倍增加。

1943 年末，马歇尔将军在研究了海、空军的运筹分析工作之后，给所有战场指挥官下了个通知，建议成立类似的分析组，来研究陆上作战问题。陆军方面虽也成立了几个评价小组，取得了一些成果，但没有像海、空军那样积极地利用这种方法。

到第二次世界大战结束时，美、英两国从事军事运筹工作的科学技术人员，即使保守地估计也远远不止 700 名。他们运用自然科学的方法评估空军和海军的战斗行动效能，提供一系列有关战术革新和战术计划的建议，为取得战争胜利做出了重要贡献。例如，通过研究提出反潜深水炸弹的合理爆炸深度，使德国潜艇被击沉的数量增加了 3 倍；提出船只受敌机攻击时，大船应急转向，而小船应缓慢转向的逃避方法，使船只中弹数由 47% 降到 29%；论证商船安装高炮的合理性，使商船损失率由 25% 降到 10%；提出以平均飞机出动架次作为维修系统的效能准则，使飞机出动架次几乎增加 1 倍，显著提高了有限数目飞机对商船的护航能力等。

总之，第二次世界大战中，英、美等国家，特别是海军、空军，在军事运筹学的研究运用方面，已不局限于使用武器装备的参数和性能达到最佳设计要求，而发展到计划和预测某种作战方式或战术手段可能达到的效果。在情报的收集、处理，计划的组织、制订，战术的运用、研究，实现决心的预测、分析方面都进行了一种新的尝试。即用数学和综合分析的方法，从复杂的现象中，找到敌人行动的规律，根据这些规律决定自己采用的战术，充分发挥自己的特长，以取得最大的战斗效果。

1938 年，当时任英国作战研究部主任罗威把科学家们的这些工作称为 Operational Research，即运筹学。这是运筹学作为这一学科命名的最早起源。

2. 形成时期（1946—1965）

第二阶段是第二次世界大战到 20 世纪 60 年代中期，这是军事运筹学的形成时期。

第二次世界大战后，英国于 1945 年年底成立了军事部所属的运筹小组，并着手研究士兵及其武器、装备和服装质量的提高；对新武器装备的要求；战斗训练的内容和方法；供应和管理等方面的问题。美国海军运筹学小组战后继续开展工作，1947 年改为运筹评价小组。1946 年 10 月，美国空军成立了作战分析部，后改为空军作战部的作战分析处。他们从开始就和工业部门建立了紧密的联系，著名的兰德公司就是在空军的支持下发展起来的。1948 年，美国陆军后勤部负责研究与发展的副部长——马柯利夫少将，请霍普金斯大学为研究小组提供技术帮助，成立了普通研究部，后改名为“运筹研究部”。1948 年 12 月，美国国防部批准成立了武器系统评估小组，要求它为国家武装力量提供“有关现代和未来武器系统在未来各种作战条件下的效能的准则、客观的分析和评估数据”。驻太平洋陆军司令被任命为该组组长，莫尔斯博士为技术组长。他们的主要任务是：估计在完成作战计划规定的各种行动时的战斗损失，为完成一定军事目的所需的兵力兵器，以及部队的作战能力等。为此研究各种数量估计方法，建立一系列数学公式组成的空战模型。

这一时期军事运筹研究的特点是：研究集中在短期、战术性作战急需的问题上，使用实战统计数据，结果直接提供给作战指挥人员并可立即得到实践检验等。

这一阶段军事运筹学的发展主要在以下三个方面。

（1）奠定了军事运筹学的理论基础。其中，一部分理论直接来自第二次世界大战期间和第二次世界大战后的军事运筹实践；另一部分理论虽然并非直接来自军事运筹实践，但无论在军事领域还是在非军事领域运用，都十分有效。属于前者的，如1951年美国出版的《运筹学方法》一书，该书作者美国物理学家莫尔斯（R. M. Morse）和金博尔（G. E. Kimball）都是第二次世界大战期间美国海军军事运筹组织的研究成员。这本书系统地介绍了战争期间军事运筹工作的研究成果，是军事运筹学的第一本奠基性著作。1956—1957年，美国学者库普曼（B. O. KooPmarm）根据战争期间美英海军对德反潜战的搜索经验连续发表的三篇关于《搜索论》的论文，也属于这类。属于后者的理论如1944年美国数学家冯·诺伊曼（von Neumann）和摩根斯特恩（O. Morgenstern）合著的《对策论与经济行为》，1947年，美国数学家丹契克（G. B. Dantzig）为解决空军军事计划问题而提出的求解一般线性规划问题的单纯形法，以及1956年美国数学家贝尔曼（R. E. Bellman）提出的动态规划理论等。

另外，人们还根据战争中所得到的认识，重新评价和肯定了许多运筹学先驱者的工作，如丹麦工程师埃尔朗（A. K. Erlang）1917年在哥本哈根电话公司研究电话通信系统时提出的排队论的一些著名公式；20世纪20年代初提出的存储论最佳批量公式：20世纪30年代出现的关于商业零售问题的运筹解法等。在前人工作的基础上，规划论、排队论、库存和生产的数学理论、网络技术等一系列分支都在这一时期奠定了基础。

（2）随着军事运筹学方法在各领域（包括非军事领域）的成功应用及基础理论的成熟，出现了建立一般运筹学学科的趋势。从1951年起美国哥伦比亚大学和海军研究生院等院校先后设置运筹学专业，培养这一专业的大学本科与硕士人才。军队、政府、企业、院校等部门设立了众多运筹学研究与应用机构，英国、美国相继于1948年和1952年成立了运筹学学会。1959年成立了国际运筹学会联合会（IFORS）。运筹学成为一门独立学科的结果进一步促进了军事运筹学理论研究与应用的进展。

（3）军事运筹学的应用重点从“战术”问题转向“规划”问题，包括选择和设计未来战争的武器系统，论证合理的兵力结构，制订国防规划，等等。这是一类与战时运筹分析完全不同的问题。例如，早期运筹分析的一个重要应用是研究同盟国驱逐舰对威胁护航的德国潜艇的最佳搜索方式；但在第二次世界大战后的分析中，分析者不仅要考虑潜艇对自己船只的威胁，还要考虑它们对城市和基地的威胁。为了寻求对付这种威胁的途径，分析者必须对尚未生产甚至尚未研制的新型探测和截击设备进行评估，还必须研究使用这些设备的合适战术。研制一种新型装备需要几年时间，因此，这种研究不再仅仅限于现实目标明确、有实战数据的现实作战行动。此外，经济因素变得越来越重要，由于不能用战争检验效能，注意的中心就逐步转移到费用方面。由此，导致费效分析理论的发展，重点研究以最小费用达到给定目标的途径。军事运筹学在这一方面的进展带来巨大经济效益，以致20世纪60年代初美国国防部长麦克纳马拉在兰德公司帮助下，在国防经费预算分配中建立了以费效分析为基础的规划计划预算管理体制（PPBS）。这一制度有效地组织了国防部的资源管理，在美国制订战略核威慑力量规划等方面起了很大作用，仅在其任期内，7年中大约节省国防经费一千多亿美元。直到今天仍是美国国防管理的一项基本制度。

3. 发展时期(1966至今)

第三阶段是20世纪60年代中期到现在,这是军事运筹学的发展时期。这一时期军事运筹学的发展是与导弹、核武器的发展和数字计算机技术的广泛应用密切联系在一起的。在这方面,最深刻的变化是计算机作战模拟成为军事运筹学研究的基本方法,早在第二次世界大战后,数字计算机刚问世不久,1954年约翰·霍普金斯大学作战研究处的齐默尔曼(R. E. Zimmerman)等人就在ERA1101计算机上进行了计算机化地面战斗模拟的可行性研究。1957年,他们研制成功分队规模的卡模尼特(Carmonette)陆战模拟模型,并在UNIVACI 103A计算机上成功运行。这种"作战实验"方法部分弥补了和平时期运筹研究得不到实战检验的缺陷,大大推动了军事运筹学向深度和广度的发展。除此之外,计算机技术的进展也使得应用数值计算方法解决大规模复杂运筹问题成为可能,推动了运筹学的进一步发展。为了进行军事运筹课题研究,各运筹研究机构研制了许多计算机作战模型及运筹计算软件。据美国总审计局估计,1971年国防部用于研究计算机作战模拟的投资达1.7亿美元。1965—1975年的10年间建立各类军事模型达400~500个。根据1979年美国出版的哈佛大学布鲁尔等著的《战争博弈》一书中的资料,美国国防部在当时已拥有近500个军事模型,其中陆军占总数的44%,空军、海军各占25%,参谋长联席会议所属系统及其他占10%,这些模型主要用于作战演习、训练、新武器研制评估、条令检验以及军事力量结构分析等方面。

随着军事技术的迅速进步,导弹、核武器、综合自动化指挥系统及各种电子化装置等一大批高技术武器装备的出现,在军事战略、作战方法、军队指挥、军队编制、后勤管理、军事训练等方面提出了许多新课题。此外,在时代的变迁过程中,战争的作战形式从原始的单一兵种在单一战场空间实施,过渡到以某一兵种为主的诸兵种合同作战,直至发展成为多军种在多维空间实施的联合作战,也提出如合理分配火力、优化资源等问题。军事运筹研究在解决这些课题中所起的不可替代的作用,进一步确立了军事运筹学作为现代军事科学体系中一门独立学科的地位。1990—1991年的海湾战争实践,充分说明了军事运筹学的理论和方法在现代高技术条件下局部战争中的关键作用。作为"硬件"的高、新技术武器装备,如果没有应用军事运筹学而建立起来的"软件"支持,是不可能转化为巨大的战斗效能的。

为适应未来联合作战以及高技术条件下军事活动复杂多变的决策需要,军事运筹学的发展将进一步和电子计算机技术、人工智能及系统科学等现代科学技术结合,提高对复杂军事问题进行形式化描述的能力;研究充分利用人的经验与直觉判断,解决非结构不确定性决策问题的理论方法;更广泛地应用于军事活动各个领域。

1.2.3　军事运筹学研究现状

自从军事运筹学问世以来,受到了世界各国军界的高度重视。下面简单地介绍军事运筹学在世界主要国家的应用研究现状。

1. 美国应用研究概况

据报道,美国国防部目前与军事运筹工作有关的人员达3万多人,美军现役军官中具有战术素养并获得运筹学硕士学位以上的人员已超过5000人。陆、海、空三军及国防部都建立了军事运筹学的研究与应用机构。美国陆军部队中编有专门从事军事运筹研究的人员，他们的职责是“利用统计推断和决策论、数学规划、概率模型、网络分析和计算机科学等对复杂的战役战略问题进行构模和求解”。为了推动学术交流，1960年美国成立了军事运筹学学会。自1962年以来，每年举行一次陆军军事运筹学年会。学会组织各种密级的学术交流活动，并经常与北约国家专家进行军事运筹学的专题学术交流。从1982年起，军事运筹学学会组织出版军事运筹学丛书，先后出版了《模型方法在军事上的应用——选例研究》《指挥、控制中的解析概念》《指挥控制的决策辅助》等书。

目前，美国军事运筹学研究的主要特点如下。

(1) 军事运筹学的研究范围已经覆盖了国防建设、军事战略、战役战术、后勤、军制以及武器装备发展等各个领域的决策问题。

(2) 美军军事运筹学的研究紧密围绕将其科技优势特别是信息技术优势转化为进行高科技战争的实战威慑能力的各个环节。近年来，美军运用军事运筹学的理论方法及其作战模拟实验手段，进行有关军事革命、联合作战、数字化部队、信息战、C^4ISR、非线性作战、非对称作战等一系列理论概念的实践可行研究，在世界军事领域的变革中发挥着非常重要的作用。

(3) 军事运筹学发展的一个重要趋向就是研究方法的多样性、开放性。除了在作战模拟实验手段上，不断提高仿真逼真度、丰富描述内容和反映高技术战争特点外，还在积极吸收其他学科成果，应用并探索新的方法，如启发式优化计算方法、社会科学方法以及基于复杂系统理论的新概念和新方法等。不论什么方法都以能够及时满足部队需求为第一要求。

(4) 从军事运筹学人才培养上看，随着军事运筹研究在高技术战争中作用急剧增大，人才培养问题日益突出。其特点一是需求量大；二是培养周期长。美军已经感到军事运筹人才的缺乏，把培养初级、高级军事运筹人才提到重要议事日程。

2. 苏联和俄罗斯应用研究概况

苏联虽然在1939年，经济学家康托洛维奇(Канторович)在解决工业生产组织和计划问题时，就提出了类似线性规划的模型，并给出了“乘数法”的求解方法，但军事运筹学的研究应用是从20世纪50年代开始的。1956年，苏联翻译出版了美国莫尔斯(P. M. Morse)、金博尔(G. E. Kimball)的《运筹学方法》一书。1959年，列宁格勒海军学院出版了第一本由苏联作者撰写的军事运筹学著作。进入20世纪60年代后，在军事部门中出现了广泛应用运筹学方法解决军事问题的趋势。苏联各军事院校均设置了有关运筹学的课程。军事运筹学教育不只是培养专门人才所必需的，还成为大多数指挥和参谋军官的必修内容。为了加强军事运筹学的应用，苏军进行了有关军事运筹学术语标准化及技术教育和建模方法统一化的工作，出版了一系列军事运筹专著；充分利用演习试验数据验证模型；在军事指挥和训练中广泛应用数学计算和作战模型。1979年出版的马特韦楚克主编的《运筹学手册》，系统地介绍了常用的军事运筹学方法，这充分说明了军事运筹学在苏联应用的广泛程度。俄罗斯继承了苏联的大部分军事装备和管理方法，也非常重视军事运筹学在部队的研究与应用，据报道在军队条令中均有军事运筹学的内容。

3. 我国应用研究概况

我国军事运筹思想虽然源远流长，但实际应用与研究则是从20世纪50年代开始的。中华人民共和国成立后，随着我军装备的改善，各军事院校相继开设了火炮射击、鱼雷射击、飞机轰炸等有关武器战斗使用的课程。1956 年,中国科学院建立了我国第一个运筹学研究机构,对军事运筹学的发展起到了积极的促进作用。20 世纪 60 年代,在国家研制战略武器的同时,有关机构开展了战略武器运用的研究。自 20 世纪 60 年代中期到 70 年代初,在华罗庚教授的积极倡导下,“优选法”和“统筹法”不仅在民用部门而且在军事部门得到推广和应用。党的十一届三中全会以来,随着我国社会主义现代化建设的开展,我军进入了建设革命化、现代化、正规化军队的历史新时期。1978 年 5 月,中国航空学会在北京召开了军事运筹学座谈会。1978 年底,在张爱萍、刘华清、钱学森等领导的支持下,成立了“反坦克武器系统工程试点小组”,开始应用军事运筹学与系统工程理论和方法评估武器装备的试点工作。1979 年,军事科学院成立了作战运筹分析研究室。各军兵种及各国防工业部门也都先后成立了各种专业性论证分析机构。国防科技大学成立了系统工程系。在此基础上,1981 年 5 月成立了中国系统工程学会军事系统工程专业委员会。1985 年,全军成立了军事运筹学学会,目前每年都召开一次全军军事运筹学学术会议。1983 年,军队各级指挥院校普遍设置了军事运筹学课程,1987 年开始招收军事运筹学硕士研究生。随着我军现代化建设的开展,军事运筹学的研究和应用范围正逐步扩大到军事领域的各个方面。

在广泛研究和应用的基础上,一批有代表性的军事运筹学译著和专著也相继出版。例如,莫尔斯与金博尔的《运筹学方法》、马特韦楚克的《运筹学手册》、温特切勒的《现代武器运筹学导论》、张最良等的《军事运筹学》、张俊学等的《作战运筹学》、丁志民等的《实用军事运筹学》等。这些译著和专著的出版,为军事运筹学的研究和应用提供了理论依据,推动了军事运筹学学科的发展。

4. 军事运筹学在我院的应用研究现状

1977 年,海军大连舰艇学院战术教研室在进行水面舰艇对空防御课题研究中,初步认识到军事运筹学是应用数学工具和现代计算技术对军事问题进行定量分析,从而为决策提供数量依据的一种科学方法,在该项课题研究中必须采用军事运筹学的理论与方法。对此学院党委和领导机关给予了高度重视,1978 年 6 月决定抽调 6 名教员组成“军事运筹学研究小组”,以水面舰艇对空最优防御为突破口开展作战运筹研究,并在各专业教研室推广普及军事运筹学研究。经过一年多的努力,运用军事运筹学理论与方法建立的海军第一个对空防御非线性规划数学模型取得成功,得出了我驱护舰遭敌空中袭击时的最优抗击和规避防御方案,纠正了过去沿用的第二次世界大战舰艇对空防御的过时结论,为改革对空防御教学和部队作战训练提供了科学的定量依据。与此同时,其他教研室开展的军事运筹学研究也取得了成果,如“对潜扩展方阵搜索”模型,提出了新的搜潜理论和方法。另外,1979 年翻译出版了莫尔斯与金博尔的《运筹学方法》和美国海军学院编写的《海军运筹分析》教材。为此,在我院开办了海军第一期军事运筹学集训班。1983 年,海军在我院召开了战术训练改革现场会,决定将军事运筹学研究的这些成果应用于海军舰艇战斗条令和战术教材的修改。军事运筹学研究成果不仅推动了我院的教学和科研,掀起了军事运筹学学习和研究的热潮,而且对在海军和全军开展军事运筹学研究起到了积极的促进作用,受到总部和海军的肯定。1985 年“水面舰艇对空最优防御”研究和“对潜扩展方阵搜索”两个项目,分别荣获国家级科技进步三等奖。我院的上述成绩是认真开展军事运筹学研究的结果。1996 年我院获军事运筹学硕士学位授予权。2006 年我院获得军事运筹学博士学位授予权。1997 年和 2010 年,军事运筹学学会在我院召开了学术年会,来自多个单位的从事军事运筹的专家和学者参加了会议,推动了我院军事运筹学的研究和发展。

1.3 军事运筹学的研究内容

1.3.1 军事运筹学的研究对象

军事运筹学的研究对象是军事活动中的决策优化问题。

这里,军事活动泛指在军事力量的建设和运用中,为达到一定军事目的而进行的军事资源运用活动。而决策优化则在于寻求合理有效的军事资源运用方案或使方案得到最大改进。军事资源包括军事活动所使用的人员、武器装备、经费或时间等。因此,所说的军事活动决策优化可以是战略、作战、训练、装备、编制、后勤及军费管理等各个方面和各个层次的问题。这种研究在军事科学的其他分支中虽然有所涉及,但总地说来,不大明显且多半限于定性的说明。

军事运筹学与其他军事学科不同的地方就在于它从决策优化的角度研究军事活动,且力求不仅从定性方面而且着重从定量方面提供可操作的决策优化理论和方法。

莫尔斯和金博尔曾举一个简单例子说明运筹分析的特点。士兵饭后洗涮餐具,有四个盆可供使用。当两个是洗盆,两个是涮盆时,士兵为等待洗涮而不得不排长队。仔细观察后发现洗餐具比涮餐具平均慢 3 倍,因此,建议四个盆中三个作洗盆,一个作涮盆,这样改变以后,排队现象就消除了,这个例子充分说明军事运筹学研究问题的角度:在不要求增加装备的条件下,通过合理使用装备,使情况得到改善。对于简单情况,人们固然可以通过直接观察提出改善建议。但当情况复杂时,就需要有一套理论方法,使人们能通过对实际军事活动的运筹研究,提出决策优化的建议。提供这样一套理论方法就是军事运筹学的基本研究任务。

随着军队武器装备的现代化,尤其是高科技在军事上的应用,军事力量建设和运用变得更加复杂。如果不深入地从定性、定量两方面研究其决策问题,那么,不用说优化决策,就连起码的可行决策都不可能做出。从这个意义上讲,军事运筹学以其特有的研究对象而成为一门独立的军事学科乃是军事科学适应现代战争需要而发展的结果。

由于军事运筹学与运筹学相比,最主要的是研究对象不同,而运筹学的一般方法及思想是完全适用的。

1.3.2 军事运筹学的研究目的

军事运筹学包括了对军事活动中决策优化理论方法的科学研究和以应用研究结果、提出决策建议为目的的具体军事运筹研究这两个方面。不论从哪一方面来说,其目的都是要实现决策的优化,即为决策者更好地做出运用军事资源的决策提供有数量根据的行动方案。这个目的进一步说明了军事运筹研究的应用性特点。

(1) 军事运筹学研究应不断明确并紧紧围绕决策的目标,强调目标的优化和达到目标的行动方案的优化。

（2）军事运筹学研究的成果，不论是给出运用军事资源的更好的行动方案，还是做出这种行动方案的科学方法，其成效应当主要依靠改变资源的应用方式或方法，即依靠合理有效地运用军事资源。例如，在第二次世界大战期间，同盟国军队基于大船队和小船队被潜艇击沉的数目相近这一事实，决定采取扩大每次护航船队的方案，结果大大降低了损失船只的平均数。这里，扩大船队的方案就是军事运筹研究的成果。

（3）军事运筹学研究所给出的行动方案必须有数量根据且可操作。用科学方法研究的目的正是基于此根据和操作。当然，在大多数决策中，定量的方面不是事情的全部，还有许多别的方面，如政治、传统、道义等因素也很重要。因此，军事运筹学研究在提出行动方案时，除了数量根据外，也要尽可能把可能需要考虑的某些非数量根据指出来。

（4）军事运筹学研究是为决策者做出决策提建议的。因此，表达研究成果的技术是军事运筹学研究非常重要的组成部分。所有的科学成果都含有向其他人员传达研究成果的意思。但是军事运筹学研究的成果通常要传达给非科学技术人员的决策者，在军事运筹学研究的成果没有以一种决策者能够理解的方式传达给他们以前，任何军事运筹学研究工作都不能认为是完成了的。当然，决策者也要尽可能地增进对军事运筹学研究的了解，以便更有效地发挥运筹研究在决策中的作用。

1.3.3　军事运筹学的理论体系

军事运筹学是自然科学与军事科学相结合而发展起来的一门交叉学科。它的内容十分广泛，且在不断发展中，关于其内容体系目前还没有形成统一的看法，但大致说来，其理论体系包括以下三大部分。

1. 一般方法论

解决军事运筹学研究与实践问题的一般方法。主要包括：军事运筹问题的定量描述方法；军事运筹学研究的一般步骤；军事运筹工作的有效组织方法；战场调查和数据收集方法；军事运筹方案的运行实验和检验方法等。

2. 基础理论

主要是用科学方法研究资源运用活动而建立起来的、既可应用于军事领域又可应用于非军事领域的一般理论。这些理论分别基于对研究对象所做的一定数学抽象。这种数学抽象在运筹学中称为“模型”。按照模型对客观现象的反映深度，可以把基础理论分为以下三部分。

（1）经验模型理论。由实验或观察数据建立经验或预测模型的理论、方法。这类模型主要反映现象的行为特性。所用的工具主要是概率论和数理统计。

（2）解析模型理论。针对专门类型运用问题建立的解析模型及其求解的基础理论，反映了形成现象行为的深层机制。其中，属于确定性模型的理论有线性规划、整数规划、图论和网络流、统筹法、几何规划、非线性规划、目标规划和动态规划等；属于随机模型的理论有随机过程、搜索论、排队论、价值论、决策分析等；属于冲突模型的理论有对策论、微分对策和冲突分析等。

（3）仿真模型理论。从内在机制和外部行为两方面结合对所研究的现象或过程进行仿真分析的理论，如网络仿真模型、系统动力学模型和蒙特卡罗过程仿真模型等。

3. 应用理论

军事运筹学的应用理论是在几十年的研究与实践中,针对不同层次、不同领域的军事运筹研究问题而建立起来的。其所涉及的应用领域有战略运筹研究、国防科技发展运筹学研究、作战运筹研究、军事训练运筹学研究、后勤管理与军费需求和分配运筹研究、武器系统运筹研究、军队组织结构与干部管理运筹学研究以及军事外交、国防经济、军法、军援、军备控制等的研究。比较成熟的应用理论包括以下内容。

(1) 作战效能评估理论。关于硬武器和软武器,单件武器和聚合武器,单兵种兵力和多兵种兵力等各种情形下作战效能的概念、度量指标和评估方法等的理论。

(2) 作战模拟理论。关于军事力量运用过程模型的构模、模拟方法及模拟结果应用的理论。

(3) 武器射击运筹理论。关于武器系统射击效率及火力最佳运用的理论。包括毁伤效果计算、精度分析、靶场试验及综合评价分析等内容。

(4) 军事指挥的辅助决策理论。包括辅助定下决心的判断分析方法,作战行动的优化理论,关于侦察行动的搜索论以及情报分析理论等。

(5) 后勤管理运筹理论。关于维修、运输、供应、库存与卫生勤务等行动中资源有效运用的理论。

(6) 武器装备和军事人力资源管理运筹理论。研究有关武器装备规划、全寿命周期管理及军事人员规划、人事管理、人员培训有效方案的理论。

(7) 国防系统运筹研究理论。根据战略目标,研究有关军事力量需求、兵力规划、国防资源分配等问题的理论。

(8) 军事战略运筹研究理论。有关战略选择、国家安全危机对策、军备控制以及战争规律研究的运筹理论。

相对基础理论而言,应用理论还不太成熟,其范围和分类将随着军事运筹学在军事领域中的应用而不断发展。

1.4 军事运筹学的研究方法和步骤

1.4.1 运筹学运用原则

为了有效地应用运筹学,前英国运筹学学会会长托姆林森提出六条原则:①合伙原则。是指运筹学工作者要和各方面的人,尤其是同实际部门工作者合作。②催化原则。在多学科共同解决某问题时,要引导人们改变一些常规的看法。③互相渗透原则。要求多部门彼此渗透地考虑问题,而不是只局限于本部门。④独立原则。在研究问题时,不应受某人或某部门的特殊政策所左右,应独立从事工作。⑤宽容原则。解决问题的思路要宽,方法要多,而不是局限于某种特定的方法。⑥平衡原则。要考虑各种矛盾的平衡、关系的平衡。

此外,尽管定量方法是军事运筹学的主要研究方法,但现代战争中许多事件或过程的特性不可能单纯用数量来表示,也不可能用严格数学公式来描述,如指挥人员的组织才能、军队的士气、人员的素质等。因此,军事运筹学的研究必须注意定量分析与定性分析的结合。

1.4.2　运筹学模型

运筹学是通过建立模型来解决实际问题的。模型是对客观事物的简化反映和抽象，是对实际原形的仿真，是理解和反映客观事物形态、结构和属性的一种形式。例如，沙盘、态势图、方程式、程序框图、表格等都是模型。

模型的最大特点是对客观实体的相似性。模型既反映了实际又高于实际，既具备客观实体的基本特征又不等同于客观实体，是客观实体的一个缩影。模型的另一个特点是可重复性，通过模型的反复实验，能正确地抽象出客观事物的变化规律。

建立和研究模型的目的，是发现或了解客观实体的本质属性和基本规律，研究模型就是获得有关客观事物原形的更多信息。模型既是研究对象又是研究手段。它提供了一种处理或简化复杂问题的方法，但完美无缺的模型是没有的，其合理性是相对的。所以我们不能期望模型能反映客观实体的所有细节。

一般地讲，模型具有下列几个性质。

(1) 真实性。模型是以现实世界的客观实体为基础的，与研究对象充分相似，具有显著的仿真性。

(2) 抽象性。模型舍弃了客观实体中的次要因素，突出本质因素，成为对原形的抽象。所谓抽象，就是抓住研究对象的本质特性，用一种结构上类似而又较简单的模型予以代替。用经过加工处理或科学抽象建立起来的模型代替客观实体进行研究，能更充分地发挥人的主观能动性，利用逻辑思维的作用，更正确地揭示客观事物的本质。

(3) 简明性。模型能使复杂、庞大的现实系统趋于简化，使人们更容易理解和把握。一个好的模型，必定删繁就简、重点突出。效果相同的模型，越简单越好。

建模的分析方法一般有直接分析和数据分析两种。

1. 直接分析

当研究的问题比较简单明显时，抽象出能够描述问题的关键因素，使用相应的数学手段直接写出描述问题的数学表达式即数学模型。

例 1.4.1　所需兵力数量的计算模型。

派出的兵力数量主要根据作战双方的优劣、火力密度的要求、弹药消耗量和弹药携带量等进行计算。当水面舰艇压制野战炮兵连时，所需兵力可按下式计算，即

$$N_{\text{舰}} = \frac{N_{\text{弹}}}{N_{\text{携}} K} \tag{1.4.1}$$

式中：$N_{\text{舰}}$为所需要的舰艇数；$N_{\text{弹}}$为所需要的弹药量；$N_{\text{携}}$为每艘舰的弹药携带量；K为系数，通常采用区间[0.2,0.4]中的任一数值。

2. 数据分析

许多实际运筹问题的结构关系比较复杂，不太可能直接建立其数学模型。在这种情况下，往往利用表格、图形等数据统计与分析的方法分析、寻找变量之间的规律性，进而建立其数学模型。

例 1.4.2　在第二次世界大战中，英军商船损失比较严重。因而提出的目标是“减少商船损失”。在所考虑的问题中，只有船队数量这个变量可以控制，其他变量都无法控制。这就难于根据问题性质进行分析。可用于分析的是以往船队与德国潜艇遭遇的情况

中所记录下来的一些数据,见表1.4.1。为了找出各个变量之间的关系,对数据做如下处理。其中,m 是船队中商船数量;c 是英军护航舰数量;n 是德军袭击群中潜艇数量;k 是每次交战中商船沉没数量。

表1.4.1　商船沉没与船队大小的关系

m	取值范围	15~24	25~34	35~44	45~54
	平均值	20	30	39	48
交战次数		8	11	13	17
k(平均值)		5	6	5	6
c(平均值)		7	7	6	7
n(平均值)		7	5	6	5

由表1.4.1可以看出,每次交战商船平均沉没数 k 与船队规模大小关系不大。船队规模越大,沉船与不沉船的比例越小,即 k/m 值越小;这一情况与护航舰数 c,敌潜艇群艇数 n 的相对比例数有关。其实这是护航在起作用。

下面继续寻找商船沉没数与其他变量(潜艇群与护航舰队大小)之间的关系。在表1.4.2中列出 kc/n 项,该项具有重要的分析价值。

表1.4.2　商船沉没数与袭击潜艇群和护航舰队大小的关系

m	范围	1~3	4~6	7~9	10~12	13~15	平均值
	平均值	2	5	8	11	14	
交战次数		6	42	25	13	2	(总计)88
k(平均值)		4.5	3.4	3.0	1.1	2.0	
n(平均值)		3	4	4	2	10	3.8
kc/n(平均值)		3.0	4.2	6.0	6.0	2.8	4.9
k/m		2.35	0.68	0.38	0.10	0.14	

从表1.4.2可以看出,在一定精度范围内,每次交战商船平均沉没数 k 与英军护航舰数量 c 成反比例关系;kc/n 平均值近似为5,即 $kc/n\approx 5$,所以

$$k\approx\frac{5n}{c} \tag{1.4.2}$$

我们可以采用同样的方法进行分析德军潜艇每次交战的沉没数 e 与护航舰数 c,敌潜艇群艇数 n 的关系(具体过程请读者自行完成,于是,可得到如下的近似关系式,即

$$e\approx\frac{nc}{100} \tag{1.4.3}$$

即每次交战德军潜艇的沉没数与艇群的潜艇数成正比例关系,也与船队护航舰数 c 成正比例关系。

将式(1.4.2)除以式(1.4.3)得到

$$\frac{e}{k}\approx\frac{c^2}{500} \tag{1.4.4}$$

式(1.4.4)表明:潜艇的沉没数与沉船数之比近似正比于护航舰数的平方。这是因为,护航舰增多时对 e/k 的影响是双重的。一方面使得商船的损失减少;另一方面使潜艇

的损失增多,从而潜艇群的大小 n 在 e/k 中的影响被抵消掉了。

归纳上述分析结果,得出如下结论。

(1) 从式(1.4.2)可以看出:每次交战商船平均沉没数 k 大小与船队中的商船数量 m 无关。

(2) 由表1.4.2可以看出:m 越大,k/m 一般也越小。

(3) 由式(1.4.4)可以看出:船队护航舰数 c 增大对于消灭敌潜艇保护商船的效益影响几乎是平方关系。

除了上述两种常用的建模方法之外,还有许多其他建模方法,如插值与拟合方法、微分方程方法等,这里不再赘述。

1.4.3　军事运筹学的研究方法

军事运筹学除了遵循一般的科学研究方法外,还有其特殊的研究方法,主要有以下几种。

(1) 实验方法。在受控条件下的军事活动实验中,验证军事运筹学某一理论符合实践的程度和预测方案实施的可能效果,从而丰富和发展军事运筹学的理论内容。

(2) 总结经验方法。军事运筹学的理论和方法,大多是从军事运筹实践中总结出来的一些定量分析理论和方法。这些理论和方法具有一定的普遍性。因此,当遇有同类性质的问题时,可以采用这种理论和方法进行研究和分析。由于军事问题的复杂性,在利用理论分析的结果时,必须通过大量的运筹实践进行检验和修正。

(3) 人—机结合方法。电子计算机的出现,拓展了军事筹学的研究方法,出现了一些适用于军事运筹学理论研究的人—机结合的新方法,使那些只用几种常用的研究方法难以进行深入探索的一些层次较高、内容比较复杂的问题得以解决。

1.4.4　军事运筹学的研究步骤

一般来讲,军事运筹学的研究步骤如图1.4.1所示。

1. 确定研究目标

运筹研究的第一个任务是确定"用户"期望从研究中得到什么。为此运筹专业人员必须同用户进行一系列讨论,了解他们的问题和需要,最后由用户决策,规定研究目标。研究者必须注意保证目标既不过大又不过小,且必须预测目标随着时间或研究的进行而改变。

2. 制订研究计划

运筹学研究虽然是一个创造性过程,但仍有可能制订研究计划。计划的主要内容是标出需要完成某些任务的时间,即规定若干"时间节点"。计划的一个重要内容是明确组织分工。经验表明,在军事指挥决策部门领导下,运筹学专业人员与军事人员紧密结合是运筹学研究得以成功的重要条件。

3. 陈述运筹学问题

这是运筹学研究的基础和前提,包括与决策者的进一步讨论、收集必要数据以及从军事问题中抽出运筹学问题要素。

军事运筹学问题一般应明确以下要素。

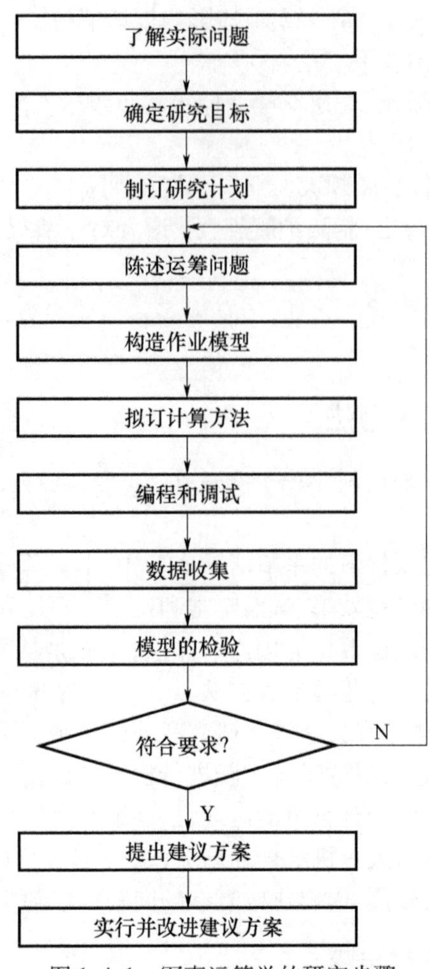

图 1.4.1　军事运筹学的研究步骤

(1) 作业。为达到一定军事目的而进行的资源运用活动,是运筹研究预期加以改进或影响的具体行动过程。

(2) 决策准则。决策者衡量决策方案优劣并以此为根据做出最终选择的度量标准。通常,决策者提出的作业目的都比较原则。分析者需要对目的做进一步论证并量化为决策准则。最基本的决策准则是效能准则,此外,还有许多其他准则如费用、可靠性等。效能准则是评价作业成效或衡量达到目的程度的一种数量指标。

(3) 作业限制条件。运筹学研究必须考虑哪些由决策者给定的军事系统运行条件,包括想定条件、约束条件等。想定条件给出完成作业的基本条件。

(4) 决策方案(决策变量)。运筹学研究要得到的结果是作业的行动方案或表示行动方案特征的变量数值。这些方案或变量称为决策方案或决策变量。它们在限定的作业条件范围内,使作业按某个或某些决策准则而言得到改进或达到最佳。

军事运筹学问题的最一般提法就是在给定作业条件下,寻求决策方案或确定决策变量的值,使作业按决策准则而言得到改进或达到最佳。运筹问题的量化描述,或一般而言的军事问题量化,就在于定量描述作业条件、决策方案、决策准则以及作业过程,为运用数学方法解决运筹学问题奠定基础。

4. 构造作业模型

用定量方法求解运筹学问题的前提是建立描述作业条件、决策变量和决策准则之间相互关系的作业模型或数学模型。不同性质的问题选择不同的模型。所建模型应尽可能简化而又逼近或符合客观实际。它要求对所研究的作业活动有深刻的洞察,同时,应收集相当数量的数据并仔细分析,以确保构模的正确性。

5. 拟订计算方法

在模型研制的同时,需要确定如何用数值方法或解析方法求解模型。这里需要权衡的是求问题简化形式的最优解还是求问题正确表述的近似解。经验表明,一般应选择后者。所以,在拟定计算方法时,研究者必须从充分反映问题本质的非简化模型出发,然后从易于计算和解的存在这两方面考虑,决定采用最优化方法还是近似解求解方法。

6. 编程和调试

编程和调试是运筹研究的重要部分。由于它费时、费力,所以往往影响研究的进度。为提高效率,应尽可能地利用现成软件包。例如,MATHLAB,并采用模块化结构。应特别注意使程序具有良好的人—机交互特性,即应使计算机的输出便于专业人员分析和决策者使用,而要求的输入数据也便于专业人员准备和更新。

7. 数据收集

它主要是收集进行模型求解所需的数据。收集的数据,不论是来自历史资料,还是来自直接观察、测试,均需经过去伪存真的加工处理。

由于模型只是一定程度上描述了作业特征,所以对输入数据不一定要求过分准确。在任何研究中,总有一些输入数据,模型对它们是灵敏的,而另外一些输入数据,模型对它们是不灵敏的,明确这一点,常常可以节省许多时间和精力。

8. 模型的检验

模型检验的任务是利用前一步中收集的数据对模型的一致性、灵敏性、似然性、工作能力和有效性进行检验。

(1) 一致性检验。通过分析模型对输入变化的响应,检查当主要参数取为极值时,模型输出结果是否合理。

(2) 灵敏性试验。检查当输入发生微小变化时,输出变化的相对大小是否合适。

(3) 似然性检验。检查模型是否能适应可能得到真实数据的特例。

(4) 工作能力检验。主要是看模型求解要求的人力、计算机资源、时间和经费预算等是否在决策者规定的限度内。

(5) 有效性检验。用检验数据来评价在现实环境中运行的模型。对于一次性决策的方案来说,检验的最重要方面是对构模的基础假定进行评估。

检验所建立的模型,解释模型的结果或把模型的检验结果与实际观测进行比较。如果模型结果的解释与实际情况相吻合或结果与实际观测基本一致,这表明模型经检验是符合实际问题的,可以将它用于对实际问题进行进一步分析讨论。如果模型的结果很难与实际相结合或与观测不一致,表明这个模型与所研究的问题是不符合的,不能将它直接应用于所研究的实际问题。这时,如果数学模型的构建没有问题的话,就需要返回到建模前关于问题的假设,检查关于问题所做的假设是否恰当,检查是否忽略了不该忽略的因素或者还是保留了不该保留的因素。对假设给出必要的修正，重复前面的建模过程，直到组建出经检验是符合实际问题的模型为止。

9. 提出建议方案

有些运筹分析者认为，在模型建成并检验证实后，他们的责任就尽到了。这是不对的。要使研究有效，必须谋求那些与所研究的决策问题有关的管理人员的合作与参加。为此，必须把研究的定量结果与模型中未考虑的定性因素结合起来，提出易于被他们接受的建议方案，并以他们易于理解的形式表达出来。在这方面，现代计算机可视技术提供了可资利用的手段，比如可以通过计算机图形或文字解释使管理人员和决策者对建议方案一目了然。

10. 实行并改进建议方案

一项运筹学研究的真正价值只有在建议方案的实行中才显示出来，而且只有通过实行，才能发现建议方案的缺陷，从而进一步完善建议方案。

本章小结

本章介绍的主要内容包括：①军事运筹学的基本概念；②军事运筹学的形成和发展；③军事运筹学的研究内容；④军事运筹学的研究方法和步骤。

本章首先介绍了军事运筹学的来历、定义，以及与相关学科的关系。然后介绍了军事运筹学思想的起源、形成和发展。最后介绍了军事运筹学的研究对象、研究目的、理论体系，并阐述了军事运筹学的研究方法和步骤。

习　题

1.1　给出军事运筹学的定义。

1.2　军事运筹学的研究对象和研究目的是什么？

1.3　军事运筹学研究的基本内容有哪些？

1.4　建模的方法有哪几种？试举例说明。

1.5　举例说明运用军事运筹学研究军事问题的过程和步骤。

第2章　数学规划

在社会实践和军事活动中,经常会遇到这样一类问题,即如何充分合理使用现有资源安排生产活动或军事活动,以获取最大效益的问题,此类问题构成了运筹学的一个重要分支——数学规划。在军事活动中,存在大量的数学规划问题。例如,在制定作战方案过程中,如何合理安排好己方有限的作战力量,以取得最佳的作战效果;在作战物资的运输过程中,如何根据前线部队对不同物资品种和数量的要求,以最短的路程,最少的费用,运送到目的地;在对敌目标进行火力攻击的过程中,如何根据不同兵器对不同目标的杀伤效率,对武器进行最优的组合射击,以取得最优的杀伤效果等,这些军事规划问题都可以用数学规划的方法来解决。

数学规划在研究不同类型的问题时,其解决问题的方法也是不一样的。根据问题的性质和使用数学手段的不同,可以区分线性规划、非线性规划、整数规划、动态规划,以及多目标规划等。

在本章中,以线性规划为主,重点介绍线性规划的构模方法、线性规划以及对偶规划的基本概念和求解方法。针对非线性规划和整数规划主要介绍模型的建立,而不再介绍求解方法。动态规划将在下一章予以介绍。

2.1　线性规划问题与模型

线性规划(Linear Programming)是运筹学中产生较早、理论与方法比较成熟,并且应用得最为广泛的一个基础理论分支。早在20世纪30年代,苏联数学家康托洛维奇的文章《生产组织与计划的数学方法》就论述了线性规划问题。1947年,运筹学专家丹契格提出了求解线性规划问题的一般方法——单纯形法。从此以后,线性规划在理论上不断趋向成熟,在实际应用上日益广泛与深入。随着计算机的不断发展,其适用领域更为广泛。现在,线性规划已广泛地应用到军事、社会、经济、资源、环境、航空航天等领域中。

2.1.1　线性规划的数学模型

例2.1.1　武器组合问题。

为保卫海上供应线,除派水面舰艇护航外,另派反潜飞机在歼击航空兵掩护下突击企图偷袭我运输船队的5艘敌潜艇。敌潜艇的状态分为B_1、B_2两类。我反潜飞机以双机为战斗单位,每单位所使用的武器有A_1、A_2两类。每类武器面临敌潜艇的两类状态时,击沉敌潜艇数的数学期望值见表2.1.1。试问:怎样配备武器才能在完成任务的前提下,调动反潜飞机的数量最少?

表 2.1.1　我方武器击沉敌潜艇数的数学期望值

每战斗单位击毁敌潜艇数的期望值 a_{ij}	B_1(水面状态或潜水不足1min)	B_2(潜水1min以上)
A_1(炸弹、火箭弹、深弹)	1	0.25
A_2(反潜鱼雷、反潜导弹)	0.5	2

解　设携带 A_1 类武器的反潜飞机的作战单位数为 x_1，携带 A_2 类武器的反潜飞机的作战单位数为 x_2。因为一个作战单位包含两架反潜飞机，因此调动的反潜飞机数为

$$z=2(x_1+x_2)$$

我们希望调动的反潜飞机数越少越好，所以 $z=2(x_1+x_2)$ 取值越小越好，称为目标函数。而变量 x_1 和 x_2 是需要确定的，称为决策变量。

虽然我们的目标是 $z=2(x_1+x_2)$ 越少越好，但这必须在完成任务的前提下，所以还需对 x_1 和 x_2 加以限制，x_1 和 x_2 需满足

$$\begin{cases}x_1+0.5x_2\geqslant 5\\0.25x_1+2x_2\geqslant 5\\x_1,x_2\geqslant 0\end{cases}\tag{2.1.1}$$

式(2.1.1)称为约束条件。这样，整个问题就化为在约束条件式(2.1.1)之下，确定决策变量 x_1 和 x_2 的值，使目标函数

$$z=2(x_1+x_2)$$

达到最小值。

可将上述问题简写为

$$\min z=2(x_1+x_2)$$

$$\begin{cases}x_1+0.5x_2\geqslant 5\\0.25x_1+2x_2\geqslant 5\\x_1,x_2\geqslant 0\end{cases}$$

例 2.1.2　火力分配问题。

设我方拟集结导弹舰艇，展开为三个混合编队的攻击群，分别记为 A_1、A_2、A_3。三个编队攻击群拟突击敌登陆编队中的4艘大中型水面主力舰，分别记为 B_1、B_2、B_3、B_4。考虑到既要力争第一波攻击取得尽可能大的毁伤效果，又要留足后波攻击及应付敌之反击所必须的导弹数目。因此，战斗预案根据我攻击群的携弹量和敌舰的实力，就第一波各攻击群齐射数的最大限额 $a_i(i=1,2,3)$ 和对各目标应射的导弹数 $b_j(j=1,2,3,4)$ 做出了规定，见表2.1.2。表2.1.2还给出了各攻击群 $A_i(i=1,2,3)$ 攻击目标 $B_j(j=1,2,3,4)$ 的导弹命中概率 p_{ij}。试问：如何分配各攻击群对目标的火力，才能使得第一波齐射取得最好的攻击效果？即命中弹数的期望值最大。

表 2.1.2　攻击群攻击目标的导弹命中概率

目标 B_j / 命中概率 P_{ij} / 攻击群 A_i	B_1 $b_1=12$	B_2 $b_2=8$	B_3 $b_3=6$	B_4 $b_4=5$
A_1　$a_1=12$	0.28	0.60	0.45	0.65
A_2　$a_2=12$	0.32	0.45	0.55	0.74
A_3　$a_3=10$	0.24	0.36	0.38	0.76

解 设攻击群 A_i 向目标 B_j 发射的导弹数为 $x_{ij}(i=1,2,3;j=1,2,3,4)$,则第一波齐射命中弹数的期望值为

$$z = \sum_{i=1}^{3}\sum_{j=1}^{4} p_{ij}x_{ij}$$

因此,要使第一波齐射取得最好的攻击效果就是使 z 达到最大值。

因为每一攻击群向各目标发射的导弹数之和不应超过该群第一波所规定的最大发射数,所以由攻击群 A_i 向各目标发射的导弹数应满足

$$\sum_{j=1}^{4} x_{ij} \leqslant a_i, i = 1,2,3$$

另外,各攻击群向某一目标发射的导弹总数应是预定向该目标第一波齐射的导弹数,所以各攻击群向每一目标发射的导弹数满足

$$\sum_{i=1}^{3} x_{ij} = b_j, j = 1,2,3,4$$

我方第一波齐射的导弹限额是足够的,即

$$\sum_{i=1}^{3} a_i \geqslant \sum_{j=1}^{4} b_j$$

此外,导弹数应为非负整数。不过,本例对此不做过多的要求。于是,整个问题可写为如下形式:

$$\max z = \sum_{i=1}^{3}\sum_{j=1}^{4} p_{ij}x_{ij}$$

$$\begin{cases} \sum_{j=1}^{4} x_{ij} \leqslant a_i, i = 1,2,3 \\ \sum_{i=1}^{3} x_{ij} = b_j, j = 1,2,3,4 \\ x_{ij} \geqslant 0, i = 1,2,3; j = 1,2,3,4 \end{cases} \tag{2.1.2}$$

可以看出,上述例子是研究在一组线性不等式或等式约束之下,某个线性函数的最大或最小值问题,这类问题称为线性规划问题。

一般地,线性规划(LP)问题的数学模型为

$$\min(\max) z = c_1x_1 + c_2x_2 + \cdots + c_nx_n$$

$$\begin{cases} a_{11}x_1 + a_{12}x_2 + \cdots + a_{1n}x_n \leqslant (=,\geqslant) b_1 \\ a_{21}x_1 + a_{22}x_2 + \cdots + a_{2n}x_n \leqslant (=,\geqslant) b_2 \\ \vdots \\ a_{m1}x_1 + a_{m2}x_2 + \cdots + a_{mn}x_n \leqslant (=,\geqslant) b_m \end{cases} \tag{2.1.3}$$

式中:$x_1,x_2,\cdots,x_n$ 为决策变量(decision variable);$z = c_1x_1 + c_2x_2 + \cdots + c_nx_n$ 为目标函数(objective function);常数 $c_1,c_2,\cdots,c_n$ 为费用或成本系数(cost coefficient);关系式 $a_{i1}x_1 + a_{i2}x_2 + \cdots + a_{in}x_n \leqslant (=,\geqslant) b_i(i=1,2,\cdots,m)$ 为约束(constraint)条件。

式(2.1.3)是线性规划的一般形式,在实际问题中可根据具体情况写出其具体形式。

针对线性规划的一般形式(2.1.3),下面给出线性规划可行解与最优解的概念。

定义 2.1.1 满足式(2.1.3)中约束条件的向量 $\boldsymbol{x} = (x_1,x_2,\cdots,x_n)^{\mathrm{T}}$,称为线性规划的

可行解(feasible solution)。可行解的集合,称为可行域(feasible region),记为 S。使得式(2.1.3)中的目标函数达到最优值的可行解,称为线性规划的最优解(optimal solution)。

在应用线性规划解决实际问题时,最重要的是根据实际问题的要求建立相应的线性规划模型。这是一项技巧性很强的创造性工作,既要求对所研究的问题有深入的了解,又要求很好地掌握线性规划模型的结构特点,并具有对实际问题进行数学描述的较强能力。因此,建立一些复杂的数学模型时,需要各方面专业人员的通力协作配合。

一般来讲,一个实际问题要满足下列条件,才能归结为线性规划的模型。

(1) 要求解的问题的目标能用某种效益指标度量其大小程度,并能用线性函数描述目标的要求。

(2) 为达到这个目标存在多种方案。

(3) 要达到的目标是在一定约束条件下实现的,这些条件可用线性等式或不等式描述。

2.1.2 线性规划的图解法

若线性规划问题只含有两个决策变量,则其可行域可在平面上画出,然后根据平面图,就可求出线性规划问题的最优解或判断该问题无最优解。举例如下。

例 2.1.3 用图解法求解例 2.1.1 的最优解和最优值。

解 该问题的线性规划模型为

$$\min z = 2(x_1 + x_2)$$
$$\begin{cases} x_1 + 0.5x_2 \geqslant 5 \\ 0.25x_1 + 2x_2 \geqslant 5 \\ x_1, x_2 \geqslant 0 \end{cases}$$

在以 x_1, x_2 为坐标轴的平面笛卡儿坐标系中画出线性规划的可行域,如图 2.1.1 所示,目标函数 $z=2(x_1+x_2)$ 在坐标平面上表示的是一簇以 z 为参数的平行线,位于同一直线上的点,具有相同的目标函数值。因此,这些直线称为等值线。为了在可行域内找到使目标函数达到最小值的最优解,让等值线 $z=2(x_1+x_2)$ 沿着它的负法线方向平行移动,这时目标函数值越来越小。当移动到点 $Q(4,2)$ 时,如果等值线 $z=2(x_1+x_2)$ 再移动就与可行域不相交了,所以点 $Q(4,2)$ 就是最优解,相应的目标函数最优值为 12,即 $x_1^*=4, x_2^*=2, z^*=12$。

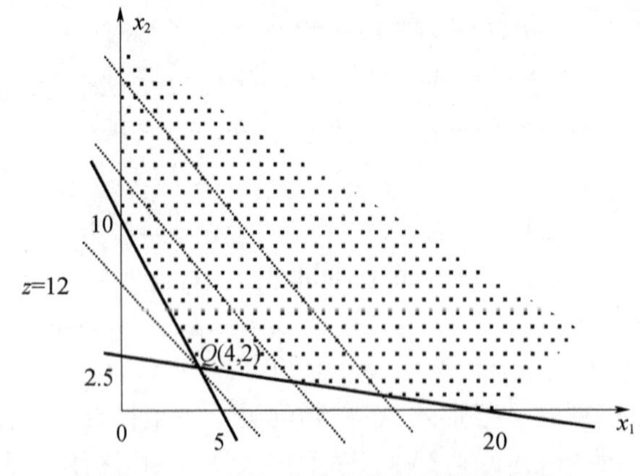

图 2.1.1 图解法求解线性规划示意图

例 2.1.4　用图解法求解下列线性规划

$$\max z = 2x_1 + 4x_2$$

$$\begin{cases} x_1 + x_2 \leqslant 6 \\ x_1 + 2x_2 \leqslant 8 \\ x_1 \leqslant 4 \\ x_2 \leqslant 3 \\ x_1, x_2 \geqslant 0 \end{cases}$$

解　首先画出线性规划的可行域,如图 2.1.2 所示。因为要找的最优解在可行域内使目标函数具有最大值,所以让等值线 $z = 2x_1 + 4x_2$ 沿着它的法线方向在可行域内平行移动,这时,目标函数值越来越大。因为等值线与可行域的边界直线 Q_2Q_3 平行,所以当等值线移动到与直线 Q_2Q_3 重合时,目标函数值达到最大,直线段 Q_2Q_3 上的每一点都是最优解,目标函数的最优值为 16,即 $x_1^* = 8 - 2x_2^*$,其中 $2 \leqslant x_2^* \leqslant 3$,且 $z^* = 16$。

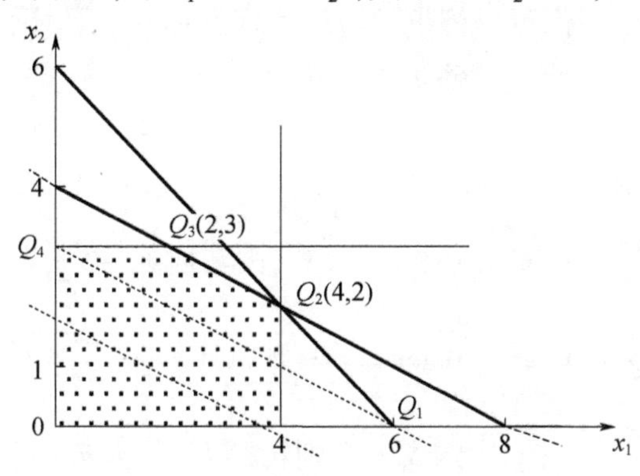

图 2.1.2　图解法求解线性规划示意图

通过图解法可以看到,线性规划问题的可行域是凸集。若线性规划存在最优解,则一定可以在可行域的某个顶点上得到;若在两个顶点上同时得到最优解,则两个顶点连线上的任一点都是最优解,即有无穷多个最优解。若可行域无界,则可能发生最优解无界的情况(这时称最优解为无穷大或无穷小,也称无最优解)。另外,也有可行域为空集的情形,这时无可行解,也就没有最优解了。

2.1.3　线性规划问题的标准型

线性规划模型有各种不同形式。为了便于以后的讨论,规定线性规划问题的标准形式(常简称为标准型)为

$$\min z = c_1x_1 + c_2x_2 + \cdots + c_nx_n$$

$$\begin{cases} a_{11}x_1 + a_{12}x_2 + \cdots + a_{1n}x_n = b_1 \\ a_{21}x_1 + a_{22}x_2 + \cdots + a_{2n}x_n = b_2 \\ \vdots \\ a_{m1}x_1 + a_{m2}x_2 + \cdots + a_{mn}x_n = b_m \\ x_j \geqslant 0, j = 1, 2, \cdots, n \end{cases} \tag{2.1.4}$$

其中要求所有 $b_i \geqslant 0(i=1,2,\cdots,m)$。

令

$$A=\begin{bmatrix} a_{11} & a_{12} & \cdots & a_{1n} \\ a_{21} & a_{22} & \cdots & a_{2n} \\ \vdots & \vdots & \vdots & \vdots \\ a_{m1} & a_{m2} & \cdots & a_{mn} \end{bmatrix}, \boldsymbol{b}=\begin{pmatrix} b_1 \\ b_2 \\ \vdots \\ b_m \end{pmatrix}, \boldsymbol{x}=\begin{pmatrix} x_1 \\ x_2 \\ \vdots \\ x_n \end{pmatrix}, \boldsymbol{c}=\begin{pmatrix} c_1 \\ c_2 \\ \vdots \\ c_n \end{pmatrix}$$

则可用矩阵与向量形式将线性规划的标准型(2.1.4)简写为

$$\min z=\boldsymbol{c}^{\mathrm{T}}\boldsymbol{x}$$

$$\begin{cases} \boldsymbol{A}\boldsymbol{x}=\boldsymbol{b} \\ \boldsymbol{x}\geqslant 0 \end{cases} \tag{2.1.5}$$

式中:$\boldsymbol{A}$ 为约束方程组的系数矩阵,简称为约束矩阵;$\boldsymbol{b}$ 为限定向量,线性规划的标准形式要求 $\boldsymbol{b}\geqslant 0$。

任何一种线性规划模型都可以等价地转换为标准形式。具体转化方式如下。

(1) 目标函数的转换。若原问题是求目标函数的最大值,即 $\max \boldsymbol{c}^{\mathrm{T}}\boldsymbol{x}$,则可以转换为 $\min(-\boldsymbol{c}^{\mathrm{T}}\boldsymbol{x})$。

(2) 约束条件的转换。

① 若约束不等式 $\sum_{j=1}^{n} a_{ij}x_j \leqslant b_i$ 中的 $b_i < 0$,则转换为 $-\sum_{j=1}^{n} a_{ij}x_j \geqslant -b_i$。

② 若约束不等式 $\sum_{j=1}^{n} a_{ij}x_j \geqslant b_i$ 中的 $b_i <0$,则转换为 $-\sum_{j=1}^{n} a_{ij}x_j \leqslant -b_i$。

③ 若等式约束 $\sum_{j=1}^{n} a_{ij}x_j = b_i$ 中的 $b_i <0$,则转换为 $-\sum_{j=1}^{n} a_{ij}x_j = -b_i$。

④ 若约束条件是不等式 $\sum_{j=1}^{n} a_{ij}x_j \leqslant b_i$,则引进非负的松弛变量,转换为

$$\begin{cases} \sum_{j=1}^{n} a_{ij}x_j + x_{n+i} = b_i \\ x_{n+i} \geqslant 0 \end{cases}$$

⑤ 若约束条件是不等式 $\sum_{j=1}^{n} a_{ij}x_j \geqslant b_i$,则引进非负的剩余变量(也称为松弛变量),转换为

$$\begin{cases} \sum_{j=1}^{n} a_{ij}x_j - x_{n+i} = b_i \\ x_{n+i} \geqslant 0 \end{cases}$$

在目标函数中,松弛变量与剩余变量相应的费用系数取为0。

(3) 变量的非负约束。

① 若某个变量的约束为 $x_j \leqslant 0$,则可令 $x_j' = -x_j$,于是便有 $x_j' \geqslant 0$。

② 若某个变量 x_j 没有限制,则可令 $x_j = x_j' - x_j''$,并增加约束 $x_j' \geqslant 0, x_j'' \geqslant 0$。

例 2.1.5 将线性规划问题

$$\min z = 2x_1 - x_2 - 3x_3$$

$$\begin{cases} x_1 + x_2 + x_3 \leqslant 7 \\ x_1 - x_2 + x_3 \geqslant 2 \\ -3x_1 + x_2 + 2x_3 = 5 \\ x_1, x_2 \geqslant 0 \end{cases}$$

化为标准形式,其中 x_3 无符号限制。

解　令 $x_3 = x_4 - x_5$,其中 $x_4, x_5 \geqslant 0$;对第一个约束引入松弛变量 $x_6 \geqslant 0$;对第二个约束引入剩余变量 $x_7 \geqslant 0$。

于是,给定的线性规划模型可转化为标准形式:

$$\min z = 2x_1 - x_2 - 3(x_4 - x_5)$$

$$\begin{cases} x_1 + x_2 + x_4 - x_5 + x_6 = 7 \\ x_1 - x_2 + x_4 - x_5 - x_7 = 2 \\ -3x_1 + x_2 + 2x_4 - 2x_5 = 5 \\ x_1, x_2, x_4, x_5, x_6, x_7 \geqslant 0 \end{cases}$$

例 2.1.6　将例 2.1.2 的数学模型化为标准形式。

解　例 2.1.2 的数学模型为

$$\max z = \sum_{i=1}^{3} \sum_{j=1}^{4} p_{ij} x_{ij}$$

$$\begin{cases} \sum_{j=1}^{4} x_{ij} \leqslant a_i, i = 1,2,3 \\ \sum_{i=1}^{3} x_{ij} = b_j, j = 1,2,3,4 \\ x_{ij} \geqslant 0, i = 1,2,3; j = 1,2,3,4 \end{cases}$$

(1) 对约束条件

$$\sum_{j=1}^{4} x_{ij} \leqslant a_i, i = 1,2,3$$

分别引入松弛变量 $x_{15} \geqslant 0, x_{25} \geqslant 0, x_{35} \geqslant 0$,并规定相应的费用系数为

$$c_{15} = c_{25} = c_{35} = 0$$

这实际上等于虚设了一艘敌舰,并受到多余导弹的攻击。

(2) 令 $z' = -z$,把求 $\max z$ 改为求 $\min z'$。于是,可得到原问题的标准形式为

$$\min z' = -\sum_{i=1}^{3} \sum_{j=1}^{5} p_{ij} x_{ij}$$

$$\begin{cases} \sum_{j=1}^{5} x_{ij} = a_i, i = 1,2,3 \\ \sum_{i=1}^{3} x_{ij} = b_j, j = 1,2,3,4 \\ x_{ij} \geqslant 0, i = 1,2,3; j = 1,2,3,4,5 \end{cases}$$

2.1.4 线性规划问题的基本概念与解的结构

前面已经给出了线性规划问题可行解的概念,下面再介绍线性规划问题其他的基本概念。

定义 2.1.2 考虑线性规划

$$\min z = \boldsymbol{c}^{\mathrm{T}}\boldsymbol{x}$$
$$\begin{cases}\boldsymbol{Ax} = \boldsymbol{b} \\ \boldsymbol{x} \geqslant 0\end{cases} \tag{2.1.6}$$

设系数矩阵 $\boldsymbol{A}_{m\times n}$ 的秩为 m,$\boldsymbol{B}$ 是矩阵 $\boldsymbol{A}$ 的 m 阶非奇异子矩阵即 $|\boldsymbol{B}| \neq 0$,则称 $\boldsymbol{B}$ 是线性规划问题的一个基(basis)。

不失一般性,设

$$\boldsymbol{B} = \begin{pmatrix} a_{11} & a_{12} & \cdots & a_{1m} \\ \vdots & \vdots & \vdots & \vdots \\ a_{m1} & a_{m2} & \cdots & a_{mm} \end{pmatrix} = (\boldsymbol{P}_1, \boldsymbol{P}_2, \cdots, \boldsymbol{P}_m)$$

并设 $\boldsymbol{A}$ 中的剩余元素组成的子矩阵为

$$\boldsymbol{N} = \begin{pmatrix} a_{1,m+1} & a_{1,m+2} & \cdots & a_{1n} \\ \vdots & \vdots & \vdots & \vdots \\ a_{m,m+1} & a_{m,m+2} & \cdots & a_{mn} \end{pmatrix} = (\boldsymbol{P}_{m+1}, \boldsymbol{P}_{m+2}, \cdots, \boldsymbol{P}_n)$$

则 $\boldsymbol{A} = (\boldsymbol{B}, \boldsymbol{N})$。式中,$\boldsymbol{P}_j(j=1,2,\cdots,m)$ 为基向量;与基向量 $\boldsymbol{P}_j$ 对应的决策变量 x_j 为基变量(basic variable)。$\boldsymbol{P}_j(j=m+1,\cdots,n)$ 为非基向量,与非基向量 $\boldsymbol{P}_j$ 对应的决策变量 x_j 为非基变量(nonbasic variable)。

记 $\boldsymbol{x}_B = (x_1, x_2, \cdots, x_m)^{\mathrm{T}}$,$\boldsymbol{x}_N = (x_{m+1}, x_{m+2}, \cdots, x_n)^{\mathrm{T}}$,则有 $\boldsymbol{x} = (\boldsymbol{x}_B^{\mathrm{T}}, \boldsymbol{x}_N^{\mathrm{T}})^{\mathrm{T}}$。在约束 $\boldsymbol{Ax} = \boldsymbol{b}$ 中,如果令所有的非基变量取值为 0,即令 $\boldsymbol{x}_N = 0$,得到的解 $\boldsymbol{x} = ((\boldsymbol{B}^{-1}\boldsymbol{b})^{\mathrm{T}}, \boldsymbol{0}^{\mathrm{T}})^{\mathrm{T}}$,为相应于 $\boldsymbol{B}$ 的基本解(basic solution)。

定义 2.1.3 基本解的分量都为非负值时,即满足 $\boldsymbol{x}_B \geqslant 0$ 的基本解称为线性规划的基本可行解(basic feasible solution),相应的基 $\boldsymbol{B}$ 为可行基(feasible basis)。

从上述定义中可以看出,有一个基,就可以求出一个基本解,并且基本解的非零分量的数目不会超过约束方程的数目 m。基本可行解一定是基本解,因此,基本可行解的非零分量的数目也不会超过约束方程的数目 m。关于线性规划问题几种解的关系,如图 2.1.3 所示。

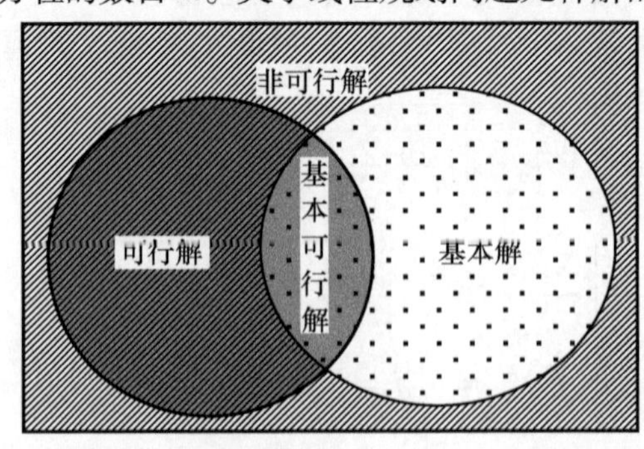

图 2.1.3 线性规划问题几种解的关系

不难看出，有 m 个约束方程和 n 个变量的标准形式线性规划问题必有有限个基本解，基本解的数目不会超过 C_n^m。

定义 2.1.4　若基本可行解的所有基变量都取正值，则称为非退化的(non-degenerate)；若有取0值的基变量，则称为退化的(degenerate)。一个线性规划问题，若它的所有基本可行解都是非退化的，则称为是非退化的。

定义 2.1.5(顶点)　设 $\mathbf{K}$ 是凸集，点 $\boldsymbol{x}\in\mathbf{K}$。若 $\boldsymbol{x}$ 不能用 $\mathbf{K}$ 中不同的两点 $\boldsymbol{x}^{(1)},\boldsymbol{x}^{(2)}$ 的线性组合 $\alpha\boldsymbol{x}^{(1)}+(1-\alpha)\boldsymbol{x}^{(2)}(0<\alpha<1)$ 表示，则称 $\boldsymbol{x}$ 为 $\mathbf{K}$ 的一个顶点。

下面举例说明基、基本解和基本可行解等的概念。

例 2.1.7　试找出下列线性规划问题式(2.1.7)中的所有基、基本解和基本可行解，并用图解法求出相应的最优解。

$$\min z=-x_1-4x_2$$

$$\begin{cases}x_1+x_2\leqslant 4\\-x_1+x_2\leqslant 2\\x_1,x_2\geqslant 0\end{cases}\tag{2.1.7}$$

解　式(2.1.7)的可行域及顶点如图2.1.4所示。可以看出其可行域为凸集，最优解在可行域的顶点(1,3)取得。

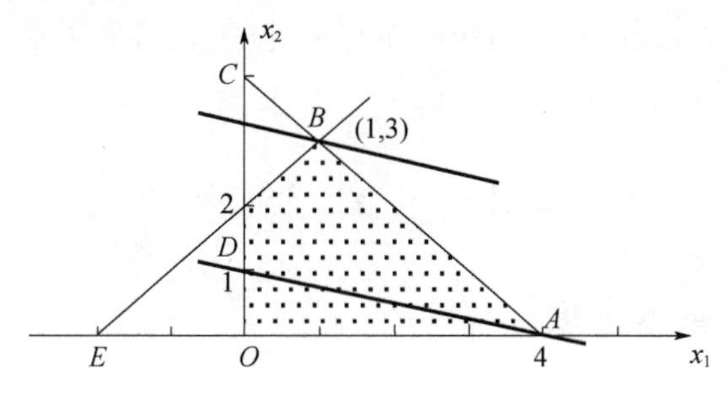

图2.1.4　可行域与基本可行解

现将式(2.1.7)化为标准型

$$\min z=-x_1-4x_2$$

$$\begin{cases}x_1+x_2+x_3=4\\-x_1+x_2+x_4=2\\x_1,x_2,x_3,x_4\geqslant 0\end{cases}\tag{2.1.8}$$

式(2.1.8)的约束矩阵为

$$\boldsymbol{A}=(\boldsymbol{P}_1,\boldsymbol{P}_2,\boldsymbol{P}_3,\boldsymbol{P}_4)=\begin{pmatrix}1&1&1&0\\-1&1&0&1\end{pmatrix}$$

表2.1.3给出了式(2.1.8)的基、基本解与基本可行解。

表2.1.3　基、基本解与基本可行解

基	基本解	是否为基本可行解	对应于图2.1.4中的点	可行域顶点
$\boldsymbol{B}_1=(\boldsymbol{P}_1,\boldsymbol{P}_2)=\begin{pmatrix}1&1\\-1&1\end{pmatrix}$	$\boldsymbol{x}_1=(1,3,0,0)^{\mathrm{T}}$	是	B	是
$\boldsymbol{B}_2=(\boldsymbol{P}_1,\boldsymbol{P}_3)=\begin{pmatrix}1&1\\-1&0\end{pmatrix}$	$\boldsymbol{x}_2=(-2,0,6,0)^{\mathrm{T}}$	否	E	否

（续）

基	基本解	是否为基本可行解	对应于图 2.1.4 中的点	可行域顶点
$\boldsymbol{B}_3=(\boldsymbol{P}_1,\boldsymbol{P}_4)=\begin{pmatrix}1 & 0\\ -1 & 1\end{pmatrix}$	$\boldsymbol{x}_3=(4,0,0,6)^{\mathrm{T}}$	是	A	是
$\boldsymbol{B}_4=(\boldsymbol{P}_2,\boldsymbol{P}_3)=\begin{pmatrix}1 & 1\\ 1 & 0\end{pmatrix}$	$\boldsymbol{x}_4=(0,2,2,0)^{\mathrm{T}}$	是	D	是
$\boldsymbol{B}_5=(\boldsymbol{P}_2,\boldsymbol{P}_4)=\begin{pmatrix}1 & 0\\ 1 & 1\end{pmatrix}$	$\boldsymbol{x}_5=(0,4,0,-2)^{\mathrm{T}}$	否	C	否
$\boldsymbol{B}_6=(\boldsymbol{P}_3,\boldsymbol{P}_4)=\begin{pmatrix}1 & 0\\ 0 & 1\end{pmatrix}$	$\boldsymbol{x}_6=(0,0,4,2)^{\mathrm{T}}$	是	O	是

对比图 2.1.4 和表 2.1.3 能够发现，式(2.1.7)的基本可行解对应于可行域的顶点，而且线性规划问题式(2.1.7)的最优解在可行域的顶点(1,3)取得。事实上，这些性质可以推广到所有的线性规划问题。下面以定理的形式给出，不作证明，有兴趣的读者可以阅读有关文献。

定理 2.1.1 线性规划问题的可行域是凸集。

定理 2.1.2 线性规划问题的基本可行解对应于可行域的顶点。

定理 2.1.3 若可行域有界，线性规划问题的最优解一定可以在其可行域的顶点达到。

另外，若可行域无界，线性规划问题可能有最优解，也可能无最优解；若有最优解，最优解也一定可以在某顶点上达到。

2.2 单纯形法

2.2.1 单纯形法的基本思想

我们知道，线性规划问题的最优解如果存在的话一定可以在可行域的顶点上达到，因此可从可行域的顶点中去寻找最优解。虽然顶点数目是有限的(不超过 C_n^m)，采用"枚举法"可以求出最优解，但当 C_n^m 的数目很大时，这种方法是行不通的。

单纯形法是求解线性规划问题的最有效的方法，其实质是一种迭代算法。单纯形法的基本思想是：根据问题的标准型，首先找到一个基本可行解即可行域的顶点，检验是否为最优解；如果不是，再找一个使目标函数有改进的基本可行解，进行检验；反复迭代，直到找到最优解，或判断问题无最优解。

这里需要解决四个问题：一是如何确定初始基本可行解；二是如何判断一个基本可行解是否为最优解；三是如何判断线性规划问题有无最优解；四是如何构造改进的基本可行解。

下面通过求解例 2.1.7 来介绍单纯形法的基本思想。

例 2.1.7 的线性规划问题的标准型为

$$\min z=-x_1-4x_2$$

$$\begin{cases}x_1+x_2+x_3=4\\ -x_1+x_2+x_4=2\\ x_1,x_2,x_3,x_4\geqslant 0\end{cases}\tag{2.2.1}$$

其约束矩阵为

$$A=(P_1,P_2,P_3,P_4)=\begin{pmatrix}1 & 1 & 1 & 0\\ -1 & 1 & 0 & 1\end{pmatrix} \tag{2.2.2}$$

从式(2.2.2)可以看出,单位矩阵 $B=(P_3,P_4)=\begin{pmatrix}1 & 0\\ 0 & 1\end{pmatrix}$ 构成线性规划问题式(2.2.1)的一个基,相应的基变量为 x_3,x_4,将式(2.2.1)的约束条件变形为

$$\begin{cases}x_3=4-x_1-x_2\\ x_4=2+x_1-x_2\end{cases} \tag{2.2.3}$$

在式(2.2.3)中令非基变量 $x_1=x_2=0$,可得到 $x_3=4,x_4=2$。由此得到初始基本可行解为 $x_0=(0,0,4,2)^T$,对应于图 2.1.4 可行域的顶点(0,0),即原点 O,目标函数值为 $z=0$。

将式(2.2.3)代入目标函数,得到

$$z=-x_1-4x_2 \tag{2.2.4}$$

分析式(2.2.4)可以看到,非基变量 x_1,x_2 的系数均为负数,当 x_1,x_2 由非基变量转换为基变量时,目标函数值就可能减小,所以只要目标函数表达式(只含非基变量)中还有负系数的非基变量,目标函数就有减小的可能。这时,需要将某一个非基变量转换为基变量,相应地,一个基变量就要转换为非基变量。一般地,将负系数最小的那个非基变量转换为基变量,可使目标函数值减小最快。寻找换出的基变量的方法如下。

在式(2.2.4)中,x_2 的系数最小,所以选取 x_2 为换入变量。为此,要从基变量 x_3,x_4 中换出一个变量,并保证 x_3,x_4 非负。令 $x_1=0$,由式(2.2.4)可得

$$\begin{cases}x_3=4-x_2\geqslant 0\\ x_4=2-x_2\geqslant 0\end{cases} \tag{2.2.5}$$

从式(2.2.5)中可以看出,只要选择

$$x_2=\min(4,2)=2$$

就能使式(2.2.5)成立。此时,可得

$$x_3=2,x_4=0$$

所以 x_4 就由基变量转换为非基变量,由此,得到新的基本可行解 $x_1=(0,2,2,0)^T$,对应于图 2.1.4 可行域的顶点 D,相应的目标函数值为 $z=-8$。

在式(2.2.3)中,令 x_2 与 x_4 的位置对换,可得

$$\begin{cases}x_2+x_3=4-x_1\\ x_2=2+x_1-x_4\end{cases} \tag{2.2.6}$$

利用高斯消元法将式(2.2.6)中 x_2 的系数列向量转换为单位列向量,可得

$$\begin{cases}x_2=2+x_1-x_4\\ x_3=2-2x_1+x_4\end{cases} \tag{2.2.7}$$

将式(2.2.7)代入目标函数,可得

$$z=-5x_1+4x_4-8 \tag{2.2.8}$$

在式(2.2.8)中,非基变量 x_1 的系数为负数,故 x_1 由非基变量转换为基变量,目标函数可能减小即 $x_1=(0,2,2,0)^T$ 不是最优解。

在式(2.2.7)中,令 $x_4=0$,可得

$$\begin{cases}x_2=2+x_1\\x_3=2-2x_1\end{cases}\tag{2.2.9}$$

从式(2.2.9)中可以看出,只要 $x_1=2/2=1$,就能保证

$$\begin{cases}x_2=2+x_1\geqslant 0\\x_3=2-2x_1\geqslant 0\end{cases}$$

此时,$x_3=0$。所以,x_1 是换入变量,x_3 是换出变量。在式(2.2.7)中将 x_1 与 x_3 位置互换,可得

$$\begin{cases}x_2-x_1=2-x_4\\2x_1=2-x_3+x_4\end{cases}\tag{2.2.10}$$

在式(2.2.10)中,将 x_1 的系数列向量变换为单位向量,可得

$$\begin{cases}x_1=1-\dfrac{1}{2}x_3+\dfrac{1}{2}x_4\\x_2=3-\dfrac{1}{2}x_3-\dfrac{1}{2}x_4\end{cases}\tag{2.2.11}$$

令 $x_3=x_4=0$,得到新的基本可行解为 $\boldsymbol{x}_2=(1,3,0,0)^{\mathrm{T}}$,对应于图2.1.4可行域的顶点 B,相应的目标函数值为 $z=-13$。将式(2.2.11)代入目标函数,可得

$$z=-13+\frac{5}{2}x_3+\frac{3}{2}x_4\tag{2.2.12}$$

从式(2.2.12)可以看出,非基变量的系数均为正数,改变非基变量的值只会使目标函数值增大,所以 $\boldsymbol{x}_2=(1,3,0,0)^{\mathrm{T}}$ 是最优解,$z=-13$ 是最优值。

例2.2.1是二维(两个决策变量)的线性规划问题,式(2.2.1)是式(2.1.7)的标准型。在上述分析中,得到的初始基本可行解 $\boldsymbol{x}_0=(0,0,4,2)$,对应图2.1.4的顶点 $O(0,0)$,目标函数值为0;第二个基本可行解为 $\boldsymbol{x}_1=(0,2,2,0)^{\mathrm{T}}$,对应于图2.1.4的顶点 $D(0,2)$,目标函数值为 -8;第三个基本可行解为 $\boldsymbol{x}_2=(1,3,0,0)^{\mathrm{T}}$,对应于图2.1.4的顶点 $B(1,3)$,目标函数值为 -13,这个目标函数值就是最优值。这个求解过程相当于在图2.1.4中目标函数从可行域顶点 O 开始沿目标函数减小方向平移,首先碰到可行域顶点 D,然后到达顶点 B;如果再移动,就要离开可行域,所以目标函数在顶点 B 达到最优。

从上述分析可以知道,单纯形法的思想就是从可行域的一个顶点出发寻找使目标函数有所改进的下一个顶点,直到找到使目标函数达到最优的顶点。

下面,进一步介绍初始基本可行解的确定方法。

(1) 考虑线性规划问题的标准形式

$$\min z=\boldsymbol{c}^{\mathrm{T}}\boldsymbol{x}$$
$$\begin{cases}\boldsymbol{Ax}=\boldsymbol{b}\\\boldsymbol{x}\geqslant 0\end{cases}\tag{2.2.13}$$

若系数矩阵 $\boldsymbol{A}=(\boldsymbol{p}_1,\boldsymbol{p}_2,\cdots,\boldsymbol{p}_n)$ 的列向量中能直接观察到有 m 个线性独立的单位向量,不妨假设为

$$\boldsymbol{P}_i' = (\overbrace{0,\cdots,0}^{i-1},1,\overbrace{0,\cdots,0}^{m-i})^{\mathrm{T}}, i=1,2,\cdots,m$$

则可得到一个基 $\boldsymbol{B}=(\boldsymbol{p}_1',\boldsymbol{p}_2',\cdots,\boldsymbol{p}_m')$。

又因为标准型中 $\boldsymbol{b}\geqslant 0$，所以 $\boldsymbol{B}$ 是可行基。令非基变量为0，就可得到初始基本可行解。

（2）若线性规划问题为

$$\min z = c_1x_1 + c_2x_2 + \cdots + c_nx_n$$

$$\begin{cases} a_{11}x_1 + a_{12}x_2 + \cdots + a_{1n}x_n \leqslant b_1 \\ a_{21}x_1 + a_{22}x_2 + \cdots + a_{2n}x_n \leqslant b_2 \\ \vdots \\ a_{m1}x_1 + a_{m2}x_2 + \cdots + a_{mn}x_n \leqslant b_m \\ x_j \geqslant 0, j=1,2,\cdots,n \end{cases}$$

式中 $\boldsymbol{b}=(b_1,b_2,\cdots,b_m)^{\mathrm{T}}\geqslant 0$。则将其化为标准形式为

$$\min z = c_1x_1 + c_2x_2 + \cdots + c_nx_n$$

$$\begin{cases} a_{11}x_1 + a_{12}x_2 + \cdots + a_{1n}x_n + x_{n+1} = b_1 \\ a_{21}x_1 + a_{22}x_2 + \cdots + a_{2n}x_n + x_{n+2} = b_2 \\ \vdots \\ a_{m1}x_1 + a_{m2}x_2 + \cdots + a_{mn}x_n + x_{n+m} = b_m \\ x_j \geqslant 0, j=1,2,\cdots,n+m \end{cases}$$

于是，很容易地找出一个可行基，从而求出基本可行解。

（3）如果约束中有"≥"的形式，首先将所有含有"≥"形式的约束化为等式约束，然后看是否属于情形(1)。若属于情形(1)，则立即可得到基本可行解。否则，即不易直接找出基本可行解时，可以采用人工变量法，详见2.2.3节。

2.2.2　单纯形法的计算步骤

为了便于计算和检验，设计一种计算表格，称为单纯形表。单纯形法的整个计算过程都是在单纯形表中进行的。

考虑如下基本形式：

$$\min z = c_1x_1 + c_2x_2 + \cdots + c_nx_n$$

$$\begin{cases} x_1 + a_{1,m+1}x_{m+1} + a_{1,m+2}x_{m+2} + \cdots + a_{1n}x_n = b_1 \\ x_2 + a_{2,m+1}x_{m+1} + a_{2,m+2}x_{m+2} + \cdots + a_{2n}x_n = b_2 \\ \vdots \\ x_m + a_{m,m+1}x_{m+1} + a_{m,m+2}x_{m+2} + \cdots + a_{mn}x_n = b_m \\ x_j \geqslant 0, j=1,2,\cdots,n \end{cases}$$

式中 $b_i>0(i=1,2,\cdots,m)$。

单纯形法的具体计算方法与步骤如下。

（1）根据线性规划问题，建立线性规划问题表2.2.1。

表 2.2.1　线性规划问题表

基变量	$\boldsymbol{p}_1$	…	$\boldsymbol{p}_r$	…	$\boldsymbol{p}_m$	$\boldsymbol{p}_{m+1}$	…	$\boldsymbol{p}_k$	…	$\boldsymbol{p}_n$	可行解
x_1	1	…	0	…	0	$a_{1,m+1}$	…	a_{1k}	…	a_{1n}	b_1
⋮	⋮		⋮		⋮	⋮		⋮		⋮	⋮
x_r	0	…	1	…	…	$a_{r,m+1}$	…	a_{rk}	…	a_{rn}	b_r
⋮	⋮		⋮		⋮	⋮		⋮		⋮	⋮
x_m	0	…	0	…	1	$a_{m,m+1}$	…	a_{mk}	…	a_{mn}	b_m
目标	c_1	…	c_r	…	c_m	c_{m+1}	…	c_k	…	c_n	0

（2）由初始可行基确定初始基本可行解，建立初始单纯形表 2.2.2。

表 2.2.2　初始单纯形表

基变量	$\boldsymbol{p}_1$	…	$\boldsymbol{p}_r$	…	$\boldsymbol{p}_m$	$\boldsymbol{p}_{m+1}$	…	$\boldsymbol{p}_k$	…	$\boldsymbol{p}_n$	可行解
x_1	1	…	0	…	0	$a_{1,m+1}$	…	a_{1k}	…	a_{1n}	b_1
⋮	⋮		⋮		⋮	⋮		⋮		⋮	⋮
x_r	0	…	1	…	0	$a_{r,m+1}$	…	a_{rk}	…	a_{rn}	b_r
⋮	⋮		⋮		⋮	⋮		⋮		⋮	⋮
x_m	0	…	0	…	1	$a_{m,m+1}$	…	a_{mk}	…	a_{mn}	b_m
目标	0	…	0	…	0	σ_{m+1}	…	σ_k	…	σ_n	$-z_0$

在表 2.2.2 中，$\sigma_j = c_j - \sum_{i=1}^{m} c_i a_{ij} (j = m+1,\cdots,n)$，为检验数。检验数是判断一个基本可行解是否为最优解的准则。

从表 2.2.2 中可以看出，初始基本可行解为 $\boldsymbol{x}_0 = (b_1, b_2, \cdots, b_m, 0, \cdots, 0)^{\mathrm{T}}$，相应的目标函数值为

$$z_0 = \sum_{i=1}^{m} c_i b_i$$

（3）检查对应于非基变量的检验数 σ_j。如果所有的检验数 $\sigma_j \geqslant 0$，则已得到最优解，停止计算。否则，转(4)。

（4）若存在 $\sigma_k < 0$，并且所对应的列向量 $\boldsymbol{p}_k \leqslant 0$，则此问题无界，停止计算。否则，转(5)。

（5）根据

$$\min\{\sigma_j \mid \sigma_j < 0\} = \sigma_k$$

确定 x_k 为进基变量。根据

$$\theta = \min_i \left(\frac{b_i}{a_{ik}} \mid a_{ik} > 0 \right) = \frac{b_r}{a_{rk}}$$

确定 x_r 为出基变量，并称 a_{rk} 为主元素，转(6)。

（6）在表 2.2.2 中以 a_{rk} 为主元素进行旋转迭代，即用高斯消元法将 x_k 所对应的列

$$\boldsymbol{p}_k = (a_{1k}, a_{2k}, \cdots, a_{mk}, \sigma_k)^{\mathrm{T}}$$

变换为

$$\boldsymbol{p}_k' = (0, 0, \cdots, 0, 1, 0, \cdots, 0)^{\mathrm{T}}$$

由此得到新的单纯形表 2.2.3。

表 2.2.3　迭代后的单纯形表

基变量	$\boldsymbol{p}_1$	…	$\boldsymbol{p}_r$	…	$\boldsymbol{p}_{m+1}$	…	$\boldsymbol{p}_k$	…	$\boldsymbol{p}_n$	可行解
x_1	1	…	$-\frac{a_{1k}}{a_{rk}}$	…	$a_{1,m+1}-\frac{a_{1k}a_{r,m+1}}{a_{rk}}$	…	0	…	$a_{1n}-\frac{a_{1k}a_{rn}}{a_{rk}}$	$b_1-\frac{b_r a_{1k}}{a_{rk}}$
⋮	⋮		⋮		⋮		⋮		⋮	⋮
x_k	0	…	$\frac{1}{a_{rk}}$	…	$\frac{a_{r,m+1}}{a_{rk}}$	…	1	…	$\frac{a_{rn}}{a_{rk}}$	$\frac{b_r}{a_{rk}}$
⋮	⋮		⋮		⋮		⋮		⋮	⋮
x_m	0	…	$-\frac{a_{mk}}{a_{rk}}$	…	$a_{m,m+1}-\frac{a_{mk}a_{r,m+1}}{a_{rk}}$	…	0	…	$a_{mn}-\frac{a_{mk}a_{rn}}{a_{rk}}$	$b_m-\frac{a_{mk}b_r}{a_{rk}}$
目标	0	…	$-\frac{\sigma_k}{a_{rk}}$	…	$\sigma_{m+1}-\frac{a_{r,m+1}\sigma_k}{a_{rk}}$	…	0	…	$\sigma_n-\frac{a_{rn}\sigma_k}{a_k}$	$-z_0-\frac{b_r\sigma_k}{a_{rk}}$

从表 2.2.3 中可以看出,得到新的基本可行解为

$$\boldsymbol{x}_1=\left(b_1-\frac{a_{1k}b_r}{a_{rk}},\cdots,b_{r-1}-\frac{a_{r-1,k}b_r}{a_{rk}},0,b_{r+1}-\frac{a_{r+1,k}b_r}{a_{rk}},\cdots,b_m-\frac{a_{mk}b_r}{a_{rk}},0,\cdots,\frac{b_r}{a_{rk}},\cdots,0\right)^{\mathrm{T}}$$

相应的目标函数值为

$$z_1=z_0+\frac{b_r\sigma_k}{a_{rk}}<z_0$$

即目标函数值确实减小了。再以新的单纯形表 2.2.3 为起点,返回(3)。

例 2.2.1　用单纯形法求解下列线性规划:

$$\min z=x_1+x_2-4x_3+x_4$$

$$\begin{cases}x_1+x_2+2x_3+x_4=9\\x_1+x_2-x_3\leqslant 2\\-x_1+x_2+x_3\leqslant 4\\x_j\geqslant 0,j=1,2,3,4\end{cases}$$

解　首先,通过引入松弛变量 $x_5\geqslant 0$ 和 $x_6\geqslant 0$ 可将原线性规划问题转化成为标准型的线性规划问题

$$\min z=x_1+x_2-4x_3+x_4$$

$$\begin{cases}x_1+x_2+2x_3+x_4=9\\x_1+x_2-x_3+x_5=2\\-x_1+x_2+x_3+x_6=4\\x_j\geqslant 0,j=1,2,3,4,5,6\end{cases}$$

(1) 建立线性规划问题表,见表 2.2.4。

表 2.2.4　线性规划问题表

基变量	$\boldsymbol{p}_1$	$\boldsymbol{p}_2$	$\boldsymbol{p}_3$	$\boldsymbol{p}_4$	$\boldsymbol{p}_5$	$\boldsymbol{p}_6$	可行解
x_4	1	1	2	1	0	0	9
x_5	1	1	-1	0	1	0	2
x_6	-1	1	1	0	0	1	4
目标	1	1	-4	1	0	0	0

(2) 建立初始单纯形表,见表 2.2.5。

表 2.2.5 初始单纯形表

基变量	p_1	p_2	p_3	p_4	p_5	p_6	可行解
x_4	1	1	2	1	0	0	9
x_5	1	1	-1	0	1	0	2
x_6	-1	1	[1]	0	0	1	4
目标	0	0	-6	0	0	0	-9

由表 2.2.5 可得到初始可行解为 $\boldsymbol{x}_0=(0,0,0,9,2,4)^{\mathrm{T}}$，相应的目标函数值为 $z_0=9$。因为检验数 $\sigma_3=-6<0$，所以取 x_3 为进基变量。又由于

$$\theta=\min_i(b_i/a_{i3}\mid a_{i3}>0)=\min(9/2,4/1)=4=b_3/a_{33}$$

可知，$b_3=4$ 所在行的对应变量 x_6 为出基变量。以 x_3 对应的列和 x_6 对应的行的交叉处 $a_{33}=1$ 为主元，通过高斯消元法，得到新的单纯形表 2.2.6。

由表 2.2.6 可得基本可行解为 $\boldsymbol{x}_1=(0,0,4,1,6,0)^{\mathrm{T}}$，相应的目标函数值为 $\boldsymbol{z}_1=-15$。

表 2.2.6 单纯形表

基变量	p_1	p_2	p_3	p_4	p_5	p_6	可行解
x_4	[3]	-1	0	1	0	-2	1
x_5	0	2	0	0	1	1	6
x_3	-1	1	1	0	0	1	4
目标	-6	6	0	0	0	6	15

（3）在表 2.2.6 中，因为 $\sigma_1=-6<0$，所以取 x_1 为进基变量。因为只有 $a_{11}=3>0$，故取 x_4 为出基变量，并以 $a_{11}=3$ 为主元，通过高斯消元法，得到新的单纯形表，见表 2.2.7。

表 2.2.7 单纯形表

基变量	p_1	p_2	p_3	p_4	p_5	p_6	可行解
x_1	1	-1/3	0	1/3	0	-2/3	1/3
x_5	0	2	0	0	1	1	6
x_3	0	2/3	1	1/3	0	1/3	13/3
目标	0	4	0	2	0	2	17

因为所有检验数均非负，所以基本可行解 $\boldsymbol{x}_2=(1/3,0,13/3,0,6,0)^{\mathrm{T}}$ 为最优解，相应的目标函数值 $z_2=-17$ 为最优值。

若初始基变量对应的费用系数均为 0，则线性规划问题表与初始单纯形表相同。举例如下。

例 2.2.2 用单纯形法求解下列线性规划：

$$\max z=2x_1+3x_2$$

$$\begin{cases}x_1+x_2\leqslant 6\\x_1+2x_2\leqslant 8\\x_1\leqslant 4\\x_2\leqslant 3\\x_j\geqslant 0,j=1,2\end{cases}$$

解 引入松弛变量 $x_j(j=3,4,5,6)$ 可将原线性规划问题化成标准形式：

$$\min z=-2x_1-3x_2$$

$$\begin{cases}x_1+x_2+x_3=6\\x_1+2x_2+x_4=8\\x_1+x_5=4\\x_2+x_6=3\\x_j\geqslant 0, j=1,2,\cdots,6\end{cases}$$

(1) 建立线性规划问题表，见表2.2.8。

表2.2.8 线性规划问题表

基变量	p_1	p_2	p_3	p_4	p_5	p_6	可行解
x_3	1	1	1	0	0	0	6
x_4	1	2	0	1	0	0	8
x_5	1	0	0	0	1	0	4
x_6	0	[1]	0	0	0	1	3
目标	-2	-3	0	0	0	0	0

(2) 初始单纯形表与表2.2.8相同。类似于例2.2.1，按照单纯形法的方法与步骤进行列表计算，见表2.2.9。

表2.2.9 计算表

序号	基变量	p_1	p_2	p_3	p_4	p_5	p_6	可行解
1	x_3	1	0	1	0	0	-1	3
	x_4	[1]	0	0	1	0	-2	2
	x_5	1	0	0	0	1	0	4
	x_2	0	1	0	0	0	1	3
	目标	-2	0	0	0	0	3	9
2	x_3	0	0	1	-1	0	[1]	1
	x_1	1	0	0	1	0	-2	2
	x_5	0	0	0	-1	1	2	2
	x_2	0	1	0	0	0	1	3
	目标	0	0	0	2	0	-1	13
3	x_6	0	0	1	-1	0	1	1
	x_1	1	0	2	-1	0	0	4
	x_5	0	0	-2	1	1	0	0
	x_2	0	1	-1	1	0	0	2
	目标	0	0	1	1	0	0	14

从表2.2.9可得到线性规划问题标准型的最优解为 $\boldsymbol{x}^*=(4,2,0,0,0,1)^{\mathrm{T}}$，相应的目标函数值为 $g^*=-14$。于是，可得原线性规划问题的最优解为 $\boldsymbol{x}^*=(4,2)^{\mathrm{T}}$，相应的最优值为 $z^*=14$。

2.2.3 人工变量法

在前面的讨论中,曾提到过采用人工变量法可以得到一个初始基本可行解。在本节中将介绍人工变量法。

假设线性规划问题为

$$\min z = c_1x_1 + c_2x_2 + \cdots + c_nx_n$$

$$\begin{cases} a_{11}x_1 + a_{12}x_2 + \cdots + a_{1n}x_n = b_1 \\ a_{21}x_1 + a_{22}x_2 + \cdots + a_{2n}x_n = b_2 \\ \vdots \\ a_{m1}x_1 + a_{m2}x_2 + \cdots + a_{mn}x_n = b_m \\ x_j \geqslant 0, j = 1, 2, \cdots, n \end{cases} \tag{2.2.14}$$

为了得到初始基本可行基,加入人工变量 $x_{n+1}, x_{n+2}, \cdots, x_{n+m}$,将约束条件化为

$$\begin{cases} a_{11}x_1 + a_{12}x_2 + \cdots + a_{1n}x_n + x_{n+1} = b_1 \\ a_{21}x_1 + a_{22}x_2 + \cdots + a_{2n}x_n + x_{n+2} = b_2 \\ \vdots \\ a_{m1}x_1 + a_{m2}x_2 + \cdots + a_{mn}x_n + x_{n+m} = b_m \\ x_j \geqslant 0, j = 1, 2, \cdots, n + m \end{cases}$$

这样,约束方程组的系数矩阵中就含有一个 m 阶单位矩阵,从而可把相应的 x_{n+1}, $x_{n+2}, \cdots, x_{n+m}$作为基变量。令所有非基变量 $x_1, x_2, \cdots, x_n$ 为 0,就可以得到初始基本可行解 $\boldsymbol{x}_0 = (0, 0, \cdots, 0, b_1, b_2, \cdots, b_m)^{\mathrm{T}}$。

因为人工变量是后加入式(2.2.14)约束方程中的虚拟变量,所以要求在计算过程中将它们从基变量中逐渐替换出来,否则得到的解不是原线性规划问题的可行解。下面介绍两种处理人工变量的方法。

1. 大 M 法

在式(2.2.14)约束方程中加入人工变量后,目标函数应如何处理?处理松弛变量时,我们把目标函数中松弛变量的系数设为零,但这样处理人工变量是不行的。因为在最后的结果中,只要有一个人工变量的取值大于零,所得到的解就不是原线性规划问题的可行解。为此,假设人工变量在目标函数中的价值系数为 M(通常假设 M 为很大的正数)。这样只有在迭代过程中把人工变量从基变量中全部换出,目标函数才可能达到最小值。

首先,将式(2.2.14)化为如下的基本形式:

$$\min z = c_1x_1 + c_2x_2 + \cdots + c_nx_n + M(x_{n+1} + x_{n+2} + \cdots + x_{n+m})$$

$$\begin{cases} a_{11}x_1 + a_{12}x_2 + \cdots + a_{1n}x_n + x_{n+1} = b_1 \\ a_{21}x_1 + a_{22}x_2 + \cdots + a_{2n}x_n + x_{n+2} = b_2 \\ \vdots \\ a_{m1}x_1 + a_{m2}x_2 + \cdots + a_{mn}x_n + x_{n+m} = b_m \\ x_j \geqslant 0, j = 1, 2, \cdots, n + m \end{cases} \tag{2.2.15}$$

线性规划问题式(2.2.14)和相应的线性规划问题式(2.2.15)的关系可用定理 2.2.1

来描述,证明过程从略,有兴趣的读者可自行阅读有关文献。

定理2.2.1　(1)若线性规划问题式(2.2.15)无最优解,则原线性规划问题式(2.2.14)没有可行解,从而也没有最优解。

(2)假设线性规划问题式(2.2.15)存在最优解,而 $\boldsymbol{x}^* = (x_1^*, x_2^*, \cdots, x_n^*, x_{n+1}^*, \cdots, x_{n+m}^*)^{\mathrm{T}}$ 是其最优解,如果 $x_{n+1}^*, \cdots, x_{n+m}^*$ 全为0,则原线性规划问题式(2.2.14)的最优解为 $(x_1^*, x_2^*, \cdots, x_n^*)^{\mathrm{T}}$;如果 $x_{n+1}^*, \cdots, x_{n+m}^*$ 不全为0,则原线性规划问题式(2.2.14)没有可行解,从而也没有最优解。

由此可见,用大 M 法求解线性规划问题式(2.2.14)时,只需要利用单纯形法求解线性规划问题式(2.2.15),就可以得到原线性规划问题式(2.2.14)的最优解或判明原线性规划问题式(2.2.14)没有最优解。下面,通过一个例子的具体计算过程来说明如何利用大 M 法求解线性规划问题。

例2.2.3　用大 M 法求解线性规划问题

$$\min z = -3x_1 + x_2 + x_3$$

$$\begin{cases} x_1 - 2x_2 + x_3 \leqslant 11 \\ -4x_1 + x_2 + 2x_3 \geqslant 3 \\ -2x_1 + x_3 = 1 \\ x_1, x_2, x_3 \geqslant 0 \end{cases} \tag{2.2.16}$$

解　在式(2.2.16)的约束中加入松弛变量、剩余变量和人工变量,可得到基本形式:

$$\min f = -3x_1 + x_2 + x_3 + Mx_6 + Mx_7$$

$$\begin{cases} x_1 - 2x_2 + x_3 + x_4 = 11 \\ -4x_1 + x_2 + 2x_3 - x_5 + x_6 = 3 \\ -2x_1 + x_3 + x_7 = 1 \\ x_1, x_2, \cdots, x_7 \geqslant 0 \end{cases} \tag{2.2.17}$$

利用单纯形法求解线性规划问题式(2.2.17),整个计算过程与结果见表2.2.10。从表2.2.10中可以得到线性规划问题式(2.2.17)的最优解和最优值分别为

$$(x_1^*, x_2^*, \cdots, x_7^*)^{\mathrm{T}} = (4,1,9,0,0,0,0)^{\mathrm{T}}, f^* = -2$$

因为人工变量取值均为0,可得原线性规划问题式(2.2.16)的最优解和最优值分别为

$$\boldsymbol{x}^* = (4,1,9)^{\mathrm{T}}, z^* = -2$$

表2.2.10　单纯形法计算过程

序号	基变量	$\boldsymbol{p}_1$	$\boldsymbol{p}_2$	$\boldsymbol{p}_3$	$\boldsymbol{p}_4$	$\boldsymbol{p}_5$	$\boldsymbol{p}_6$	$\boldsymbol{p}_7$	可行解
1	x_4	1	−2	1	1	0	0	0	11
	x_6	−4	1	2	0	−1	1	0	3
	x_7	−2	0	1	0	0	0	1	1
	目标	−3	1	1	0	0	M	M	0
2	x_4	1	−2	1	1	0	0	0	11
	x_6	−4	1	2	0	−1	1	0	3

（续）

序号	基变量	p_1	p_2	p_3	p_4	p_5	p_6	p_7	可行解
2	x_7	-2	0	[1]	0	0	0	1	1
	目标	$-3+6M$	$1-M$	$1-3M$	0	M	0	0	$-4M$
3	x_4	3	-2	0	1	0	0	-1	10
	x_6	0	[1]	0	0	-1	1	-2	1
	x_3	-2	0	1	0	0	0	1	1
	目标	-1	$1-M$	0	0	M	0	$3M-1$	$-M-1$
4	x_4	[3]	0	0	1	-2	2	-5	12
	x_2	0	1	0	0	-1	1	-2	1
	x_3	-2	0	1	0	0	0	1	1
	目标	-1	0	0	0	1	$M-1$	$M+1$	-2
5	x_1	1	0	0	1/3	$-2/3$	2/3	$-5/3$	4
	x_2	0	1	0	0	-1	1	-2	1
	x_3	0	0	1	2/3	$-4/3$	4/3	$-7/3$	9
	目标	0	0	0	1/3	1/3	$M-1/3$	$M-2/3$	2

2. 两阶段法

顾名思义，两阶段法就是将加入人工变量后的线性规划问题分成两个阶段来进行求解。

第一阶段：判断原线性规划问题式(2.2.14)是否存在基本可行解。

具体做法是，首先根据线性规划问题式(2.2.14)的具体形式，构造如下相应的线性规划问题式(2.2.18)，并利用单纯形法进行求解。

$$\min w = x_{n+1} + x_{n+2} + \cdots + x_{n+m}$$

$$\begin{cases} a_{11}x_1 + a_{12}x_2 + \cdots + a_{1n}x_n + x_{n+1} = b_1 \\ a_{21}x_1 + a_{22}x_2 + \cdots + a_{2n}x_n + x_{n+2} = b_2 \\ \vdots \\ a_{m1}x_1 + a_{m2}x_2 + \cdots + a_{mn}x_n + x_{n+m} = b_m \\ x_j \geqslant 0, j = 1,2,\cdots,n+m \end{cases} \tag{2.2.18}$$

(1) 若得到的最优值 $w^* = 0$，即所有的人工变量都变换为非基变量。此时，线性规划问题式(2.2.18)的最优解就是原线性规划问题式(2.2.14)的一个基本可行解。进入第二阶段。

(2) 若式(2.2.18)没有最优解，或得到的最优值 $w^* > 0$，则表示原线性规划问题式(2.2.14)没有可行解，停止计算。

第二阶段：将第一阶段最终计算表中人工变量对应列去掉，并将目标行的数换成原线性规划问题式(2.2.14)目标函数中的对应系数，就得到了求解原线性规划问题式(2.2.14)的初始单纯形表，然后再按照单纯形法的方法与步骤进行求解。

例 2.2.4 用两阶段法求解例 2.2.3。

解　首先将问题式(2.2.3)化为标准形式：

$$\min z = -3x_1 + x_2 + x_3$$

$$\begin{cases} x_1 - 2x_2 + x_3 + x_4 = 11 \\ -4x_1 + x_2 + 2x_3 - x_5 = 3 \\ -2x_1 + x_3 = 1 \\ x_1, x_2, \cdots, x_5 \geqslant 0 \end{cases} \tag{2.2.19}$$

第一阶段：在式(2.2.19)的约束条件中加入人工变量，求解线性规划问题

$$\min w = x_6 + x_7$$

$$\begin{cases} x_1 - 2x_2 + x_3 + x_4 = 11 \\ -4x_1 + x_2 + 2x_3 - x_5 + x_6 = 3 \\ -2x_1 + x_3 + x_7 = 1 \\ x_1, x_2, \cdots, x_7 \geqslant 0 \end{cases} \tag{2.2.20}$$

利用单纯形法进行求解，计算结果见表2.2.11。

表2.2.11　求解过程

序号	基变量	$\boldsymbol{p}_1$	$\boldsymbol{p}_2$	$\boldsymbol{p}_3$	$\boldsymbol{p}_4$	$\boldsymbol{p}_5$	$\boldsymbol{p}_6$	$\boldsymbol{p}_7$	可行解
1	x_4	1	-2	1	1	0	0	0	11
	x_6	-4	1	2	0	-1	1	0	3
	x_7	-2	0	1	0	0	0	1	1
	目标	0	0	0	0	0	1	1	0
2	x_4	1	-2	1	1	0	0	0	11
	x_6	-4	1	2	0	-1	1	0	3
	x_7	-2	0	[1]	0	0	0	1	1
	目标	6	-1	-3	0	1	0	0	-4
3	x_4	3	-2	0	1	0	0	-1	10
	x_6	0	[1]	0	0	-1	1	-2	1
	x_3	-2	0	1	0	0	0	1	1
	目标	0	-1	0	0	1	0	3	-1
4	x_4	3	0	0	1	-2	2	-5	12
	x_2	0	1	0	0	-1	1	-2	1
	x_3	-2	0	1	0	0	0	1	1
	目标	0	0	0	0	0	1	1	0

从表2.2.11中可得到式(2.2.20)的最优解为$(0,1,1,12,0,0,0)^{\mathrm{T}}$，最优值$w^* = 0$。所以，式(2.2.19)有基本可行解$\boldsymbol{x}_0 = (0,1,1,12,0)^{\mathrm{T}}$。

第二阶段：将第一阶段的最终计算表2.2.11中的人工变量去掉，并将目标行中的数值换为式(2.2.19)目标函数的对应系数，利用单纯形法继续计算，见表2.2.12。

由表2.2.12中可得到式(2.2.20)的最优解为$(4,1,9,0,0)^{\mathrm{T}}$，最优值为-2。所以原线性规划问题式(2.2.19)的最优解为$\boldsymbol{x}^* = (4,1,9)^{\mathrm{T}}$，最优值为$z^* = -2$。

表 2.2.12 计算过程

序号	基变量	p_1	p_2	p_3	p_4	p_5	可行解
1	x_4	[3]	0	0	1	−2	12
	x_2	0	1	0	0	−1	1
	x_3	−2	0	1	0	0	1
	目标	−3	1	1	0	0	0
2	x_4	[3]	0	0	1	−2	12
	x_2	0	1	0	0	−1	1
	x_3	−2	0	1	0	0	1
	目标	−1	0	0	0	1	−2
3	x_1	1	0	0	1/3	−2/3	4
	x_2	0	1	0	0	−1	1
	x_3	0	0	1	2/3	−4/3	9
	目标	0	0	0	1/3	1/3	2

2.2.4 单纯形法计算中的几个问题

(1) 目标函数极大化时解的最优性判别准则。有些书中规定把求目标函数最大值作为线性规划的标准形式,这时应把所有检验数 $\sigma_j \leqslant 0$ 作为判别基本可行解是最优解的准则。

(2) 退化问题。按最小比值 θ 来确定出基变量时,有时出现两个或两个以上相同的最小值,从而使下一次迭代得到的基本可行解中出现一个或多个基变量等于 0 的退化解。退化解的出现是因为模型中存在多余的约束等式或不等式,使多个基本可行解对应同一个顶点。当存在退化解时,就有可能出现循环迭代计算,尽管可能性极其微小。为避免出现计算的循环迭代,1974 年,白蓝德(Bland)提出了一个简单有效的规则:①当存在多个 $\sigma_j < 0$ 时,始终选取下标值为最小的变量作为换入变量;②当 θ 值出现两个或两个以上相同的最小值时,选取下标值为最小的变量作为换出变量。

2.3 对偶线性规划

无论从理论角度还是实践角度,对偶理论都是线性规划中一个重要和有趣的内容。事实上,每个线性规划问题都存在一个与其对偶的问题,在求出一个线性规划问题解的时候,也同时给出了其对偶问题的解。

2.3.1 对偶线性规划问题的提出

例 2.3.1 设我方有 n 艘舰,以炮火攻击敌岛岸的由 m 个目标组成的密集型目标群。已知各舰的发射率(投入射击的火炮单位时间发射弹数之和)分别为 $c_j(j=1,2,\cdots,n)$;各目标面积分别为 $b_i(i=1,2,\cdots,m)$。各舰虽有各自的瞄准目标,但由于目标分布密集,炮弹因散布可能以不同概率击中其他目标。对这种情况以及各舰投入射击的火炮数和预定攻击阵位、射击诸元等因素作综合考虑，可预先估算出各舰炮火对各目标的覆盖系数为 a_{ij}（单位时间，j 舰炮火对目标 i 的覆盖面积的期望值）。若战斗任务规定对各目标的炮火覆盖面积至少等于该目标的面积。试确定使我方弹药消耗总量最少的各舰射击时间 x_j（$j=1,2,\cdots,n$）。

根据题设，不难建立其线性规划模型（L）为

$$\min z = \sum_{j=1}^{n} c_j x_j$$

$$\begin{cases} \sum_{j=1}^{n} a_{ij} x_j \geqslant b_i, i = 1,2,\cdots,m \\ x_j \geqslant 0, j = 1,2,\cdots,n \end{cases} \tag{2.3.1}$$

现在，换一个角度来考虑例 2.3.1 这个问题。设 y_i（$i=1,2,\cdots,m$）为射向敌目标 i 的每单位面积的炮弹数，则射向敌目标群的炮弹数总和为 $w = \sum_{i=1}^{m} b_i y_i$。我们知道，射向敌目标群的炮弹数越多，那么摧毁敌目标的概率越大，所以希望目标 $w = \sum_{i=1}^{m} b_i y_i$ 越大越好。

另外，每艘舰单位时间发射的炮弹数是有限的（不超过 c_j）。因此，单位时间内 j 舰所发射的炮弹数 $\sum_{i=1}^{m} a_{ij} y_i$ 不能超过 c_j，即

$$\sum_{i=1}^{m} a_{ij} y_i \leqslant c_j, j = 1,2,\cdots,n$$

从而，得到新的线性规划模型（DL）为

$$\max w = \sum_{i=1}^{m} b_i y_i$$

$$\begin{cases} \sum_{i=1}^{m} a_{ij} y_i \leqslant c_j, j = 1,2,\cdots,n \\ y_i \geqslant 0, i = 1,2,\cdots,m \end{cases} \tag{2.3.2}$$

对于这个问题，从节省炮弹的角度考虑，建立了线性规划模型（L），而从毁伤敌目标的程度考虑，我们建立了另一个线性规划模型（DL）。由此可见，这两个模型是从不同角度对同一个问题的描述，它们的解应是等价的（这一点在 2.3.3 节中将给予证明）。

一般地，模型（L）为原线性规划，而模型（DL）是模型（L）的对偶线性规划。

2.3.2　对偶线性规划的表示

下面针对不同形式的线性规划问题，介绍如何写出它的对偶线性规划问题。

1. 对称的对偶规划

定义 2.3.1　给定线性规划问题（L）

$$\min z = c_1x_1 + c_2x_2 + \cdots + c_nx_n$$

$$\begin{cases} a_{11}x_1 + a_{12}x_2 + \cdots + a_{1n}x_n \geqslant b_1 \\ a_{21}x_1 + a_{22}x_2 + \cdots + a_{2n}x_n \geqslant b_2 \\ \vdots \\ a_{m1}x_1 + a_{m2}x_2 + \cdots + a_{mn}x_n \geqslant b_m \\ x_j \geqslant 0, j = 1,2,\cdots,n \end{cases} \tag{2.3.3}$$

则线性规划问题(DL)为

$$\max w = b_1y_1 + b_2y_2 + \cdots + b_my_m$$

$$\begin{cases} a_{11}y_1 + a_{21}y_2 + \cdots + a_{m1}y_m \leqslant c_1 \\ a_{12}y_1 + a_{22}y_2 + \cdots + a_{m2}y_m \leqslant c_2 \\ \vdots \\ a_{1n}y_1 + a_{2n}y_2 + \cdots + a_{mn}y_m \leqslant c_n \\ y_i \geqslant 0, i = 1,2,\cdots,m \end{cases} \tag{2.3.4}$$

称为(L)的对偶线性规划,而(L)称为(DL)的原线性规划。式(2.3.3)和式(2.3.4)称为对称的对偶线性规划。

用矩阵形式表示,对称形式的原问题(L)与其对偶问题(DL)分别为

$$(\text{L}) \quad \min \boldsymbol{c}^{\mathrm{T}}\boldsymbol{x} \quad \begin{cases} \boldsymbol{Ax} \geqslant \boldsymbol{b} \\ \boldsymbol{x} \geqslant 0 \end{cases} \tag{2.3.5}$$

$$(\text{DL}) \quad \max \boldsymbol{y}^{\mathrm{T}}\boldsymbol{b} \quad \begin{cases} \boldsymbol{y}^{\mathrm{T}}\boldsymbol{A} \leqslant \boldsymbol{c}^{\mathrm{T}} \\ \boldsymbol{y} \geqslant 0 \end{cases} \tag{2.3.6}$$

式中,$\boldsymbol{y} = (y_1, y_2, \cdots, y_m)^{\mathrm{T}}$。

各种形式的对偶规划都可以转化为对称形式的对偶规划。

2. 非对称的对偶规划

设原线性规划问题为

$$\min \boldsymbol{c}^{\mathrm{T}}\boldsymbol{x} \quad \begin{cases} \boldsymbol{Ax} = \boldsymbol{b} \\ \boldsymbol{x} \geqslant 0 \end{cases} \tag{2.3.7}$$

首先,将式(2.3.7)化为如下形式:

$$\min \boldsymbol{c}^{\mathrm{T}}\boldsymbol{x} \quad \begin{cases} \boldsymbol{Ax} \geqslant \boldsymbol{b} \\ -\boldsymbol{Ax} \geqslant -\boldsymbol{b} \\ \boldsymbol{x} \geqslant 0 \end{cases} \tag{2.3.8}$$

根据对称形式的对偶规划的写法,式(2.3.8)的对偶问题为

$$\max (\boldsymbol{y}_1 - \boldsymbol{y}_2)^{\mathrm{T}}\boldsymbol{b}$$

$$\begin{cases} (\boldsymbol{y}_1 - \boldsymbol{y}_2)^{\mathrm{T}}\boldsymbol{A} \leqslant \boldsymbol{c}^{\mathrm{T}} \\ \boldsymbol{y}_1, \boldsymbol{y}_2 \geqslant 0 \end{cases}$$

做变量代换

$$\boldsymbol{y}=\boldsymbol{y}_1-\boldsymbol{y}_2$$

则得到式(2.3.7)的对偶规划为

$$\begin{cases}\max \boldsymbol{y}^{\mathrm{T}}\boldsymbol{b}\\ \boldsymbol{y}^{\mathrm{T}}\boldsymbol{A}\leqslant\boldsymbol{c}^{\mathrm{T}}\end{cases}\tag{2.3.9}$$

式中，$\boldsymbol{y}$ 无符号限制。

3. 混合型对偶规划

设原线性规划为

$$\min \boldsymbol{c}^{\mathrm{T}}\boldsymbol{x}$$
$$\begin{cases}\boldsymbol{A}_1\boldsymbol{x}\geqslant\boldsymbol{b}_1\\ \boldsymbol{A}_2\boldsymbol{x}=\boldsymbol{b}_2\\ \boldsymbol{A}_3\boldsymbol{x}\leqslant\boldsymbol{b}_3\\ \boldsymbol{x}\geqslant 0\end{cases}\tag{2.3.10}$$

通过变换可转化为对称形式，得到式(2.3.10)的对偶问题为

$$\max \boldsymbol{y}_1^{\mathrm{T}}\boldsymbol{b}_1+\boldsymbol{y}_2^{\mathrm{T}}\boldsymbol{b}_2+\boldsymbol{y}_3^{\mathrm{T}}\boldsymbol{b}_3$$
$$\begin{cases}\boldsymbol{y}_1^{\mathrm{T}}\boldsymbol{A}_1+\boldsymbol{y}_2^{\mathrm{T}}\boldsymbol{A}_2+\boldsymbol{y}_3^{\mathrm{T}}\boldsymbol{A}_3\leqslant\boldsymbol{c}^{\mathrm{T}}\\ \boldsymbol{y}_1\geqslant 0\\ \boldsymbol{y}_3\leqslant 0\end{cases}\tag{2.3.11}$$

式中，$\boldsymbol{y}_2$ 无符号限制。

综上所述，原问题与对偶问题的关系见表2.3.1。

表2.3.1　原问题与对偶问题的关系

<table>
<tr><td colspan="2">原问题(对偶问题)</td><td colspan="2">对偶问题(原问题)</td></tr>
<tr><td colspan="2">目标函数：min</td><td colspan="2">目标函数：max</td></tr>
<tr><td colspan="2">约束条件：m 个</td><td colspan="2">对偶变量：m 个</td></tr>
<tr><td colspan="2">变量 x_j：n 个</td><td colspan="2">约束条件：n 个</td></tr>
<tr><td>变量</td><td>≥0
≤0
无符号限制</td><td>行约束</td><td>≤
≥
=</td></tr>
<tr><td>行约束</td><td>≥
≤
=</td><td>变量</td><td>≥0
≤0
无符号限制</td></tr>
</table>

定理2.3.1　对偶线性规划的对偶规划就是原线性规划。

定理2.3.1表示，线性规划与其对偶规划是互为对偶的。

根据表2.3.1的对应关系和定理2.3.1，就可以写出给定线性规划问题的对偶问题。

例2.3.2　试写出下列线性规划(L)的对偶规划(DL)。

(1) $$\min z=6x_1+8x_2$$
$$\begin{cases}3x_1+x_2\geqslant 4\\ 5x_1+2x_2\geqslant 7\\ x_1,x_2\geqslant 0\end{cases}$$

(2) $$\min z=x_1+2x_2+3x_3+4x_4$$
$$\begin{cases}x_1+x_2+x_3+x_4=10\\ 2x_1-4x_2+3x_3-x_4=5\\ x_j\geqslant 0,j=1,2,3,4\end{cases}$$

(3)
$$\max z=5x_1+3x_2+2x_3+4x_4$$
$$\begin{cases}5x_1+x_2+x_3+8x_4=10\\2x_1+4x_2+3x_3+2x_4\geqslant 5\\x_j\geqslant 0,j=1,2,3,4\end{cases}$$

(4)
$$\min z=-4x_1-5x_2-7x_3+x_4$$
$$\begin{cases}x_1+x_2+2x_3-x_4\geqslant 1\\2x_1-6x_2+3x_3+x_4\leqslant -3\\x_1+4x_2+3x_3+2x_4=-5\\x_j\geqslant 0,j=1,2,4\end{cases}$$

其中题(4)中的 x_3 无符号限制。

解 根据上面介绍的方法和表2.3.1,可写出各个线性规划问题的对偶规划如下。

(1) 原问题(L)的对偶规划(DL)为

$$\max w=4y_1+7y_2$$
$$\begin{cases}3y_1+5y_2\leqslant 6\\y_1+2y_2\leqslant 8\\y_1,y_2\geqslant 0\end{cases}$$

(2) 原问题(L)的对偶规划(DL)为

$$\max w=10y_1+5y_2$$
$$\begin{cases}y_1+2y_2\leqslant 1\\y_1-4y_2\leqslant 2\\y_1+3y_2\leqslant 3\\y_1-y_2\leqslant 4\end{cases}$$

式中,y_1 与 y_2 无符号限制。

(3) 原问题(L)的对偶规划(DL)为

$$\min w=10y_1+5y_2$$
$$\begin{cases}5y_1+2y_2\geqslant 5\\y_1+4y_2\geqslant 3\\y_1+3y_2\geqslant 2\\8y_1+2y_2\geqslant 4\\y_2\leqslant 0\end{cases}$$

式中,y_1 无符号限制。

(4) 原问题(L)的对偶规划(DL)为

$$\max w=y_1-3y_2-5y_3$$
$$\begin{cases}y_1+2y_2+y_3\leqslant -4\\y_1-6y_2+4y_3\leqslant -5\\2y_1+3y_2+3y_3=-7\\-y_1+y_2+2y_3\leqslant 1\\y_1\geqslant 0\\y_2\leqslant 0\end{cases}$$

式中，y_3 无符号限制。

2.3.3　对偶原理

考虑如下对称形式的一对互为对偶规划(L)

$$\min \boldsymbol{c}^{\mathrm{T}}\boldsymbol{x}$$

$$\begin{cases}\boldsymbol{A}\boldsymbol{x} \geqslant \boldsymbol{b} \\ \boldsymbol{x} \geqslant 0\end{cases} \tag{2.3.12}$$

与(DL)

$$\max \boldsymbol{y}^{\mathrm{T}}\boldsymbol{b}$$

$$\begin{cases}\boldsymbol{y}^{\mathrm{T}}\boldsymbol{A} \leqslant \boldsymbol{c}^{\mathrm{T}} \\ \boldsymbol{y} \geqslant 0\end{cases} \tag{2.3.13}$$

定理 2.3.2　设 $\boldsymbol{x}$，$\boldsymbol{y}$ 分别为式(2.3.12)和式(2.3.13)的可行解，则有 $\boldsymbol{c}^{\mathrm{T}}\boldsymbol{x} \geqslant \boldsymbol{y}^{\mathrm{T}}\boldsymbol{b}$。

定理2.3.2表示，线性规划式(2.3.12)的任一可行解的目标函数值不小于其对偶规划式(2.3.13)任一可行解的目标函数值。

定理 2.3.3　式(2.3.12)和式(2.3.13)同时有最优解的充要条件是它们同时有可行解。并且，若其中一个问题无界，则另一个问题无可行解。

定理 2.3.4　设 $\boldsymbol{x}^*$、$\boldsymbol{y}^*$ 分别为式(2.3.12)和式(2.3.13)的可行解，则它们分别是式(2.3.12)和式(2.3.13)的最优解的充要条件为 $\boldsymbol{c}^{\mathrm{T}}\boldsymbol{x}^* = (\boldsymbol{y}^*)^{\mathrm{T}}\boldsymbol{b}$。

定理2.3.3和定理2.3.4表示，互为对偶的一对线性规划具有相同的解结构和一致的最优目标函数值。这一点从例2.3.1中是很容易理解的。因为对偶问题是对同一问题的另一种考虑方式，不同的是考虑准则而不是决策变量(方案)与目标。

定理 2.3.5　若式(2.3.12)有最优解 $\boldsymbol{x}^*$，则式(2.3.13)有最优解 $\boldsymbol{y}^*$，并且 $\boldsymbol{c}^{\mathrm{T}}\boldsymbol{x}^* = (\boldsymbol{y}^*)^{\mathrm{T}}\boldsymbol{b}$。

定理 2.3.6　设 $\boldsymbol{x}^*$，$\boldsymbol{y}^*$ 分别为式(2.3.12)和式(2.3.13)的可行解，则它们分别为式(2.3.12)和式(2.3.13)的最优解的充要条件为

$$\begin{cases}\boldsymbol{y}^{*\mathrm{T}}(\boldsymbol{A}\boldsymbol{x}^* - \boldsymbol{b}) = 0 \\ (\boldsymbol{c}^{\mathrm{T}} - \boldsymbol{y}^{*\mathrm{T}}\boldsymbol{A})\boldsymbol{x}^* = 0\end{cases} \tag{2.3.14}$$

式(2.3.14)也可写为

$$\begin{cases}y_i^*(\boldsymbol{p}_{i\bullet}\boldsymbol{x}^* - b_i) = 0, i = 1,2,\cdots,m \\ (c_j - \boldsymbol{y}^{*\mathrm{T}}\boldsymbol{p}_{\bullet j})x_j^* = 0, j = 1,2,\cdots,n\end{cases} \tag{2.3.15}$$

式中，$\boldsymbol{p}_{i\bullet}(i = 1,2,\cdots,m)$ 为约束矩阵 $\boldsymbol{A}$ 的第 i 个行向量，即

$$\boldsymbol{p}_{i\bullet} = (a_{i1}, a_{i2}, \cdots, a_{in})$$

$\boldsymbol{p}_{j\bullet}(j = 1,2,\cdots,n)$ 为约束矩阵 $\boldsymbol{A}$ 的第 j 个列向量，即

$$\boldsymbol{p}_{\bullet j} = (a_{1j}, a_{2j}, \cdots, a_{mj})^{\mathrm{T}}$$

式(2.3.14)或式(2.3.15)称为互补松弛条件(complementary slackness condition)。互补松弛条件可以做这样的解释：在线性规划问题的最优解中，如果对应于某一约束条件的对偶变量值不为0，则该约束条件应为严格等式，即起到约束作用(称为紧约束)；反之，如果约束条件为严格不等式，即约束条件不起作用(称为松约束)，则其对应的对偶变量

值一定为0。

定理 2.3.7 若线性规划问题式(2.3.12)有非退化的最优解,则其对偶线性规划式(2.3.13)有唯一的最优解。

综上所述,有时对于一对互为对偶的线性规划,若已知一个问题的最优解,则可以利用互补松弛条件求出另一个问题的最优解。

例 2.3.3 求解下列线性规划(L):

$$\min z = 2x_1 + 3x_2 + 5x_3 + 2x_4 + 3x_5$$

$$\begin{cases} x_1 + x_2 + 2x_3 + x_4 + 3x_5 \geqslant 4 \\ 2x_1 - 2x_2 + 3x_3 + x_4 + x_5 \geqslant 3 \\ x_j \geqslant 0, j = 1,2,3,4,5 \end{cases}$$

解 这个问题的对偶问题(DL)为

$$\max w = 4y_1 + 3y_2$$

$$\begin{cases} y_1 + 2y_2 \leqslant 2 \\ y_1 - 2y_2 \leqslant 3 \\ 2y_1 + 3y_2 \leqslant 5 \\ y_1 + y_2 \leqslant 2 \\ 3y_1 + y_2 \leqslant 3 \\ y_1, y_2 \geqslant 0 \end{cases}$$

利用图解法求解对偶问题(DL),如图2.3.1所示。可得到最优解为

$$\boldsymbol{y}^* = \left(\frac{4}{5}, \frac{3}{5}\right)^{\mathrm{T}}$$

相应的目标函数最优值为 $w^* = 5$。

对于最优解 $\boldsymbol{y}^*$,第2、3、4个行约束是不起作用的,故对于原线性规划的最优解 $\boldsymbol{x}^* = (x_1^*, x_2^*, x_3^*, x_4^*, x_5^*)^{\mathrm{T}}$,根据互补松弛条件式(2.3.15),有 $x_2^* = x_3^* = x_4^* = 0$。又 $y_1^*, y_2^* > 0$,则有

$$\begin{cases} x_1^* + 3x_5^* = 4 \\ 2x_1^* + x_5^* = 3 \end{cases}$$

求解可得 $x_1^* = x_5^* = 1$,所以原线性规划问题的最优解为 $\boldsymbol{x}^* = (1,0,0,0,1)^{\mathrm{T}}$,目标函数的最优值为 $z^* = 5$。

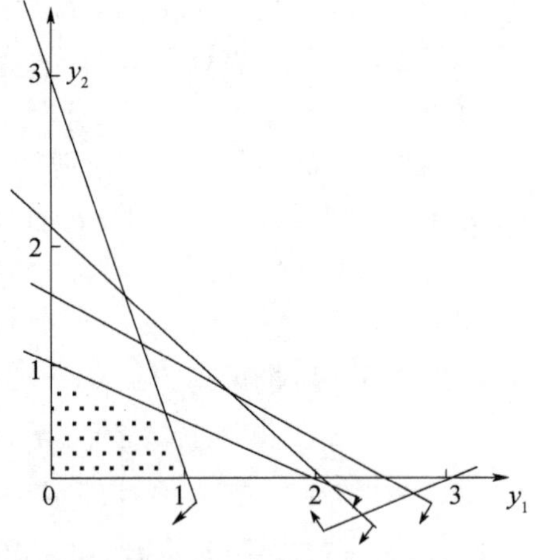

图 2.3.1 对偶规划的图解法

2.3.4 由原线性规划的最优单纯形表确定对偶线性规划的最优解

考虑基本形式的线性规划问题

$$\min \boldsymbol{c}^{\mathrm{T}} \boldsymbol{x}$$

$$\begin{cases} \boldsymbol{A}\boldsymbol{x} = \boldsymbol{b} \\ \boldsymbol{x} \geqslant 0 \end{cases} \tag{2.3.16}$$

式中,矩阵 $\boldsymbol{A}=(\boldsymbol{B},\boldsymbol{N},\boldsymbol{I})$,其相应的目标函数系数向量为 $\boldsymbol{c}=(\boldsymbol{c}_B^{\mathrm{T}},\boldsymbol{c}_N^{\mathrm{T}},\boldsymbol{c}_I^{\mathrm{T}})^{\mathrm{T}}$,$\boldsymbol{I}$ 为 m 阶单位矩阵。

以 $\boldsymbol{I}$ 为初始可行基的线性规划问题表见表2.3.2。

表2.3.2　线性规划问题表

基	$\boldsymbol{A}_B$	$\boldsymbol{A}_N$	$\boldsymbol{A}_I$	可行解
$\boldsymbol{I}$	$\boldsymbol{B}$	$\boldsymbol{N}$	$\boldsymbol{I}$	$\boldsymbol{b}$
目标	$\boldsymbol{c}_B^{\mathrm{T}}$	$\boldsymbol{c}_N^{\mathrm{T}}$	$\boldsymbol{c}_I^{\mathrm{T}}$	0

如果 $\boldsymbol{x}^*$ 是以 $\boldsymbol{B}$ 为基的最优解,则线性规划问题的最优单纯形表见表2.3.3。

表2.3.3　最优单纯形表

基	$\boldsymbol{A}_B$	$\boldsymbol{A}_N$	$\boldsymbol{A}_I$	可行解
$\boldsymbol{B}$	$\boldsymbol{I}$	$\boldsymbol{B}^{-1}\boldsymbol{N}$	$\boldsymbol{B}^{-1}$	$\boldsymbol{B}^{-1}\boldsymbol{b}$
目标	0	$\boldsymbol{c}_N^{\mathrm{T}}-\boldsymbol{c}_B^{\mathrm{T}}\boldsymbol{B}^{-1}\boldsymbol{N}$	$\boldsymbol{c}_I^{\mathrm{T}}-\boldsymbol{c}_B^{\mathrm{T}}\boldsymbol{B}^{-1}$	$-\boldsymbol{c}_B^{\mathrm{T}}\boldsymbol{B}^{-1}\boldsymbol{b}$

从表2.3.3可以看出,式(2.3.16)的最优解为 $\boldsymbol{x}^*=\boldsymbol{B}^{-1}\boldsymbol{b}$,最优值为 $\boldsymbol{c}_B^{\mathrm{T}}\boldsymbol{B}^{-1}\boldsymbol{b}$。因为 $\boldsymbol{x}^*$ 是最优解,所以检验系数非负,即

$$\boldsymbol{c}_N^{\mathrm{T}}-\boldsymbol{c}_B^{\mathrm{T}}\boldsymbol{B}^{-1}\boldsymbol{N}\geqslant 0$$
$$\boldsymbol{c}_I^{\mathrm{T}}-\boldsymbol{c}_B^{\mathrm{T}}\boldsymbol{B}^{-1}\geqslant 0$$

也即为

$$\boldsymbol{c}_B^{\mathrm{T}}\boldsymbol{B}^{-1}\boldsymbol{N}\leqslant\boldsymbol{c}_N^{\mathrm{T}}$$
$$\boldsymbol{c}_B^{\mathrm{T}}\boldsymbol{B}^{-1}\leqslant\boldsymbol{c}_I^{\mathrm{T}}$$

式(2.3.16)的对偶问题为

$$\begin{aligned}&\max \boldsymbol{y}^{\mathrm{T}}\boldsymbol{b}\\&\boldsymbol{y}^{\mathrm{T}}\boldsymbol{A}\leqslant\boldsymbol{c}^{\mathrm{T}}\end{aligned}\tag{2.3.17}$$

做变量代换

$$\boldsymbol{y}^{\mathrm{T}}=\boldsymbol{c}_B^{\mathrm{T}}\boldsymbol{B}^{-1}$$

可得

$$\begin{aligned}\boldsymbol{y}^{\mathrm{T}}\boldsymbol{A}&=\boldsymbol{c}_B^{\mathrm{T}}\boldsymbol{B}^{-1}\boldsymbol{A}\\&=\boldsymbol{c}_B^{\mathrm{T}}\boldsymbol{B}^{-1}(\boldsymbol{B},\boldsymbol{N},\boldsymbol{I})\\&=(\boldsymbol{c}_B^{\mathrm{T}}\boldsymbol{B}^{-1}\boldsymbol{B},\boldsymbol{c}_B^{\mathrm{T}}\boldsymbol{B}^{-1}\boldsymbol{N},\boldsymbol{c}_B^{\mathrm{T}}\boldsymbol{B}^{-1})\\&=(\boldsymbol{c}_B^{\mathrm{T}},\boldsymbol{c}_B^{\mathrm{T}}\boldsymbol{B}^{-1}\boldsymbol{N},\boldsymbol{c}_B^{\mathrm{T}}\boldsymbol{B}^{-1})\\&\leqslant(\boldsymbol{c}_B^{\mathrm{T}},\boldsymbol{c}_N^{\mathrm{T}},\boldsymbol{c}_I^{\mathrm{T}})\\&=\boldsymbol{c}^{\mathrm{T}}\end{aligned}$$

所以 $\boldsymbol{y}=(\boldsymbol{c}_B^{\mathrm{T}}\boldsymbol{B}^{-1})^{\mathrm{T}}$ 为式(2.3.17)的可行解。

又因为

$$\boldsymbol{y}^{\mathrm{T}}\boldsymbol{b}=\boldsymbol{c}_B^{\mathrm{T}}\boldsymbol{B}^{-1}\boldsymbol{b}=\boldsymbol{c}^{\mathrm{T}}\boldsymbol{x}^*$$

所以根据定理2.3.4可知,$\boldsymbol{y}=(\boldsymbol{c}_B^{\mathrm{T}}\boldsymbol{B}^{-1})^{\mathrm{T}}$ 为式(2.3.17)的最优解。

因为 $\boldsymbol{y}^{\mathrm{T}}=\boldsymbol{c}_B^{\mathrm{T}}\boldsymbol{B}^{-1}$ 为初始基向量 $\boldsymbol{A}_I$ 所对应的线性规划问题表中目标系数减去最优单纯形表中对应的检验数，所以通过原问题的线性规划问题表和最优单纯形表就可以确定其对偶问题的最优解，不必再利用单纯形法进行求解。这样做可以减少很多计算量。

如果原线性规划是求最大值，那么最优单纯形表中对应于初始基向量的检验数减去线性规划问题表中初始基向量所对应的检验数，就是其对偶规划的最优解。

例 2.3.4 设线性规划为

$$\min z=2x_1+x_2+4x_3$$
$$\begin{cases}x_1+x_2+2x_3=3\\2x_1+x_2+3x_3=5\\x_1,x_2,x_3\geqslant 0\end{cases}$$

（1）求出线性规划的最优解；

（2）写出线性规划的对偶规划，并求其最优解。

解 （1）根据问题需要，引入两个人工变量 $x_4\geqslant 0$ 和 $x_5\geqslant 0$。于是，可将线性规划转化为

$$\min f=2x_1+x_2+4x_3+Mx_4+Mx_5$$
$$\begin{cases}x_1+x_2+2x_3+x_4=3\\2x_1+x_2+3x_3+x_5=5\\x_1,x_2,x_3,x_4,x_5\geqslant 0\end{cases}$$

利用单纯形法求解上述线性规划问题，计算过程见表 2.3.4。

表 2.3.4 单纯形法求解过程

序号	基变量	$\boldsymbol{p}_1$	$\boldsymbol{p}_2$	$\boldsymbol{p}_3$	$\boldsymbol{p}_4$	$\boldsymbol{p}_5$	可行解
1	x_4	1	1	2	1	0	3
	x_5	2	1	3	0	1	5
	目标	2	1	4	M	M	0
2	x_4	1	1	[2]	1	0	3
	x_5	2	1	3	0	1	5
	目标	$2-3M$	$1-2M$	$4-5M$	0	0	$-8M$
3	x_3	1/2	1/2	1	1/2	0	3/2
	x_5	[1/2]	$-1/2$	0	$-3/2$	1	1/2
	目标	$-M/2$	$M/2-1$	0	$5M/2-2$	0	$-M/2-6$
4	x_3	0	[1]	1	2	-1	1
	x_1	1	-1	0	-3	2	1
	目标	0	-1	0	$M-2$	M	-6
5	x_2	0	1	1	2	-1	1
	x_1	1	0	1	-1	1	2
	目标	0	0	1	M	$M-1$	-5

从单纯形表 2.3.4 可以看出，两个人工变量均变成非基变量，所以线性规划的最优解为 $\boldsymbol{x}^* = (2,1,0)^{\mathrm{T}}$，最优值为 $z^* = 5$。

（2）线性规划的对偶规划为

$$\max w = 3y_1 + 5y_2$$

$$\begin{cases} y_1 + 2y_2 \leqslant 2 \\ y_1 + y_2 \leqslant 1 \\ 2y_1 + 3y_2 \leqslant 4 \end{cases}$$

式中，y_1 与 y_2 无符号限制。

根据原问题的线性规划问题表（见表 2.3.4 的第 1 部分）和最优单纯形表（见表 2.3.4的第 5 部分），很容易看出，对偶线性规划问题的最优解为

$$\boldsymbol{y}^* = (y_1, y_2)^{\mathrm{T}} = (M, M)^{\mathrm{T}} - (M, M-1)^{\mathrm{T}} = (0,1)^{\mathrm{T}}$$

最优值为 $w^* = 5$。

例 2.3.5　写出例 2.2.2 的对偶规划，并求其最优解。

解　例 2.2.2 的线性规划为

$$\max z = 2x_1 + 3x_2$$

$$\begin{cases} x_1 + x_2 \leqslant 6 \\ x_1 + 2x_2 \leqslant 8 \\ x_1 \leqslant 4 \\ x_2 \leqslant 3 \\ x_j \geqslant 0, j = 1,2 \end{cases}$$

其对偶规划为

$$\min w = 6y_1 + 8y_2 + 4y_3 + 3y_4$$

$$\begin{cases} y_1 + y_2 + y_3 \geqslant 2 \\ y_1 + 2y_2 + y_4 \geqslant 3 \\ y_i \geqslant 0, i = 1,2,3,4 \end{cases}$$

根据例 2.2.2 可得，原线性规划问题的第一个单纯形表见表 2.3.5。初始基向量为 $\boldsymbol{p}_3, \boldsymbol{p}_4, \boldsymbol{p}_5, \boldsymbol{p}_6$，对应的检验数分别为 0、0、0、0。

表 2.3.5　初始单纯形表

基变量	$\boldsymbol{p}_1$	$\boldsymbol{p}_2$	$\boldsymbol{p}_3$	$\boldsymbol{p}_4$	$\boldsymbol{p}_5$	$\boldsymbol{p}_6$	可行解
x_3	1	1	1	0	0	0	6
x_4	1	2	0	1	0	0	8
x_5	1	0	0	0	1	0	4
x_6	0	1	0	0	0	1	3
目标	-2	-3	0	0	0	0	0

例 2.2.2 的原线性规划问题的最优单纯形表见表 2.3.6。基向量 $\boldsymbol{p}_3, \boldsymbol{p}_4, \boldsymbol{p}_5, \boldsymbol{p}_6$ 对应的检验数分别为 1、1、0、0。

表 2.3.6 最优单纯形表

基变量	p_1	p_2	p_3	p_4	p_5	p_6	可行解
x_6	0	0	1	-1	0	1	1
x_1	1	0	2	-1	0	0	4
x_5	0	0	-2	1	1	0	0
x_2	0	1	-1	1	0	0	2
目标	0	0	1	1	0	0	14

因为原线性规划问题是求最大值的,所以根据表 2.3.5 和表 2.3.6,可得对偶线性规划问题的最优解为

$$\boldsymbol{y}^* = (y_1, y_2, y_3, y_4)^{\mathrm{T}} = (1,1,0,0)^{\mathrm{T}} - (0,0,0,0)^{\mathrm{T}} = (1,1,0,0)^{\mathrm{T}}$$

最优值为 14。

2.3.5 对偶单纯形法

前面介绍的单纯形法是从标准形式的线性规划问题的一个基本可行解出发,逐次进行迭代,使目标函数值逐次减小,直到获得最优的基本可行解为止。

例 2.3.6 求解如下线性规划问题

$$\min z = 3x_1 + 4x_2 + 5x_3$$

$$\begin{cases} x_1 + 2x_2 + 3x_3 \geqslant 5 \\ 2x_1 + 2x_2 + x_3 \geqslant 6 \\ x_1, x_2, x_3 \geqslant 0 \end{cases}$$

对于这个例题,如果按照单纯形法求解,首先化标准型,需要增加三个松弛变量,为了得到初始基本可行解,又需要增加三个变量,也就是说,一共需要增加 6 个变量才能求解,显然工作量太大。对于这类问题,用对偶单纯形法求解更合适,下面介绍对偶单纯形法的基本思想。

考虑如下线性规划问题:

$$\min \boldsymbol{c}^{\mathrm{T}}\boldsymbol{x}$$

$$\begin{cases} \boldsymbol{Ax} = \boldsymbol{b} \\ \boldsymbol{x} \geqslant 0 \end{cases} \tag{2.3.18}$$

其对偶问题为

$$\max \boldsymbol{y}^{\mathrm{T}}\boldsymbol{b}$$

$$\boldsymbol{y}^{\mathrm{T}}\boldsymbol{A} \leqslant \boldsymbol{c}^{\mathrm{T}} \tag{2.3.19}$$

定理 2.3.8 设 $\boldsymbol{x}$ 是式(2.3.18)的一个基本解,对应的基为 $\boldsymbol{B}$,令 $\boldsymbol{y}^{\mathrm{T}} = \boldsymbol{c}_B^{\mathrm{T}}\boldsymbol{B}^{-1}$。若 $\boldsymbol{x}$ 和 $\boldsymbol{y}^{\mathrm{T}} = \boldsymbol{c}_B^{\mathrm{T}}\boldsymbol{B}^{-1}$ 分别为式(2.3.18)和式(2.3.19)的可行解,则 $\boldsymbol{x}$ 和 $\boldsymbol{y}$ 也分别为式(2.3.18)和式(2.3.19)的最优解。

证明 因为 $\boldsymbol{y} = (\boldsymbol{c}_B^{\mathrm{T}}\boldsymbol{B}^{-1})^{\mathrm{T}}$ 为式(2.3.19)的可行解,所以

$$\boldsymbol{y}^{\mathrm{T}}\boldsymbol{A} = (\boldsymbol{c}_B^{\mathrm{T}}\boldsymbol{B}^{-1})\boldsymbol{A} \leqslant \boldsymbol{c}^{\mathrm{T}}$$

因此 $\boldsymbol{c}^{\mathrm{T}} - \boldsymbol{c}_B^{\mathrm{T}}\boldsymbol{B}^{-1}\boldsymbol{A} \geqslant 0$,这说明 $\boldsymbol{x}$ 的检验数非负,$\boldsymbol{x}$ 为式(2.3.18)的最优解,此外

$$y^{\mathrm{T}}A=(c_B^{\mathrm{T}}B^{-1})A=c_B^{\mathrm{T}}x_B=c^{\mathrm{T}}x$$

根据定理2.3.4,y 也为式(2.3.19)的最优解。

由上述定理2.3.8可知,与基本可行解 x 对应的检验数非负和 $y=(c_B^{\mathrm{T}}B^{-1})^{\mathrm{T}}$ 为式(2.3.19)的可行解等价。据此,可以这样理解单纯形法:从式(2.3.18)的一个基本可行解 x 出发迭代到另一个基本可行解,同时使对应的对偶规划的解 $y=(c_B^{\mathrm{T}}B^{-1})^{\mathrm{T}}$ 的不可行性逐步消失(即使检验数逐步变成非负),直到 y 为式(2.3.9)的可行解为止,这时 x 就为式(2.3.18)的最优解。

定义2.3.2　若 x 为式(2.3.18)的一个基本解(对应的基为 B),且它的检验数非负($y=(c_B^{\mathrm{T}}B^{-1})^{\mathrm{T}}$ 为式(2.3.19)的可行解),则称 x 为式(2.3.18)的对偶可行解或正则解。

从上述分析可知,对偶可行解不一定是可行的,可行的对偶可行解就是最优解。与单纯形法不同,对偶单纯形法的基本思想:从原始问题式(2.3.18)的一个对偶可行的基本解开始,逐步进行迭代,在保持对偶可行的条件下,逐步使原问题式(2.3.18)的基本解的不可行性消失(即使 $x\geqslant0$),直到获得式(2.3.18)的一个基本可行解,也就是最优解。

对偶单纯形法的计算步骤如下:

(1) 把一般的线性规划问题化为式(2.3.18)的形式,这时不要求 $b\geqslant0$。

(2) 列出初始单纯形表,求出式(2.3.18)的一个对偶可行的基本解 $x=\begin{pmatrix}x_B\\0\end{pmatrix}$。

(3) 若 $x_B\geqslant0$,则现行解 x 为最优解,计算结束。否则,令

$$x_{B_i}=\min\{x_{B_j}\mid j=1,2,\cdots,n\}$$

确定 x_{B_i} 为出基变量。

(4) 用 e_{ij} 表示单纯形表中第 B_i 行的各元素,若所有 $e_{ij}\geqslant0(j=1,2,\cdots,n)$,则对偶问题式(2.3.19)的目标函数无界,原问题式(2.3.18)没有可行解。否则,令

$$\frac{r_k}{e_{ik}}=\min_{1\leqslant j\leqslant n}\left\{\frac{r_j}{e_{ij}}\mid e_{ij}<0\right\}$$

式中,$r_j(j=1,2,\cdots,n\}$ 为检验数。

由此确定 x_k 为进基变量,e_{ik} 为主元。

(5) 用基变量 x_k 代替 x_{B_i},以 e_{ik} 为主元进行高斯变换,返回(3)。

下面用对偶单纯形法求解例2.3.6。

例2.3.7　求解如下线性规划问题:

$$\min z=3x_1+4x_2+5x_3$$

$$\begin{cases}x_1+2x_2+3x_3\leqslant5\\2x_1+2x_2+x_3\leqslant6\\x_1,x_2,x_3\leqslant0\end{cases}\tag{2.3.20}$$

解　引入剩余变量,化为如下形式:

$$\min z=3x_1+4x_2+5x_3$$

$$\begin{cases}-x_1-2x_2-3x_3+x_4=-5\\-2x_1-2x_2-x_3+x_5=-6\\x_1,\cdots,x_5\geqslant0\end{cases}\tag{2.3.21}$$

用对偶单纯形法求解见表2.3.7。

表2.3.7　单纯形表

序号	基变量	p_1	p_2	p_3	p_4	p_5	可行解
1	x_4	-1	-2	-3	1	0	-5
	x_5	[-2]	-2	-1	0	1	-6
	目标	3	4	5	0	0	0
2	x_4	0	[-1]	-5/2	1	-1/2	-2
	x_1	-2	-2	-1	0	1	-6
	目标	0	1	7/2	0	3/2	-9
3	x_2	0	1	5/2	-1	1/2	2
	x_1	1	0	-2	1	-1	1
	目标	0	0	1	1	1	-11

根据单纯形表得出式(2.3.21)的最优解 $\boldsymbol{x}^* = (1,2,0,0,0)^{\mathrm{T}}$,最优值 $z^* = 11$,对应原问题的式(2.3.20)的最优解为$(1,2,0)^{\mathrm{T}}$,最优值为11。

2.4　非线性规划和整数规划模型

前面已经介绍了线性规划模型的建立和求解,本节主要介绍非线性规划和整数规划模型。

非线性规划和整数规划模型结构与建模方法同线性规划基本相同,但非线性规划和整数规划问题的求解比线性规划问题的求解要复杂得多,线性规划有通用的求解方法——单纯形法,而非线性规划和整数规划没有通用的求解方法。因为可以采用Matlab等数学应用软件求解非线性规划和整数规划问题,本节主要介绍非线性规划和整数规划模型的建立,不再介绍具体求解算法。

2.4.1　非线性规划的数学模型

非线性规划是运筹学的一个重要分支,它是在20世纪50年代初开始形成的一门新兴学科。它在工业、交通运输、经济管理和军事等方面都有广泛的应用,特别是在“最优设计”方面,它提供了数学的理论基础,并给出了计算方法,有重要的实用价值。

区别于线性规划,当目标函数或约束条件中至少有一个是决策变量的非线性函数,这类规划问题称为非线性规划问题。非线性规划分为无约束非线性规划和约束非线性规划。无约束非线性规划没有约束条件,只针对目标函数求最优。

约束非线性规划的一般形式为

$$\min f(\boldsymbol{x})$$
$$\text{s. t.} \begin{cases} g_i(\boldsymbol{x}) \leqslant 0, i = 1,2,\cdots,m \\ h_j(\boldsymbol{x}) = 0, j = m+1,\cdots,p \end{cases} \tag{2.4.1}$$

式中:$\boldsymbol{x} = (x_1, x_2, \cdots, x_n)^{\mathrm{T}}$ 为决策变量;$f(\boldsymbol{x})$ 为 n 元目标函数;$g_i(\boldsymbol{x}) \leqslant 0$ 为不等式约束条件;$h_j(\boldsymbol{x}) = 0$ 为等式约束条件。

举例如下。

例 2.4.1　森林救火费用最小问题。

在森林火灾时,应派多少消防队员去救火最合适?派的队员越多,灭火的速度越快,火灾造成的损失越小,但救援的开支会增大。试问:派多少队员救火,才能使火灾损失费和救火费用之和(简称总费用)最小?

解　假设火灾损失费与森林烧毁的面积成正比,而烧毁的面积与时间的长短有关系。设失火时刻为 $t=0$,开始救火的时刻为 t_1,火被扑灭的时刻为 t_2,t 时刻森林烧毁的面积为 $b(t)$,c_1 为烧毁单位面积森林的损失费,则火灾造成的损失费用为

$$w_1 = c_1 b(t_2)$$

显然,$\frac{db}{dt}$表示单位时间烧毁的森林面积,当 $t=0$ 时,$\frac{db}{dt}=0$,$t=t_1$ 时,$\frac{db}{dt}$取得其最大值 h。另设 x 为救火队员的人数,v 为每个队员的平均灭火速度,a 为火势蔓延速度,则有

$$\frac{db}{dt}=\begin{cases} at, & 0\leqslant t\leqslant t_1 \\ (a-vx)(t-t_2), & t_1<t\leqslant t_2 \end{cases}$$

设每个救火队员单位时间的费用为 c_2,一次性支出的费用为 c_3,于是得到救火费用为

$$w_2 = c_3 x + c_2(t_2-t_1)x$$

如图 2.4.1 所示,森林烧毁面积 $b(t_2)$等于图中三角形的面积,即 $b(t_2)=\frac{1}{2}ht_2$,而

$$t_2-t_1=\frac{h}{vx-a}$$

所以

$$b(t_2)=\frac{1}{2}ht_1+\frac{1}{2}\frac{h^2}{vx-a}$$

火灾的损失费用与救火费用之和为

$$w=w_1+w_2=\frac{1}{2}c_1ht_1+\frac{c_1h^2}{2(vx-a)}+c_3x+c_2\frac{hx}{vx-a}$$

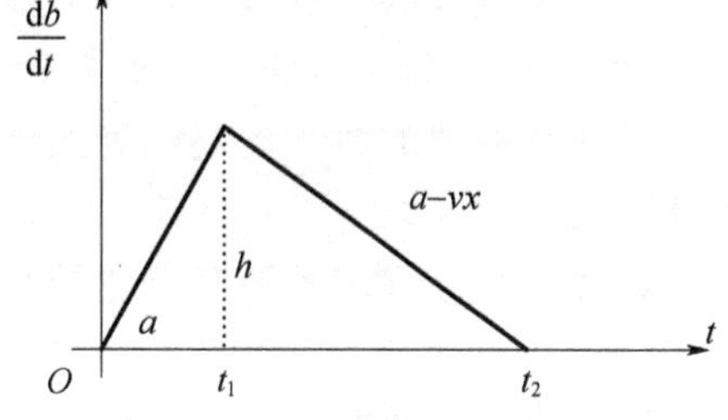

图 2.4.1　森林烧毁面积与时间的关系

所以森林救火费用最小问题的数学模型为

$$\min w=\frac{1}{2}c_1ht_1+\frac{c_1h^2}{2(vx-a)}+c_3x+c_2\frac{hx}{vx-a}$$

这是一个无约束的非线性规划问题,最优解可用微积分方法求得。因此,应派出救火员的最佳人数为

$$x^*=\frac{a}{v}+\sqrt{\frac{c_1vh^2+2c_2ah}{2c_3v^2}}$$

例 2.4.2　生产成本问题。

在数量经济学中,常常用生产函数描述经济行为的规律性,设 x_1 为资本的货物,x_2 为劳动力,则著名的 Cobb – Douglas 生产函数为

$$Q(x_1,x_2)=Ax_1^{\alpha}x_2^{\alpha}$$

式中:Q 为产出产量;A 为生产技术水平。

由经济学可知生产成本为

$$C = rx_1 + wx_2$$

生产成本问题是在产量不低于 Q_0 的条件下,极小化生产成本,它对应的数学模型为

$$\min C = rx_1 + wx_2$$

$$\begin{cases} Ax_1^{\alpha}x_2^{\alpha} \geqslant Q_0 \\ x_1, x_2 \geqslant 0 \end{cases}$$

在此问题中,约束条件是非线性的,这类问题称为约束非线性规划问题。

非线性规划问题的求解比线性规划问题的求解要复杂得多,线性规划有通用的求解方法——单纯形法,而非线性规划没有通用的求解方法。根据非线性规划问题的形式,经典的求解方法主要有三类:针对只有一个决策变量规划问题的一维搜索方法、无约束优化方法和约束优化方法。一维搜索方法主要有分数法(Fibonacci 法)、黄金分割法(0.618法)、牛顿法、抛物线法、三次插值法等。无约束优化方法主要有最速下降法、共轭梯度法、牛顿法、变尺度法、最小二乘法等。约束优化方法主要有惩罚函数法(外点法)、碰壁函数法(内点法)、可行方向法、乘子法、二次逼近法等。这里不再介绍求解算法,有兴趣的读者可参阅有关文献。

2.4.2 整数规划模型

整数规划(Integer Programming)是一类要求变量取整数值的数学规划。若在线性规划中,要求变量取整数值时,则称为整数线性规划,若在非线性规划中,要求变量取整数值时,则称为整数非线性规划。要求变量只取 0 或 1 的数学规划称为 0—1 规划。只要求部分变量取整数值的数学规划称为混合型整数规划,要求全部变量取整数值的数学规划称为纯整数规划。

整数规划在许多领域有着重要作用,如火力分配问题、工厂选址、线路设计、背包问题、旅行推销员问题等。1963 年,R. E. Gomory 提出了解整数规划的割平面法,使整数规划逐渐成为一个独立的分支。但是从计算复杂性角度看,几乎所有的整数规划问题都属于困难问题,很少有精确的多项式算法。对整数规划的研究,主要考虑各种特殊问题的近似算法,如推销商问题、背包问题、选址问题等的近似算法。

整数规划是一类要求变量取整数值的数学规划。其表达形式根据问题的不同而不尽相同,下面给出整数线性规划的一般形式:

$$\min z = \boldsymbol{c}^{\mathrm{T}}\boldsymbol{x}$$

$$\begin{cases} \boldsymbol{Ax} \leqslant \boldsymbol{b} \\ \boldsymbol{x} \geqslant \boldsymbol{0}, x_i \in I, i \in J \subset \{1, 2, \cdots, n\} \end{cases} \tag{2.4.2}$$

式中:$\boldsymbol{x} = (x_1, x_2, \cdots, x_n)^{\mathrm{T}}$,$\boldsymbol{c} = (c_1, c_2, \cdots, c_n)^{\mathrm{T}}$,$\boldsymbol{b} = (b_1, b_2, \cdots, b_m)^{\mathrm{T}}$,$\boldsymbol{A} = (a_{ij})_{m \times n}$,$\boldsymbol{I} = \{0, 1, 2, \cdots\}$。

若 $J = \{1, 2, \cdots, n\}$,则式(2.4.2)为纯整数规划问题,否则为混合整数规划问题;若 $I = \{0, 1\}$,则式(2.4.2)为 0—1 整数规划问题。

例 2.4.3 火力分配问题。

设 m 组不同类型的武器系统(也可以理解为 m 个制导武器发射中心),用来毁伤 n 个目标。第 $i(i = 1, 2, \cdots, m)$ 组武器系统由 m_i 个单位组成。目标的特征用威胁性(重要性)

系数为 $w_j(j=1,2,\cdots,n)$，第 $i(i=1,2,\cdots,m)$ 组武器系统对第 $j(j=1,2,\cdots,n)$ 个目标的单位毁伤概率为 c_{ij}。试问：如何分配火力，才能使目标被毁伤的期望值最大？

解　设 x_{ij} 表示用于攻击第 j 个目标的第 i 类制导武器的数量。

已知 c_{ij} 为第 $i(i=1,2,\cdots,n)$ 组武器系统对第 $j(j=1,2,\cdots,n)$ 个目标的单位毁伤概率，则第 j 个目标被毁伤的概率为

$$P_j = 1 - \prod_{i=1}^{m} (1 - c_{ij})^{x_{ij}}$$

如果用 w_j 表示第 j 个目标 $(j=1,2,\cdots,n)$ 的相对重要性，则目标被毁伤的期望值为

$$F = \sum_{j=1}^{n} w_j \left[1 - \prod_{i=1}^{m} (1 - c_{ij})^{x_{ij}} \right]$$

此问题的最优火力分配模型为

$$\max F = \sum_{j=1}^{n} w_j \left[1 - \prod_{i=1}^{m} (1 - c_{ij})^{x_{ij}} \right]$$

$$\begin{cases} \sum_{j=1}^{n} x_{ij} \leqslant m_i, i = 1,2,\cdots,m \\ x_{ij} \geqslant 0 \text{ 且取整数}, i = 1,2,\cdots,m; j = 1,2,\cdots,n \end{cases} \tag{2.4.3}$$

在问题式(2.4.3)中，目标函数是非线性，所以这是一个非线性整数规划。

例 2.4.4　背包问题。

一个背包的容积为 v，现有 n 件物品可装，物品 $j(j=1,2,\cdots,n)$ 的质量为 w_j，体积为 v_j，试问：应该装几件物品，才能既不超过背包的容积，又使所装的物品的总质量最大？

解　令

$$x_j = \begin{cases} 1, \text{物品 } j \text{ 被装入包中} \\ 0, \text{物品 } j \text{ 不被装入包中} \end{cases}$$

设所装的物品的总质量为 w，则上述问题的数学模型为

$$\max w = \sum_{j=1}^{n} w_j x_j$$

$$\begin{cases} \sum_{j=1}^{n} v_j x_j \leqslant v \\ x_j = 0 \text{ 或 } 1, j = 1,2,\cdots,n \end{cases}$$

此问题的决策变量只能取 0,1 值，故此问题为 0—1 规划。

例 2.4.5　工厂选址问题。

有 n 个城市，需要某种物资的数量分别为 $d_1,d_2,\cdots,d_n$，现计划要建造 m 座工厂。假设在城市 j 建厂，投资需要 F_j，建厂后生产能力为 S_j。从城市 i 到城市 j 的单位运价为 C_{ij}。试问 m 座工厂应该设在何处，是既能满足需求，又能使总投资最省？

解　设

$$y_i = \begin{cases} 1, \text{若在城市 } i \text{ 建厂} \\ 0, \text{城市 } i \text{ 不建厂} \end{cases}$$

设 x_{ij} 为城市 i 运往城市 j 的物资总量，则上述问题的数学模型为

$$\min s = \sum_{i=1}^{m}\sum_{j=1}^{n} C_{ij}x_{ij} + \sum_{i=1}^{m} F_i y_i$$

$$\begin{cases} \sum_{j=1}^{n} x_{ij} \leqslant S_i y_i \\ \sum_{j=1}^{n} x_{ij} \geqslant d_j \\ \sum_{j=1}^{n} y_i = m \\ y_i \text{ 取 } 0 \text{ 或 } 1, i = 1,2,\cdots,n \\ x_{ij} \geqslant 0, i;j = 1,2,\cdots,n \end{cases}$$

在这个问题中，不是所有决策变量要求取整数，所以称为混合整数规划。

例 2.4.6 推销商问题。

一个推销商从他家 A_0 出发，经过预先确定的村子 $A_1,A_2,\cdots,A_n$，然后回到家。假设村子 A_i 到 A_j 的距离为 d_{ij}。试问：如何选定一个行走顺序，既经过每一个要去的村子，又使总行程最短。

解 如果所求的行走顺序中，紧跟着 A_i 后面的是 A_j，则取 $x_{ij}=1$，否则 $x_{ij}=0$。此推销商问题的数学模型为

$$\min d = \sum_{i=0}^{n}\sum_{j=0}^{n} d_{ij}x_{ij}$$

$$\begin{cases} \sum_{j=0}^{n} x_{ij} = 1, i = 0,1,\cdots,n \\ \sum_{i=0}^{n} x_{ij} = 1, j = 0,1,\cdots,n \\ \sum_{i\in S}\sum_{j\notin S} x_{ij} \geqslant 1, \text{对任意的非空子集 } S \subset \{0,1,\cdots,n\} \\ \sum_{i=0}^{n}\sum_{j=0}^{n} x_{ij} = n+1 \\ x_{ij} \text{ 取 } 0 \text{ 或 } 1, i;j = 0,1,\cdots,n \end{cases}$$

第一、二组条件表示在所求的行走顺序中，紧接在 A_i 的后面和前面，恰有一个村子；第三、四组条件保证行走路线恰构成一个回路。

例 2.4.7 指派问题。

设有 n 个人（或机器等）$A_1,A_2,\cdots,A_n$，分配去完成 n 项不同的任务 $B_1,B_2,\cdots,B_n$。已知第 i 人完成第 j 项任务的费用为 $c_{ij}(i;j=1,2,\cdots,n)$，要求拟订一个指派方案，使每个人做一件事，且使总费用最小。

解 设

$$x_{ij} = \begin{cases} 1, \text{第 } i \text{ 人完成第 } j \text{ 项任务} \\ 0, \text{其他} \end{cases}$$

则指派问题的数学模型为

$$\min Z = \sum_{i=1}^{n} \sum_{j=1}^{n} c_{ij} x_{ij}$$

$$\begin{cases} \sum_{j=1}^{n} x_{ij} = 1, i = 1,2,\cdots,n \\ \sum_{i=1}^{n} x_{ij} = 1, j = 1,2,\cdots,n \\ x_{ij} = 0 \text{ 或 } 1, i,j = 1,2,\cdots,n \end{cases}$$

人们对整数规划问题,常有如下想法:①因为可行方案的数目常常是有限的,因此,经过比较后,总能求得最好的方案。例如,背包的装法,最多有 2^{n-1} 种方式,推销商的行走顺序,最多有 $n!$ 种。但实际计算起来却是行不通的,设想计算机每秒能比较 100 万个方式,那么要比较完 20! 种方式,约需要 800 年,对 2^{60} 种方式,就需要 360 多个世纪。②先放弃变量的整数性要求,解一个线性或非线性规划,然后用“四舍五入”办法求整数解。实际上,这种办法只有在变量的取值很大时,才有成功的可能性,而当变量的取值较小时,特别是 0—1 规划时,往往不会成功。

目前,经典的求解整数规划问题方法包括:①分枝定界法和隐数法;②割平面法;③分解方法;④群论方法;⑤动态规划方法;⑥隐枚举法;⑦匈牙利法等。其中分枝定界法在实际中应用比较多,不少求解整数规划问题的商业计算机程序是用此法编制的,其他的一些算法比它要逊色一些,但又各具特点,适用于求解不同类型的整数规划问题。

此外,因为很多非线性整数规划的难解问题(NP - hard 问题)无法采用一般的经典算法求解,或求解时间过长,我们无法接受,从 20 世纪 40 年代起,提出了一系列的现代优化算法,称为启发式算法。

启发式算法是相对于经典优化算法提出的。一个问题的最优化算法是求得该问题每个实例的最优解。启发式算法是在某些策略和原则的引导下,以牺牲解的最优性来换取合理的计算代价。启发式算法不能保证解的最优性或可行性,甚至不能说明所得到的解与最优解之间的差距。但当经典优化算法的计算时间让人无法忍受或者问题的难度使其计算时间随问题的规模增加而以指数速度增加,此时通过启发式算法来求解问题便是一个合理合适的手段。

启发式算法是以合理的计算代价寻求满意解(近似解)的一类近似算法的统称,其计算量都比较大,所以启发式算法伴随着计算机技术的发展,取得了巨大的发展。目前,常见的启发式算法主要有遗传算法、模拟退火算法、神经网络算法、贪婪算法、一群算法等。

整数规划优化算法和启发式算法在此不过多讨论,有兴趣的读者可查阅相关书籍。

2.5　军事上典型的数学规划模型

从本质上讲,所有军事活动都是运用一定的资源达到一定军事目的的活动。也就是说,大部分军事问题的核心就是寻求军事资源的最佳运营方式或最优配置,而数学规划的理论和方法无疑是解决这类问题的有效方法和手段。下面给出一些典型军事问题的数学规划模型。

2.5.1 向运载工具分配武器问题

现有舰炮、火箭、导弹等4类武器A_1、A_2、A_3、A_4可供舰艇、飞机等6类运载工具$B_j(j=1,2,\cdots,6)$使用。已知在运载工具$B_j(j=1,2,\cdots,6)$上可配置武器$A_i(i=1,2,\cdots,4)$的单位数a_{ij}，装备在所有运载工具上的武器A_i的总数b_i，以及敌方对运载工具B_j的毁伤概率c_j，见表2.5.1。需要确定运载工具总损失最小的配置方案。

表2.5.1 运载工具可配置武器数、武器总数和毁伤概率

运载工具种类 / d_{ij} / 武器种类	B_1	B_2	B_3	B_4	B_5	B_6	武器数量
A_1	4	0	0	1	0	0	16
A_2	0	2	0	0	1	0	10
A_3	0	0	1	2	6	0	76
A_4	4	3	0	0	0	1	24
毁伤概率 c_{ij}	0.4	0.5	0.2	0.8	0.6	0.3	—

解 设x_j是第j类运载工具$B_j(j=1,2,\cdots,6)$的数量。于是，可写出整个问题的整数线性规划模型为

$$\min z=0.4x_1+0.5x_2+0.2x_3+0.8x_4+0.6x_5+0.3x_6$$

$$\begin{cases}4x_1+x_4=16\\2x_2+x_5=10\\x_3+2x_4+6x_5=76\\4x_1+3x_2+x_6=24\\x_1,x_2,x_3,x_4,x_5,x_6\geqslant 0\\x_1,x_2,x_3,x_4,x_5,x_6\text{ 取整数}\end{cases}\tag{2.5.1}$$

求解该线性规划问题，得出最优解为$\boldsymbol{x}^*=(4,0,16,0,10,8)^{\mathrm{T}}$，最优值为$z^*=13.2$。

各类运载工具配置方案：B_1、B_3、B_5、B_6需要配置数分别为4、16、10、8；B_2、B_4不需要配置。

2.5.2 火器射击选择问题

计划用三种不同类型的武器A_1、A_2、A_3对某些目标实施突击。武器$A_j(j=1,2,3)$的突击时间分别为3min、5min、4min。火器保证射击的可能性是：火器A_1使用3min、A_2使用2min和A_3使用4min时的齐射总数不超过16；火器A_1使用2min、A_2使用2min的齐射总数不超过8。此外，为克服敌方的对抗，还必须做到：火器A_1在3min内发射的齐射数应超过火器A_3在1min内发射的齐射数，超过数不小于4。试问：如何安排不同类型武器的射击速度，才能使突击中的齐射总数最大？

解 设武器$A_j(j=1,2,3)$的射击速度为$x_j(j=1,2,3)$。此时，齐射总数为

$$z=3x_1+5x_2+4x_3$$

类似地，根据射击可能性要求可写出相应的约束条件。

于是,整个问题的线性规划模型为

$$\max z = 3x_1 + 5x_2 + 4x_3$$
$$\begin{cases} 3x_1 + 2x_2 + 4x_3 \leqslant 16 \\ 2x_1 + 3x_2 \leqslant 8 \\ 3x_1 - x_3 \geqslant 4 \\ x_1, x_2, x_3 \geqslant 0 \end{cases} \tag{2.5.2}$$

求解该线性规划问题,得出最优解为 $\boldsymbol{x} = (2.24, 1.17, 1.73)^{\mathrm{T}}$,最优值为 $z = 19.51$。

实际上,此问题的决策变量要求取整数,将上述最优解进行四舍五入取整处理,得出 $\boldsymbol{x}^* = (2,1,2)^{\mathrm{T}}$,相应目标函数值为 $z^* = 19$。进一步讨论发现,$\boldsymbol{x}^* = (2,1,2)^{\mathrm{T}}$ 满足约束条件,比较其目标函数值 $z^* = 19$ 与 $z = 19.51$,可以确定此问题的最优解为 $\boldsymbol{x}^* = (2,1,2)^{\mathrm{T}}$,最优值为 $z^* = 19$。

三种不同类型的武器 A_1、A_2、A_3 的射击速度分别为2发/min、1发/min、2发/min,齐射总数为19发。

2.5.3　运输问题

在实际工作中,经常会遇到大量物资调运问题,所谓运输问题就是在现有交通网下,如何制定调运计划,使得总运费最小。具体可以用以下数学语言描述。

假设有 m 个供应站(集结地)$A_i(i=1,2,\cdots,m)$ 可向 n 个需求点(展开地)$B_j(j=1,2,\cdots,n)$ 供应(分配)军品(兵力、兵器)。$A_i(i=1,2,\cdots,m)$ 的可供应量为 a_i,$B_j(j=1,2,\cdots,n)$ 的需求量为 b_j,c_{ij} 表示从 A_i 运往 B_j 的单位运输代价或分配效益。具体数据可列表直观表示,见表2.5.2。

表2.5.2　供需情况表

需求点 / c_{ij} / 供应站	B_1	B_2	…	B_n	储备量
A_1	c_{11}	c_{12}	…	c_{1n}	a_1
A_2	c_{21}	c_{22}	…	c_{2n}	a_2
⋮	⋮	⋮	⋮	⋮	⋮
A_m	c_{m1}	c_{m2}	…	c_{mn}	a_m
需求量	b_1	b_2	…	b_n	—

设 x_{ij} 是从 $A_i(i=1,2,\cdots,m)$ 向 $B_j(j=1,2,\cdots,n)$ 运输的军品或分配的兵力(兵器)数量,则可建立此问题的线性规划模型为

$$\min z = \sum_{i=1}^{m} \sum_{j=1}^{n} c_{ij} x_{ij}$$
$$\begin{cases} \sum_{j=1}^{n} x_{ij} \leqslant a_i, i = 1,2,\cdots,m \\ \sum_{i=1}^{m} x_{ij} = b_j, j = 1,2,\cdots,n \\ x_{ij} \geqslant 0 \end{cases} \tag{2.5.3}$$

这就是运输问题的数学模型。对于产销平衡的运输问题，即供应和需求的数量相等（也即 $\sum_{i=1}^{m} a_i = \sum_{j=1}^{n} b_j$），有比较简单的计算方法，称为表上作业法。由于求解运输问题比较简单、方便，因此也常把其他问题转化成运输模型来求解。

2.5.4 专业培训方案优化问题

根据部队需求，上级机关决定培训四类专业的战士，分别是台长、报务员、侦察机操作手、干扰机操作手（记为甲、乙、丙、丁）。现有 A、B、C 三所院校可承担培训任务，各院校能承担培训的专业和每人培训所需经费见表 2.5.3。上级要求，经培训后在我作战部队减员 m 个人的情况下，能及时予以补充。试问：如何制订培训计划，即安排各院校承训的人数，才能在保证完成上级要求的情况下，使所需经费达到最少？

表 2.5.3 培训方案

专业 / 院校	甲	乙	丙	丁	经费/（元/人）
A	能	能	能	不	c_1
B	不	能	能	能	c_2
C	能	能	不	能	c_3

解 设三所院校培训的战士人数分别为 x_1、x_2、x_3。m 个减员可能是甲、乙、丙、丁四个专业的任意组合，故为满足部队需求，必须使能干每一个专业的人数都不得少于 m。于是得整数线性规划模型为

$$\min z = c_1x_1 + c_2x_2 + c_3x_3$$

$$\begin{cases} x_1 + x_3 \geqslant m \\ x_1 + x_2 + x_3 \geqslant m \\ x_1 + x_2 \geqslant m \\ x_2 + x_3 \geqslant m \\ x_1, x_2, x_3 \geqslant 0\text{，且为整数} \end{cases} \tag{2.5.4}$$

2.5.5 潜艇兵力派出问题

为了破坏地方海上交通线，根据交通线情况设置了 5 个潜艇活动海域（阵地）$B_j(j=1,2,\cdots,5)$。根据交通线运输频繁程度和海区的开阔程度，确定了各活动海域内潜艇的数量分别为：$b_1=2, b_2=2, b_3=3, b_4=3, b_5=4$，潜艇则由 $A_i(i=1,2,\cdots,5)$ 5 个基地派出，各基地能够派出的潜艇数量分别为 $a_1=3, a_2=3, a_3=3, a_4=3, a_5=2$。

从海图上可以量取各基地到各阵地之间的航程见表 2.5.4。

表 2.5.4 潜艇机动距离

潜艇阵地 / 基地机动距离/km		B_1	B_2	B_3	B_4	B_5
		$b_1=2$	$b_2=2$	$b_3=3$	$b_4=3$	$b_5=4$
A_1	$a_1=3$	516	645	1290	1204	1634
A_2	$a_2=3$	451	537	1110	989	1505

（续）

基地机动距离/km \ 潜艇阵地		B_1	B_2	B_3	B_4	B_5
		$b_1=2$	$b_2=2$	$b_3=3$	$b_4=3$	$b_5=4$
A_3	$a_3=3$	323	258	688	645	1075
A_4	$a_4=3$	344	278	708	655	1095
A_5	$a_5=2$	1268	1032	1296	796	258

解　令 x_{ij} 为从基地 A_i 派到阵地 B_j 的潜艇数量，则可将上述问题归结为以下的线性规划问题：

$$\min z=516x_{11}+645x_{12}+1290x_{13}+1204x_{14}+1634x_{15}+451x_{21}+537x_{22}+1110x_{23}+989x_{24}+1505x_{25}+323x_{31}+258x_{32}+688x_{33}+645x_{34}+1075x_{35}+344x_{41}+278x_{42}+708x_{43}+655x_{44}+1095x_{45}+1268x_{51}+1032x_{52}+1296x_{53}+796x_{54}+258x_{55}$$

$$\text{s.t.}\begin{cases}x_{11}+x_{12}+x_{13}+x_{14}+x_{15}=3\\x_{21}+x_{22}+x_{23}+x_{24}+x_{25}=3\\x_{31}+x_{32}+x_{33}+x_{34}+x_{35}=3\\x_{41}+x_{42}+x_{43}+x_{44}+x_{45}=3\\x_{51}+x_{52}+x_{53}+x_{54}+x_{55}=2\\x_{11}+x_{21}+x_{31}+x_{41}+x_{51}=2\\x_{12}+x_{22}+x_{32}+x_{42}+x_{52}=2\\x_{13}+x_{23}+x_{33}+x_{43}+x_{53}=3\\x_{14}+x_{24}+x_{34}+x_{44}+x_{54}=3\\x_{15}+x_{25}+x_{35}+x_{45}+x_{55}=4\end{cases}\tag{2.5.5}$$

可以求出，最优兵力派出方案为

$x_{11}=2,x_{12}=1,x_{24}=2,x_{33}=1,x_{35}=2,x_{43}=2,x_{44}=1,x_{55}=2$，其余 x_{ij} 均为0。

这样可使总航程达到最短，$z^*=9267$。

2.5.6　训练保障问题

某部执行训练保障任务，全天24h内各个时段所需要的战士数量见表2.5.5。若每个战士的连续工作时间为8h，试问如何安排才能以最少的人数完成保障任务？

表2.5.5　保障战士数量

起止时间/h	0~4	4~8	8~12	12~16	16~20	20~24
所需要的最少人数/人	4	8	12	10	6	4

解　全天划分为6个时段，设在各个时段开始投入工作的战士数量分别为 x_1、x_2、x_3、x_4、x_5、x_6 人，则依题意有

$$\min z=x_1+x_2+x_3+x_4+x_5+x_6$$

$$\text{s. t.} \begin{cases} x_1 + x_6 \geqslant 4 \\ x_1 + x_2 \geqslant 8 \\ x_2 + x_3 \geqslant 12 \\ x_3 + x_4 \geqslant 10 \\ x_4 + x_5 \geqslant 6 \\ x_5 + x_6 \geqslant 4 \\ x_i \geqslant 0 (i = 1,2,3,4,5,6)\text{，且为整数} \end{cases} \tag{2.5.6}$$

此问题最优解不唯一，应用整数规划可以得到5组最优解，见表2.5.6。

表2.5.6　最优解

x_1	x_2	x_3	x_4	x_5	x_6
0	8	4	6	0	4
1	7	5	5	1	3
2	6	6	4	2	2
3	5	7	3	3	1
4	4	8	2	4	0

按照表2.5.6每组解安排保障任务，完成保障任务的最少人数是22人。

2.5.7　兵力驻防问题

某海军基地有 m 个防御要点，为反敌空降，决定派兵在一些防御要点中驻防。上级要求，在上述要点中的任意一个出现敌情时，驻防反空降预备队在规定时间内至少有一个要点的部队能赶到该要点执行作战任务。为了便于指挥，还要求尽量集中驻防。为完成反空降任务，最少在几个要点中驻防？设在何处？

解　设决策变量为 x_i，令

$$x_i = \begin{cases} 1, & \text{第 } i \text{ 个要点驻防} \\ 0, & \text{第 } i \text{ 个要点不驻防} \end{cases} \quad (i = 1,2,\cdots,m)$$

又令

$$a_{ij} = \begin{cases} 1, & \text{驻第 } i \text{ 个要点的部队能按时赶到第 } j \text{ 个要点} \\ 0, & \text{驻第 } i \text{ 个要点的部队不能按时赶到第 } j \text{ 个要点} \end{cases} \quad (i;j = 1,2,\cdots,m)$$

a_{ij}的数值预先由地图确定，是已知的。

原问题可变为整数规划问题：

$$\min z = x_1 + x_2 + \cdots + x_m$$

$$\begin{cases} \sum_{i=1}^{m} x_i \cdot a_{ij} \geqslant 1, j = 1,2,\cdots,m \\ x_i = 0,1, i = 1,2,\cdots,m \end{cases} \tag{2.5.7}$$

2.5.8　作战任务指派问题

在某次作战中，计划用5种火力突击敌方5种类型的目标。已知每种火力只能突击一种目标，且每个目标只需一种火力打击。每种火力对敌每个目标的杀伤效果 c_{ij}（相对

毁伤面积、战果值等）见表 2.5.7。试求最大限度地杀伤目标的火力分配方案。

表 2.5.7　杀伤效果

兵力＼目标	B_1	B_2	B_3	B_4	B_5
A_1	8	4	3	8	9
A_2	4	7	5	4	7
A_3	6	8	3	5	9
A_4	2	6	9	8	5
A_5	9	4	2	2	4

解　设决策变量为 x_{ij}，令

$$x_{ij} = \begin{cases} 1, \text{第 } i \text{ 种火力被分配于第 } j \text{ 个目标时} \\ 0, \text{第 } i \text{ 种火力未被分配于第 } j \text{ 个目标时} \end{cases}$$

则根据问题，可列出如下的整数线性规划模型

$$\max z = \sum_{i=1}^{5} \sum_{j=1}^{5} c_{ij} x_{ij}$$

$$\text{s.t.} \begin{cases} \sum_{j=1}^{5} x_{ij} = 1, i = 1,2,\cdots,5 \\ \sum_{i=1}^{5} x_{ij} = 1, j = 1,2,\cdots,5 \\ x_{ij} = 0 \text{ 或 } 1, i,j = 1,2,\cdots,5 \end{cases} \tag{2.5.8}$$

应用整数规划的匈牙利算法求解，可以得到最大限度地杀伤目标的火力分配方案为：A_1 突击 B_4，A_2 突击 B_2，A_3 突击 B_5，A_4 突击 B_3，A_5 突击 B_1。最佳毁伤效果为 42。

本章小结

本章介绍的主要内容包括：①线性规划模型及其求解方法；②非线性规划模型和整数规划模型；③军事上典型的数学规划模型。

在线性规划模型及其求解方法这部分内容中，本章以线性规划模型为主线，围绕着线性规划模型求解的相关概念展开，介绍了线性规划模型的结构、解的结构、一般形式、标准形式和模型求解的图解法与单纯形法。并对线性规划的对偶规划模型给出了转换步骤和求解方法。

在非线性规划和整数规划模型这部分内容中，本章以模型建立为重点，介绍非线性规划和整数规划模型的建立。

最后针对数学规划的军事应用，给出了军事上几个典型的数学规划模型。

习　题

2.1　某军工厂制造某产品需要 A、B、C 三种轴类零件，其规格和数量见表 2.1，各类零件都用 5.5m 长的圆钢下料。如何计划生产该产品 100 件，才能使所用圆钢的边角料最少？试建立其线性规划模型。

表 2.1　零件规格和数量表

零件种类	零件规格/m	该产品所需零件数/件
A	3.1	1
B	2.1	2
C	1.2	4

2.2　某分队拟组建反坦克组，有甲、乙两种编成，依战术要求，需要配备 A、B、C、D 四种武器。预计甲种编成，每组击毁两辆坦克，四种弹药的消耗量分别为 2 发、1 发、4 发、0 发；而乙种编成，每组击毁三辆坦克，四种弹药的消耗量分别为 2 发、2 发、0 发、4 发。已知四种弹药的可供应数量分别为 12 发、8 发、16 发、12 发。试问如何编组才能使击毁坦克最多？试建立其线性规划模型。

2.3　某轰炸机奉命摧毁敌军事目标，已知该目标有四个要害部位，只要摧毁其中的一个便达到目的。完成此任务的汽油耗量限制为 48000L，重型炸弹 46 枚，轻型炸弹 32 枚。空载时每升(L)汽油可飞 4km，飞机携带炸弹时，每升(L)汽油飞行 2km。又知每架飞机每次只能装载一枚炸弹，每轰炸一次除往返路的汽油消耗外，起飞和降落还消耗 100L 汽油，有关数据见表 2.2。

表 2.2　摧毁目标的可能性

要害部位	离机场距离/km	摧毁可能性	
		每枚重型弹	每枚轻型弹
1	450	0.1	0.08
2	480	0.2	0.16
3	540	0.15	0.12
4	600	0.25	0.20

如何确定飞机轰炸方案才能使摧毁敌方军事目标的可能性最大？试建立其线性规划模型。

2.4　在反空袭作战中，为了抗击敌有护航战斗掩护的机群，可以使用两种不同类型的歼击机进行截击。它们都装有空空导弹、火箭炮和机关炮三种武器。每种歼击机的配备数量见表 2.3。

表 2.3　歼击机配备的武器数量

武器 \ 数量/枚 \ 类型	1	2
炮弹	200	50
火箭弹	3	20
空空导弹	2	4

根据敌机群的情况，歼击机为完成任务至少需要 40 枚空空导弹、100 枚火箭弹和 1000 发炮弹。由于对方抗击会使歼击机造成损伤，歼击机执行任务也有各种消耗，把有关因素综合成战斗消耗。第一种歼击机的战斗消耗为每架 2 个单位；第二种歼击机的战斗消耗为每架 5 个单位。

现在所关心的问题是:应当派出两种类型的歼击机各多少架,才能在保证完成战斗任务的条件下使总的战斗消耗最小。试写出此问题的线性规划模型,并用图解法求解。

2.5 试用图解法求解下列线性规划问题,并指出是否具有唯一最优解、无穷多个最优解还是无可行解。

(1) $$\min z = 2x_1 + 3x_2$$
$$\begin{cases} 4x_1 + 6x_2 \geqslant 6 \\ 2x_1 + 2x_2 \geqslant 4 \\ x_1, x_2 \geqslant 0 \end{cases}$$

(2) $$\max z = 3x_1 + 2x_2$$
$$\begin{cases} 2x_1 + x_2 \leqslant 2 \\ 3x_1 + 4x_2 \geqslant 12 \\ x_1, x_2 \geqslant 0 \end{cases}$$

2.6 将下列线性规划问题化成标准型。

(1) $$\min z = -3x_1 + 4x_2 - 2x_3 + 5x_4$$
$$\begin{cases} 4x_1 - x_2 + 2x_3 - x_4 = -2 \\ x_1 + x_2 - x_3 + 2x_4 \leqslant 14 \\ -2x_1 + 3x_2 + x_3 - x_4 \geqslant 2 \\ x_1, x_2, x_3 \geqslant 0 \end{cases}$$

(2) $$\min z = 2x_1 - 2x_2 + 3x_3$$
$$\begin{cases} -x_1 + x_2 + x_3 = 4 \\ -2x_1 + x_2 - x_3 \leqslant 6 \\ x_1 \geqslant 0, x_2 \geqslant 0 \end{cases}$$

2.7 设线性规划问题为

$$\min z = x_1 + 4x_2 - 3x_3 + 2x_4$$
$$\begin{cases} x_1 + x_2 + 2x_3 = 4 \\ x_1 + 2x_2 - x_3 + 4x_4 = 5 \\ x_1, x_2, x_3, x_4 \geqslant 0 \end{cases}$$

试判断下列两点是否为线性规划问题的可行解?基本可行解?如果是基本可行解,指出哪些变量是基变量?

(1) $\boldsymbol{x}^{(1)} = (3,1,0,0)^{\mathrm{T}}$; (2) $\boldsymbol{x}^{(2)} = (1,1,1,0)^{\mathrm{T}}$

2.8 设线性规划问题为

(1) $$\min z = 5x_1 - 2x_2 + 3x_3 + 2x_4$$
$$\begin{cases} x_1 + 2x_2 + 3x_3 + 4x_4 = 7 \\ 2x_1 + 2x_2 + x_3 + 2x_4 = 3 \\ x_1, x_2, x_3, x_4 \geqslant 0 \end{cases}$$

(2) $$\max z = 3x_1 + 5x_2$$
$$\begin{cases} x_1 + x_3 = 4 \\ 2x_2 + x_4 = 12 \\ 3x_1 + 2x_2 + x_5 = 18 \\ x_1, x_2, x_3, x_4, x_5 \geqslant 0 \end{cases}$$

① 找出题(1)和题(2)中线性规划问题的所有基本解和相应的基;

② 判明①中的哪些基本解是线性规划问题的基本可行解;

③ 将②中的基本可行解分别代入相应线性规划问题的目标函数,比较后找出其最优解。

2.9 已知某线性规划的约束条件为

$$\begin{cases} 2x_1 + x_2 - x_3 = 25 \\ x_1 + 3x_2 - x_4 = 30 \\ 4x_1 + 7x_2 - x_3 - 2x_4 - x_5 = 85 \\ x_1, x_2, x_3, x_4, x_5 \geqslant 0 \end{cases}$$

判断下列各点是否为该线性规划问题可行域的顶点。

（1）$\boldsymbol{x}=(5,15,0,20,0)^{\mathrm{T}}$；　（2）$\boldsymbol{x}=(9,7,0,0,0)^{\mathrm{T}}$；　（3）$\boldsymbol{x}=(15,5,10,0,0)^{\mathrm{T}}$

2.10　分别用图解法和单纯形法求解下列线性规划问题，并对照指出单纯形法每步迭代得到的基本可行解相当于可行域中的哪一个顶点。

（1）$\max z=10x_1+5x_2$
$$\begin{cases}3x_1+4x_2\leqslant 9\\5x_1+2x_2\leqslant 8\\x_1,x_2\geqslant 0\end{cases}$$

（2）$\max z=2x_1+x_2$
$$\begin{cases}5x_2\leqslant 15\\6x_1+2x_2\leqslant 24\\x_1+x_2\leqslant 5\\x_1,x_2\geqslant 0\end{cases}$$

2.11　用单纯形法求解下列线性规划问题。

（1）$\min z=-2x_1-3x_2$
$$\begin{cases}2x_1+x_2+x_3=2\\x_1+3x_2+x_4=4\\x_1,x_2,x_3,x_4\geqslant 0\end{cases}$$

（2）$\max z=2x_1-x_2+x_3$
$$\begin{cases}3x_1+x_2+x_3\leqslant 60\\x_1-x_2+2x_3\leqslant 10\\x_1+x_2-x_3\leqslant 20\\x_1,x_2,x_3\geqslant 0\end{cases}$$

（3）$\max z=6x_1+2x_2+10x_3+8x_4$
$$\begin{cases}5x_1+6x_2-4x_3-4x_4\leqslant 20\\3x_1-3x_2+2x_3+8x_4\leqslant 25\\4x_1-2x_2+x_3+3x_4\leqslant 10\\x_1,x_2,x_3,x_4\geqslant 0\end{cases}$$

2.12　比较线性规划的一般形式、标准形式和基本形式。

2.13　用大M法或两阶段法求解下列线性规划问题。

（1）$\min z=-3x_1+x_2+x_3$
$$\begin{cases}x_1-2x_2+x_3\leqslant 11\\-4x_1+x_2+2x_3\geqslant 3\\-2x_1+x_2=1\\x_1,x_2,x_3\geqslant 0\end{cases}$$

（2）$\max z=x_1+2x_2+3x_3-x_4$
$$\begin{cases}x_1+2x_2+3x_3=15\\2x_1+x_2+5x_3=20\\x_1+2x_2+x_3+x_4=10\\x_1,x_2,x_3,x_4\geqslant 0\end{cases}$$

2.14　写出下列线性规划的对偶规划。

（1）$\min z=2x_1+2x_2+4x_3$
$$\begin{cases}2x_1+3x_2+5x_3\geqslant 2\\3x_1+x_2+7x_3\leqslant 3\\x_1+4x_2+6x_3\leqslant 5\\x_1,x_2,x_3\geqslant 0\end{cases}$$

（2）$\max z=2x_1+x_2+3x_3+x_4$
$$\begin{cases}x_1+x_2+x_3+x_4\leqslant 5\\2x_1-x_2+3x_3=-4\\x_1-x_3+x_4\geqslant 1\\x_1,x_3\geqslant 0\end{cases}$$

其中题(2)中的 x_2 和 x_4 无符号限制。

(3)
$$\min z = 3x_1 + 2x_2 - 3x_3 + 4x_4$$
$$\begin{cases} x_1 - 2x_2 + 3x_3 + 4x_4 \leqslant 3 \\ x_2 + 3x_3 + 4x_4 \geqslant -5 \\ 2x_1 - 3x_2 - 7x_3 - 4x_4 = 2 \\ x_1 \geqslant 0, x_4 \leqslant 0 \end{cases}$$

(4)
$$\min z = \sum_{i=1}^{m}\sum_{j=1}^{n} c_{ij}x_{ij}$$
$$\begin{cases} \sum_{j=1}^{n} x_{ij} = a_i, i = 1,2,\cdots,m \\ \sum_{i=1}^{m} x_{ij} = b_j, j = 1,2,\cdots,n \\ x_{ij} \geqslant 0, i = 1,2,\cdots,m; j = 1,2,\cdots,n \end{cases}$$

其中题(3)中的 x_2 和 x_3 无符号限制。

2.15 判断下列说法是否正确,为什么?

(1) 如果线性规划原问题存在可行解,则其对偶规划问题也一定存在可行解;

(2) 如果线性规划的对偶问题无可行解,则原线性规划问题也一定无可行解;

(3) 如果线性规划的原问题与对偶问题都具有可行解,则它们一定有有限最优解;

(4) 互为对偶的一对线性规划问题中,不管原规划问题是求最大值还是最小值,原规划的目标函数值一定不超过其对偶规划的目标函数值。

2.16 给出线性规划问题

$$\min z = 2x_1 + 3x_2 + 5x_3 + 6x_4$$
$$\begin{cases} x_1 + 2x_2 + 3x_3 + x_4 \geqslant 2 \\ -2x_1 + x_2 - x_3 + 3x_4 \leqslant -3 \\ x_1, x_2, x_3, x_4 \geqslant 0 \end{cases}$$

(1) 写出其对偶问题;

(2) 用图解法求对偶问题;

(3) 利用(2)的结果写出原问题的最优解。

2.17 给出线性规划问题

$$\max z = x_1 + 2x_2 + x_3$$
$$\begin{cases} x_1 + x_2 - x_3 \leqslant 2 \\ x_1 - x_2 + x_3 = 1 \\ 2x_1 + x_2 + x_3 \geqslant 2 \\ x_1 \geqslant 0, x_2 \leqslant 0 \end{cases}$$

其中 x_3 无符号限制。

(1) 写出对偶问题;

(2) 利用对偶原理证明原问题的目标函数值 $z \leqslant 1$。

2.18 写出下列线性规划问题的对偶问题,并用单纯形法确定原问题与对偶问题的最优解。

(1)
$$\min z = 2x_1 + 3x_2 + 2x_3 + 2x_4$$
$$\begin{cases} x_1 + 2x_2 + x_3 + 2x_4 = 3 \\ x_1 + x_2 + 2x_3 + 4x_4 = 5 \\ x_1, x_2, x_3, x_4 \geqslant 0 \end{cases}$$

(2)
$$\min z = 2x_1 + x_2 + 4x_3$$
$$\begin{cases} x_1 + x_2 + 2x_3 = 3 \\ 2x_1 + x_2 + 3x_3 = 5 \\ x_1, x_2, x_3 \geqslant 0 \end{cases}$$

(3) $\min z = 2x_1 - x_2$

$$\begin{cases} 2x_1 - x_2 - x_3 \geqslant 3 \\ x_1 - x_2 + x_3 \geqslant 2 \\ x_1, x_2, x_3 \geqslant 0 \end{cases}$$

(4) $\min z = 5x_1 - 3x_2$

$$\begin{cases} 2x_1 - x_2 + 4x_3 \leqslant 4 \\ x_1 + x_2 + 2x_3 \leqslant 5 \\ 2x_1 - x_2 + x_3 \leqslant 1 \\ x_1, x_2, x_3 \geqslant 0 \end{cases}$$

2.19 甲、乙两个弹药库,供应 A,B,C 三个炮连,各库弹药量和各连需要量以及弹药库与炮连的距离(km)由表 2.4 给出。如何调运弹药才能在保证各炮连需要的条件下,使运输总吨千米数最小?

表 2.4 弹药调运问题数据表

炮连 / 距离/km / 弹库	A	B	C	弹药量/t
甲	9	7	10	20
乙	8	6.5	8	25
需弹量/t	10	15	20	—

2.20 现有 A、B、C 三种兵器,数量分别为 32 具、42 具、48 具,要装备甲、乙两种战斗车。已知甲战斗车可配 A 兵器 2 具,B 兵器 2 具,C 兵器 4 具,其最大杀伤力可达 95 个单位;乙战斗车可配 A 兵器 2 具,B 兵器 3 具,C 兵器 2 具,其最大杀伤力可达 95 个单位;其最大杀伤力可达 76 个单位,试求甲、乙战斗车各需几辆,使总战斗杀伤力最大?

2.21 设有 n 件工作要完成,恰好有 n 个人可以分别去完成其中一件。已知第 i 人完成第 j 件工作的时间为 $t_{ij}(i;j=1,2,\cdots,n)$,试问应如何分配任务,使总时间最少?

2.22 已知 m 个火力单位要射击 n 个目标。第 $i(i=1,2,\cdots,m)$ 个火力单位毁伤第 $j(j=1,2,\cdots,n)$ 个目标的效能指标为 c_{ij}。要求攻击第 $j(j=1,2,\cdots,n)$ 个目标的火力单位数不得超过 m_0。试问如何分配火力,使毁伤效果达到最佳?

2.23 设有 m 个攻击群进攻 n 个目标。第 $i(i=1,2,\cdots,m)$ 个攻击群有 a_i 个火力单位,每个火力单位毁伤第 $j(j=1,2,\cdots,n)$ 个目标的效能指标(如毁伤面积)为 c_{ij},为了保证对每个目标的攻击效果,规定攻击第 j 个目标的火力单位数要达到 b_j。试问:应如何分配火力,才能使毁伤敌目标的效果最佳?

2.24 某作战单位有 M_1、M_2、M_3 三种火器拟分配给 A、B、C、D 四名射手,各射手使用不同火器的命中概率见表 2.5,试问如何安排,才能使总的射击效果最好?

表 2.5 不同火器的命中概率

火器 / 射手	A	B	C	D
M_1	0.4	0.9	0.8	0.5
M_2	0.9	0.8	0	0.2
M_3	0.6	0.8	0.7	0.8

第3章　动态规划

1952年，美国数学家贝尔曼(R. Bellman)对一类多阶段决策问题进行了大量研究，提出了解决这类问题的“最优化原理”，从而创建了解决最优化问题的动态规划新方法。他的名著《动态规划》于1957年出版，这是关于动态规划问题的第一本著作。

动态规划的主要思想是先把比较复杂的问题划分为若干阶段，然后逐段求解，最终求得全局最优解。这种“分而治之，逐步改善”的方法已在一些较难解决的问题中显示出其优越性，尤其是离散性问题，用动态规划去处理，比用线性规划和非线性规划方法有时更有效。迄今为止，动态规划已广泛应用于经济、生物、工程、军事等许多领域，并取得了很好的效果。

本章首先介绍什么是多阶段决策问题和动态规划的最优化原理，然后介绍动态规划构模和求解方法，最后给出动态规划在火力分配问题和战斗时间优化问题上的应用实例。

3.1　多阶段决策问题

动态规划是用来解决多阶段决策问题的方法，对于什么是多阶段决策问题，先给出下面的例子。

例3.1.1　最短行军路线问题。

如图3.1.1所示，给出一个线路网络，其两点连线上的数字表示两点之间的距离。某部队接受战斗任务要求用最短的时间由阵地A到阵地G。现在要求指挥员选择一条最短的行军路线，以完成在最短时间内由阵地A到G的任务。

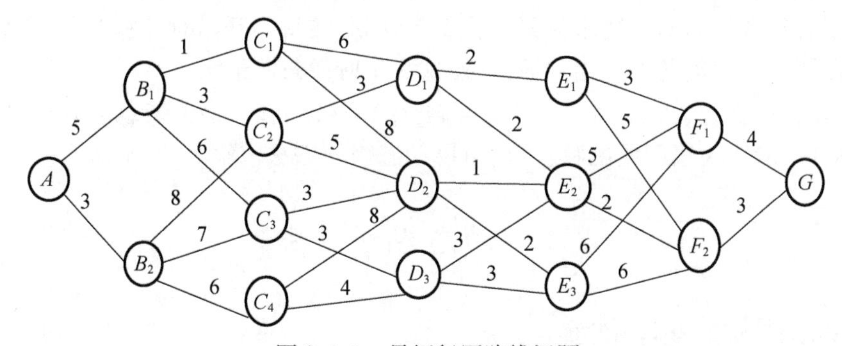

图3.1.1　最短行军路线问题

这个问题可看作是一个多阶段决策问题。下面我们对照这个例子来看一看它所具有的特点。

(1) 整个问题是一个过程，可划分为若干个互相联系的阶段。在这个例子中，我们的任务是要寻找从A到G的最短行军路线，整个寻找过程可分为6个阶段。

(2) 每一个阶段都需做出决策,并且一个阶段所做的决策常常影响下一阶段的决策,从而影响整个过程的活动路线。在第一阶段,从 A 出发有两条路线 AB_1,AB_2,这时需要在这两条路线中做出决策:走 AB_1 还是 AB_2。一旦做出决策走 AB_1,我们就进入第二阶段并且要在 B_1 点做出决策。如此下去,每一阶段都要做出决策。并且,后一阶段的决策是在前一阶段决策结果的基础上做出。

(3) 各个阶段所确定的决策就构成一个决策序列,通常称为一个策略,其效果可以用数量来衡量。例如,$AB_1C_1D_1E_1F_1G$ 是一个决策序列即为一个策略,效果可用线路上的距离之和 21 来表示。事实上,每条行军路线都是一个策略,效果就是距离。

(4) 多阶段决策问题就是要在允许选择的那些策略中,选择一个最优策略,使在预定的标准下达到最好的效果。这个例子要求在所有行军路线中选择一条最短的路径,而行军路线(策略)共有 $2\times3\times2\times2\times2\times1=48$(条)。比较直观的方法就是比较这些路线,从中找出一条距离最短的路径:$A\longrightarrow B_1\longrightarrow C_2\longrightarrow D_1\longrightarrow E_2\longrightarrow F_2\longrightarrow G$,其距离为 18。但当路径很多时,这样做太烦琐。本节将介绍解决这类问题的动态规划方法。

在多阶段决策问题中,各个阶段采取的决策,一般来说是与时间有关的,决策依赖于当前的状态,又随即引起状态的转移,一个决策序列就是在变化的状态中产生出来的,故有"动态"的含义,也因此把处理它的方法称为动态规划方法。但是,一些与时间没有关系的静态规划(如线性规划、非线性规划等)问题,只要人为地引进"时间"因素,也可把它视为多阶段决策问题。下面的例子是一个多阶段决策问题。

例 3.1.2 某类海军装备可以在高、低两种不同的负荷下使用。在高负荷下使用时,所得效益 s_1 与投入使用的设备数 u_1 的关系为

$$s_1=f(u_1)$$

机器的年完好率为 $\alpha(0<\alpha<1)$。在低负荷下使用时,所得效益 s_2 与投入使用的设备数 u_2 的关系为

$$s_2=g(u_2)$$

年完好率为 β。

假设现有设备数为 x_1。要求制订一个 5 年计划,在每年开始时,决定如何重新分配完好的设备在两种不同负荷下使用的数量,使这 5 年所得效益最大。

还有,如各种资源(人力、物力)分配问题、生产存储问题、最优装载问题、最优控制问题等,都具有多阶段决策问题的特性,均可用动态规划方法求解。

3.2 动态规划方法

3.2.1 动态规划的基本概念

为了更好地学习动态规划的方法,首先要掌握动态规划的下列基本概念和符号。

1. 阶段(stage)

求解多阶段决策问题必须把所给问题的过程恰当地划分为若干个相互联系的阶段,以便于求解。通常用 k 表示阶段变量($k=1,2,\cdots,n$),n 表示阶段总数。

在例 3.1.1 中,可将整个问题分为 6 个阶段进行求解,即 $n=6$,而 k 可取 $1,2,\cdots,6$。

第一阶段包括两条支路 AB_1 和 AB_2;第二阶段包括6条支路,依次类推。

2. 状态(state)

状态就是某一阶段的出发位置,同时它又是前一阶段的结束位置。用状态变量 X_k 表示第 k 阶段所有状态的集合,x_k 表示第 k 阶段的状态变量。若记状态集

$$X_k = \{x_k^1, x_k^2, \cdots, x_k^r\}$$

即第 k 阶段有 r 个状态,则 x_k 的取值集合就是 X_k。

在例3.1.1中,第一阶段只有一个状态 A,即状态集 $X_1 = \{A\}$。类似地,状态集 $X_3 = \{C_1, C_2, C_3, C_4\}$。

在例3.1.1中,状态 A 是第一阶段的始点,为初始状态;状态 G 是最后一个阶段的终点,为终止状态;其余状态既是该段某支路的始点,又是前一段某支路的终点,为中间状态。

3. 决策(decision)

决策就是某阶段的状态给定以后,从该状态演变到下一状态的选择。描述决策的变量称为决策变量。常用 $u_k(x_k)$ 表示第 k 阶段处于状态 x_k 时的决策,用 $U_k(x_k)$ 表示第 k 阶段处于状态 x_k 时的允许决策集合,显然有 $u_k(x_k) \in U_k(x_k)$。

在例3.1.1中,状态集 $X_2 = \{B_1, B_2\}$。从状态 B_1 出发,其允许决策集合为 $U_2(B_1) = \{C_1, C_2, C_3\}$。若做出决策向状态 C_2 走,则 $u_2(B_1) = C_2$。

4. 策略(policy)

由过程的第一阶段开始到终点为止的整个过程,称为问题的全过程。由每段的决策 $u_k(x_k)(k=1,2,\cdots,n)$ 组成的决策序列就称为全过程策略(简称策略),即

$$p_{1,n} = \{u_1(x_1), u_2(x_2), \cdots, u_n(x_n)\}$$

在例3.1.1中,$u_1(A) = B_1, u_2(B_1) = C_1, u_3(C_1) = D_1, u_4(D_1) = E_1, u_5(E_1) = F_1, u_6(F_1) = G$。由这些决策构成的决策序列

$$A \to B_1 \to C_1 \to D_1 \to E_1 \to F_1 \to G$$

就是一个策略。

由第 k 阶段到终点的过程称为原过程的后部子过程(或称为 k 子过程),其决策序列 $\{u_k(x_k), u_{k+1}(x_{k+1}), \cdots, u_n(x_n)\}$ 称为 k 子过程策略,即

$$p_{kn} = \{u_k(x_k), u_{k+1}(x_{k+1}), \cdots, u_n(x_n)\}$$

在例3.1.1中,$u_3(C_1) = D_1, u_4(D_1) = E_1, u_5(E_1) = F_1, u_6(F_1) = G$ 就是从第三阶段开始的子过程。

用 P 表示所有允许策略的集合,从中找出的效果最好的策略称为最优策略。

5. 状态转移方程

只要 x_k 及 u_k 一经确定,第 $k+1$ 阶段的状态变量 x_{k+1} 的值就完全确定,其关系式为

$$x_{k+1} = T_k(x_k, u_k)$$

这个关系式称为状态转移方程,表示第 k 阶段到第 $k+1$ 阶段状态的转移规律。

6. 指标函数

指标函数是一个定义在全过程策略和所有后部子过程策略上的数量函数,是评价一个策略效果的数量指标为

$$V_{kn} = V_{kn}(x_k, p_{kn}(x_k)) = V_{kn}(x_k, u_k, x_{k+1}, \cdots, x_{n+1}), k = 1, 2, \cdots, n$$

在例 3.1.1 中,用 $V_{kn}(x_k,p_{kn}(x_k))$ 表示在策略 $p_{kn}(x_k)$ 下从点 x_k 到终点 x_n 的距离。用 $f_k(x_k)$ 表示 V_{kn} 的最优值。在例 3.1.1 中,$f_2(B_1)$ 表示从 B_1 到终点的最短距离。

3.2.2 动态规划的基本思想

动态规划的最优化原理是由贝尔曼首先提出的,其基本表述是“作为整个过程的最优策略具有这样的性质:即无论过去的状态和决策如何,对前面的决策所形成的状态而言,余下的诸决策必须是最优策略。”

我们可以这样理解,在例 3.1.1 中,如果找到了从初始状态 A 到最终状态 G 的最短路线,那么这条线路一定过第 $k(k=2,3,4,5)$ 阶段的某个状态 x_k',那么在这条线路上从 x_k' 到终点的距离即为 x_k' 到终点的最短距离。由此启发我们,找最短线路的方法就是从最后一段开始,用由后向前逐步递推的方法,求出各点到终点的最短路线,从而得到从始点 A 到终点 G 的最短路线。因此,动态规划的方法就是从终点逐段向始点方向寻找最优策略的方法。

例 3.2.1 利用动态规划求解例 3.1.1。

解 用 $d_k(x_k,u_k)$ 表示状态 x_k 到点 $u_k(x_k)$ 的距离。

(1) 当 $k=6$ 时,$X_6=\{F_1,F_2\}$;用 $f_6(F_1)$ 表示第 6 阶段从状态 F_1 到终点 G 的最短距离,故可知

$$f_6(F_1)=4$$

同理,可得

$$f_6(F_2)=3$$

相应的决策为 $u_6(F_1)=G,u_6(F_2)=G$。

(2) 当 $k=5$ 时,$X_5=\{E_1,E_2,E_3\}$。若从 E_1 出发,则有两个选择:一个是到 F_1,另一个是到 F_2,则

$$f_5(E_1)=\min\begin{Bmatrix}d_5(E_1,F_1)+f_6(F_1)\\d_5(E_1,F_2)+f_6(F_2)\end{Bmatrix}=\min\begin{Bmatrix}3+4\\5+3\end{Bmatrix}=7$$

这说明 E_1 到 G 的最短距离是 7,最短路线为 $E_1\to F_1\to G$,相应的决策为 $u_5(E_1)=F_1$。

若从 E_2 出发,则

$$f_5(E_2)=\min\begin{Bmatrix}d_5(E_2,F_1)+f_6(F_1)\\d_5(E_2,F_2)+f_6(F_2)\end{Bmatrix}=\min\begin{Bmatrix}5+4\\2+3\end{Bmatrix}=5$$

这说明 E_2 到 G 的最短距离是 5,最短路线为 $E_2\to F_2\to G$,且 $u_5(E_2)=F_2$。

若从 E_3 出发,则

$$f_5(E_3)=\min\begin{Bmatrix}d_5(E_3,F_1)+f_6(F_1)\\d_5(E_3,F_2)+f_6(F_2)\end{Bmatrix}=\min\begin{Bmatrix}6+4\\6+3\end{Bmatrix}=9$$

这说明 E_2 到 G 的最短距离是 9,最短路线为 $E_3\to F_2\to G$,且 $u_5(E_3)=F_2$。

(3) 当 $k=4$ 时,$X_4=\{D_1,D_2,D_3\}$。分别以 D_1,D_2,D_3 为出发点进行计算。

若从 D_1 出发,则

$$f_4(D_1)=\min\begin{Bmatrix}d_4(D_1,E_1)+f_5(E_1)\\d_4(D_1,E_2)+f_5(E_2)\end{Bmatrix}=\min\begin{Bmatrix}2+7\\2+5\end{Bmatrix}=7$$

这说明 D_1 到 G 的最短距离是7,最短路线为 $D_1 \to E_2 \to F_2 \to G$,且 $u_4(D_1)=E_2$。

若从 D_2 出发,则

$$f_4(D_2)=\min\begin{Bmatrix} d_4(D_2,E_2)+f_5(E_2) \\ d_4(D_2,E_3)+f_5(E_3) \end{Bmatrix}=\min\begin{Bmatrix} 1+5 \\ 2+9 \end{Bmatrix}=6$$

这说明 D_2 到 G 的最短距离是6,最短路线为 $D_2 \to E_2 \to F_2 \to G$,且 $u_4(D_2)=E_2$。

若从 D_3 出发,则

$$f_4(D_3)=\min\begin{Bmatrix} d_4(D_3,E_2)+f_5(E_2) \\ d_4(D_3,E_3)+f_5(E_3) \end{Bmatrix}=\min\begin{Bmatrix} 3+5 \\ 3+9 \end{Bmatrix}=8$$

这说明 D_3 到 G 的最短距离是8,最短路线为 $D_3 \to E_2 \to F_2 \to G$,且 $u_4(D_3)=E_2$。

当 $k=3$ 时,$X_3=\{C_1,C_2,C_3,C_4\}$。分别以 C_1,C_2,C_3,C_4 为出发点来计算。

若从 C_1 出发,则

$$f_3(C_1)=\min\begin{Bmatrix} d_3(C_1,D_1)+f_4(D_1) \\ d_3(C_1,D_2)+f_4(D_2) \end{Bmatrix}=\min\begin{Bmatrix} 6+7 \\ 8+6 \end{Bmatrix}=13$$

这说明 C_1 到 G 的最短距离是13,最短路线为 $C_1 \to D_1 \to E_2 \to F_2 \to G$,且 $u_3(C_1)=D_1$。

若从 C_2 出发,则

$$f_3(C_2)=\min\begin{Bmatrix} d_3(C_2,D_1)+f_4(D_1) \\ d_3(C_2,D_2)+f_4(D_2) \end{Bmatrix}=\min\begin{Bmatrix} 3+7 \\ 5+6 \end{Bmatrix}=10$$

这说明 C_2 到 G 的最短距离是10,最短路线为 $C_2 \to D_1 \to E_2 \to F_2 \to G$,且 $u_3(C_2)=D_1$。

若从 C_3 出发,则

$$f_3(C_3)=\min\begin{Bmatrix} d_3(C_3,D_2)+f_4(D_2) \\ d_3(C_3,D_3)+f_4(D_3) \end{Bmatrix}=\min\begin{Bmatrix} 3+6 \\ 3+8 \end{Bmatrix}=9$$

这说明 C_3 到 G 的最短距离是9,最短路线为 $C_3 \to D_2 \to E_2 \to F_2 \to G$,且 $u_3(C_3)=D_2$。

若从 C_4 出发,则

$$f_3(C_4)=\min\begin{Bmatrix} d_3(C_4,D_2)+f_4(D_2) \\ d_3(C_4,D_3)+f_4(D_3) \end{Bmatrix}=\min\begin{Bmatrix} 8+6 \\ 4+8 \end{Bmatrix}=12$$

这说明 C_4 到 G 的最短距离是12,最短路线为 $C_4 \to D_3 \to E_2 \to F_2 \to G$,且 $u_3(C_4)=D_3$。

(4) 当 $k=2$ 时,$X_2=\{B_1,B_2\}$。分别以 B_1,B_2 为出发点进行计算。

若从 B_1 出发,则

$$f_2(B_1)=\min\begin{Bmatrix} d_2(B_1,C_1)+f_3(C_1) \\ d_2(B_1,C_2)+f_3(C_2) \\ d_2(B_1,C_3)+f_3(C_3) \end{Bmatrix}=\min\begin{Bmatrix} 1+13 \\ 3+10 \\ 6+9 \end{Bmatrix}=13$$

这说明 B_1 到 G 的最短距离是13,最短路线为 $B_1 \to C_2 \to D_1 \to E_2 \to F_2 \to G$,且 $u_2(B_1)=C_2$。

若从 B_2 出发,则

$$f_2(B_2)=\min\begin{Bmatrix} d_2(B_2,C_2)+f_3(C_2) \\ d_2(B_2,C_3)+f_3(C_3) \\ d_2(B_2,C_4)+f_3(C_4) \end{Bmatrix}=\min\begin{Bmatrix} 8+10 \\ 7+9 \\ 6+12 \end{Bmatrix}=16$$

这说明 B_2 到 G 的最短距离是16,最短路线为 $B_2 \to C_3 \to D_2 \to E_2 \to F_2 \to G$,且 $u_2(B_2)=C_3$。

（5）当 $k=1$ 时，出发点只有点 A，则

$$f_1(A)=\min\begin{Bmatrix}d_1(A,B_1)+f_2(B_1)\\d_1(A,B_2)+f_2(B_2)\end{Bmatrix}=\min\begin{Bmatrix}5+13\\3+16\end{Bmatrix}=18$$

因此，由 A 点到 G 点的最短距离为 18，最短路线为 $A\to B_1\to C_2\to D_1\to E_2\to F_2\to G$。

再按计算的顺序反推，可得最优策略序列 $\{u_k\}$，即由 $u_1(A)=B_1$，$u_2(B_1)=C_2$，$u_3(C_2)=D_1$，$u_4(D_1)=E_2$，$u_5(E_2)=F_2$，$u_6(F_2)=G$ 组成一个最优策略。

在上述计算过程中，每个阶段都利用了下面形式的递推关系：

$$\begin{cases}f_k(x_k)=\min\limits_{u_k(x_k)\in U_k(x_k)}\{d_k(x_k,u_k(x_k))+f_{k+1}(u_k(x_k))\},k=6,5,4,3,2,1\\f_7(G)=0\end{cases}$$

此递推关系式称为该问题的动态规划的基本（函数）方程。

下面将介绍什么样的问题能转化为多阶段决策问题，如何确定阶段、状态、策略等，以及一般的求解步骤。

3.2.3 构成动态规划模型的条件

对于最短行军路线问题，很容易看出它是一个多阶段决策问题，并可用动态规划方法求解。但事实上，要用动态规划方法去求解一个实际问题，首先必须根据题意，把它构造成动态规划的数学模型，这是非常重要的一步，也是很艰难的一步。

建立动态规划模型，除了要将实际问题划分为若干阶段（一般按时间、空间划分）外，还需要明确以下四个方面的问题。

（1）正确选择状态变量 x_k，使之满足以下几点。

① 能够用来描述受控过程的演变特征。

② 无后效性。所谓无后效性是指：如果某段状态给定，则在这段以后过程的发展不受前面各段状态的影响。也就是说，过程的历史只能通过当前的状态去影响它的未来发展，当前的状态就是未来过程的初始状态。例如，研究物体在受力以后空间运动的轨迹问题时，如果只选空间坐标 (x_k,y_k,z_k)，则在外力的作用下，即使知道外力的大小和方向，仍无法确定物体受力后的运动方向和轨迹，只有把位置 (x_k,y_k,z_k) 和速度 $(\dot{x}_k,\dot{y}_k,\dot{z}_k)$ 作为状态变量，才能确定物体下一步的运动方向和轨迹，满足无后效性。

③ 可知性，即状态变量的值是可以知道的。

（2）确定决策变量 u_k 及每段的允许决策集合 $U_k(x_k)=\{u_k\}$。

（3）写出状态转移方程 $x_{k+1}=T_k(x_k,u_k)$。

（4）根据题意，列出指标函数 V_{kn} 关系，并要满足递推性，即

$$V_{kn}(x_k,u_k,x_{k+1},\cdots,x_{n+1})=\psi[x_k,u_k,V_{k+1,n}(x_{k+1},u_{k+1},\cdots,x_{n+1})]$$

常见的指标函数是取各阶段指标和的形式，即

$$V_{kn}=\sum_{j=k}^{n}v_j(x_j,u_j)$$

式中，$v_j(x_j,u_j)$ 表示第 j 段的指标。

明确了以上 4 条，写出动态规划的基本方程

$$\begin{cases} f_k(x_k) = \underset{u_k(x_k)\in U_k(x_k)}{\text{opt}} \{v_k(x_k, u_k(x_k)) + f_{k+1}(T_k(x_k, u_k))\}, k = n, n-1, \cdots, 2, 1 \\ f_{n+1}(x_{n+1}) = 0 \end{cases}$$

式中：符号“opt”表示求最优值的意思，可根据实际需要选取为 min 或者 max 符号；x_{n+1}表示终点。

动态规划的模型建立后，求解的顺序是，根据动态规划基本方程，按照从后向前的逆序求解。

以下面例 3.2.2 可进一步了解动态规划的建模过程及求解步骤。

例 3.2.2　某类海军装备可以在高、低两种不同的负荷下使用。在高负荷下使用时，所得效益 s_1 与投入使用的设备数 u_1 的关系为 $s_1 = 8u_1$，年完好率为 0.7；在低负荷下使用时，所得效益 s_2 与投入使用的设备数 u_2 的关系为 $s_2 = 5u_2$，年完好率为 0.9。假设现有设备数为 $x_1 = 1000$ 件。要求制订一个 5 年计划，使这 5 年所得效益最大。

解　将整个问题按年度划分为 5 个阶段。设状态变量 x_k 为第 $k(k = 1, 2, \cdots, 5)$ 年度初拥有的设备数。设决策变量 u_k 为第 $k(k = 1, 2, \cdots, 5)$ 年度中高负荷使用的设备数，则 $x_k - u_k$ 为第 $k(k = 1, 2, \cdots, 5)$ 年度中低负荷使用的设备数。于是，状态转移方程为

$$x_{k+1} = 0.7u_k + 0.9(x_k - u_k), k = 1, 2, \cdots, 5$$

记第 k 年度允许决策的集合为 $D_k(x_k) = \{u_k | 0 \leqslant u_k \leqslant x_k\}$。用 $v_k(x_k, u_k)$ 表示第 k 年度的效益，则

$$v_k(x_k, u_k) = 8u_k + 5(x_k - u_k)$$

所以指标函数为 $V_{15} = \sum_{k=1}^{5} v_k(x_k, u_k)$。用 $f_k(x_k)$ 表示第 k 年度开始到第 5 年度结束时所得的最好效益。根据最优化原理，动态规划的基本方程为

$$\begin{cases} f_k(x_k) = \max\limits_{u_k\in D_k(x_k)} \{8u_k + 5(x_k - u_k) + f_{k+1}(0.7u_k + 0.9(x_k - u_k))\}, k = 5, 4, 3, 2, 1 \\ f_6(x_6) = 0 \end{cases}$$

当 $k = 5$ 时，由于

$$\begin{aligned} f_5(x_5) &= \max_{0\leqslant u_5\leqslant x_5} \{8u_5 + 5(x_5 - u_5) + f_6(0.7u_5 + 0.9(x_5 - u_5))\} \\ &= \max_{0\leqslant u_5\leqslant x_5} \{8u_5 + 5(x_5 - u_5)\} = \max_{0\leqslant u_5\leqslant x_5} \{3u_5 + 5x_5\} = 8x_5 \end{aligned}$$

则可得 $u_5^* = x_5$。

当 $k = 4$ 时，由于

$$\begin{aligned} f_4(x_4) &= \max_{0\leqslant u_4\leqslant x_4} \{8u_4 + 5(x_4 - u_4) + f_5(0.7u_4 + 0.9(x_4 - u_4))\} \\ &= \max_{0\leqslant u_4\leqslant x_4} \{8u_4 + 5(x_4 - u_4) + 8[0.7u_4 + 0.9(x_4 - u_4)]\} \\ &= \max_{0\leqslant u_4\leqslant x_4} \{1.4u_4 + 12.2x_4\} \\ &= 13.6x_4 \end{aligned}$$

则可得 $u_4^* = x_4$。

依次类推，可得

$$u_3^* = x_3, f_3(x_3) = 17.5x_3$$

$$u_2^* = 0, f_2(x_2) = 20.8x_2$$

$$u_1^* = 0, f_1(x_1) = 23.7x_1$$

因为 $x_1=1000$，所以 $f_1(x_1)=23700$。每年初的设备数为

$$x_1=1000(\text{件})$$

$$x_2=0.7u_1^*+0.9(x_1-u_1^*)=0.9x_1=900(\text{件})$$

$$x_3=0.7u_2^*+0.9(x_2-u_2^*)=0.9x_2=810(\text{件})$$

$$x_4=0.7u_3^*+0.9(x_3-u_3^*)=0.7x_3=567(\text{件})$$

$$x_5=0.7u_4^*+0.9(x_4-u_4^*)=0.7x_4=397(\text{件})$$

$$x_6=0.7u_5^*+0.9(x_5-u_5^*)=0.7x_5=278(\text{件})$$

相应的最优策略为

$$u_1^*=0,u_2^*=0,u_3^*=810(\text{件}),u_4^*=567(\text{件}),u_5^*=397(\text{件})$$

即前两年年初应把全部完好的设备投入到低负荷使用，后 3 年年初应把全部完好的设备投入到高负荷使用，这样所得的最大效益值为 23700。

3.3 动态规划在军事问题上的应用

动态规划是分析问题的一种途径，用动态规划解决一个实际问题，必须按照动态规划解决问题的步骤对问题进行分析、建模和求解。因此，应用动态规划，必须具体问题具体分析，以针对性、创造性的技巧解决实际问题。下面介绍两个应用动态规划解决军事问题的实例。

3.3.1 火力分配问题

火力分配是水面舰艇综合防御的典型问题，一般可分为对空火力分配、对海火力分配等，所解决的问题是根据敌目标对我的威胁程度大小，决定对哪个目标使用哪种武器、使毁伤目标的总效益最大。使用动态规划方法可解决这类问题。

例 3.3.1 我方舰艇编队计划用 5 枚同型导弹攻击舰艇编队的 4 个目标，u_k 表示向敌目标 k 发射的导弹数，每个目标的价值为 c_k，第 k 个目标被击毁的概率可用 $P_k=1-e^{-a_ku_k}$ 表示，其中参数 c_k 与 a_k 的具体值见表 3.3.1。现要求做出导弹的分配方案，使毁伤敌目标的效果最好。

表 3.3.1 参数 c_k 与 a_k 的具体值

目标 k	1	2	3	4
c_k	8	7	6	3
a_k	0.2	0.3	0.5	0.9

解 根据题意，列出火力分配的非线性规划模型为

$$\max V=\sum_{k=1}^{4}c_k(1-e^{-a_ku_k})$$

$$\begin{cases}u_1+u_2+u_3+u_4=5\\u_1,u_2,u_3,u_4\geqslant 0\end{cases}$$

下面，用动态规划方法求解这个问题。现把整个分配问题看成一个过程，而这个过程

分为 4 个阶段。第 k 阶段表示将导弹分配攻打第 k 个目标($k=1,2,3,4$)。

设 x_k 为状态变量,表示分配给第 k 个敌目标到第 4 个敌目标的总导弹数;u_k 为第 k 阶段的决策变量,表示向敌目标 k 发射的导弹数。x_k 与 u_k 均为非负整数,且 $0 \leqslant u_k \leqslant x_k$。

易知,状态转移方程为

$$x_{k+1} = x_k - u_k$$

第 k 阶段指标函数记作 $v_k(u_k) = c_k(1 - e^{-a_k u_k})$,表示对第 k 个目标的毁伤效果。将 x_k 枚导弹分配给第 k 个目标到第 4 个目标的最大毁伤效果记作 $f_k(x_k)$。于是,动态规划的基本方程为

$$\begin{cases} f_k(x_k) = \max\limits_{0 \leqslant u_k \leqslant x_k} \{v_k(u_k) + f_{k+1}(x_k - u_k)\}, k = 4,3,2,1 \\ f_5(x_5) = 0 \end{cases}$$

各阶段的指标函数可具体地写成为

$$v_1(u_1) = 8(1 - e^{-0.2u_1})$$
$$v_2(u_2) = 7(1 - e^{-0.3u_2})$$
$$v_3(u_3) = 6(1 - e^{-0.5u_3})$$
$$v_4(u_4) = 3(1 - e^{-0.9u_4})$$

式中,u_k 的可能取值范围为 $0 \leqslant u_k \leqslant 5$,且为整数。根据指标函数,可计算出各阶段的指标函数值见表 3.3.2。

表 3.3.2　各阶段的指标函数值

u_k	$v_1(u_1)$	$v_2(u_2)$	$v_3(u_3)$	$v_4(u_4)$
0	0	0	0	0
1	1.45	1.81	2.36	1.78
2	2.64	3.16	3.79	2.50
3	3.61	4.15	4.66	2.80
4	4.41	4.89	5.19	2.92
5	5.06	5.44	5.51	2.97

由动态规划基本方程可具体计算如下。

第 4 阶段:将 x_4 枚导弹全部分配给第 4 个目标将达到最佳毁伤效果,最佳毁伤效果为 $f_4(x_4) = v_4(x_4)$。因此,可得到的最大毁伤效果见表 3.3.3。

表 3.3.3　第 4 阶段毁伤效果

阶段	x_4	u_4^*	$f_4(x_4)$
4(目标 4)	0	0	0
	1	1	1.78
	2	2	2.50
	3	3	2.80
	4	4	2.92
	5	5	2.97

第3阶段：由 $f_3(x_3)=\max\limits_{0\leqslant u_3\leqslant x_3}\{v_3(u_3)+f_4(x_3-u_3)\}$ 可得

$$\begin{aligned}f_3(0)&=\max_{u_3=0}\{v_3(u_3)+f_4(0-u_3)\}\\&=v_3(0)+f_4(0)\\&=0\end{aligned}$$

从而可知，$u_3^*=0$。

又由

$$\begin{aligned}f_3(1)&=\max_{0\leqslant u_3\leqslant 1}\{v_3(u_3)+f_4(1-u_3)\}\\&=\max\{v_3(0)+f_4(1),v_3(1)+f_4(0)\}\\&=\max\{0+1.78,2.36+0\}\\&=2.36\end{aligned}$$

可得 $u_3^*=1$。

由

$$\begin{aligned}f_3(2)&=\max_{0\leqslant u_3\leqslant 2}\{v_3(u_3)+f_4(2-u_3)\}\\&=\max\{v_3(0)+f_4(2),v_3(1)+f_4(1),v_3(2)+f_4(0)\}\\&=\max\{0+2.50,2.36+1.78,3.79+0\}\\&=4.14\end{aligned}$$

可得 $u_3^*=1$。

由

$$\begin{aligned}f_3(3)&=\max_{0\leqslant u_3\leqslant 3}\{v_3(u_3)+f_4(3-u_3)\}\\&=\max\{v_3(0)+f_4(3),v_3(1)+f_4(2),v_3(2)+f_4(1),v_3(3)+f_4(0)\}\\&=\max\{0+2.80,2.36+2.50,3.79+1.78,4.66+0\}\\&=5.75\end{aligned}$$

可得 $u_3^*=2$。

由

$$f_3(4)=\max_{0\leqslant u_3\leqslant 4}\{v_3(u_3)+f_4(4-u_3)\}=6.44$$

可得 $u_3^*=3$。

由

$$f_3(5)=\max_{0\leqslant u_3\leqslant 5}\{v_3(u_3)+f_4(5-u_3)\}=7.16$$

可得 $u_3^*=3$。

整个计算结果可用表格描述，见表3.3.4。

表3.3.4　第3阶段毁伤效果

阶段	x_3	u_3^*	$f_3(x_3)$
3(目标3)	0	0	0
	1	1	2.36
	2	1	4.14
	3	2	5.57
	4	3	6.44
	5	3	7.16

类似地，由 $f_2(x_2)=\max\limits_{0\leqslant u_2\leqslant x_2}\{v_2(u_2)+f_3(x_2-u_2)\}$ 可得第2阶段的计算结果，见表3.3.5。

表3.3.5　第2阶段毁伤效果

阶段	x_2	u_2^*	$f_2(x_2)$
2(目标2)	0	0	0
	1	0	2.36
	2	1	4.17
	3	1	5.95
	4	1	7.38
	5	2	8.73

由 $f_1(x_1)=\max\limits_{0\leqslant u_1\leqslant x_1}\{v_1(u_1)+f_2(x_1-u_1)\}$ 可得第1阶段的计算结果，见表3.3.6。

表3.3.6　第1阶段毁伤效果

阶段	x_1	u_1^*	$f_1(x_1)$
1(目标1)	5	1	8.83

由后向前反推回去可得：在第1阶段，$x_1=5$，$u_1^*=1$；在第2阶段，$x_2=5-1=4$，$u_2^*=1$；在第3阶段，$x_3=4-1=3$，$u_3^*=2$；在第4阶段，$x_4=3-2=1$，$u_4^*=1$。所以最优分配方案是$\{1,1,2,1\}$，最好毁伤效果为8.83。

一般地，一维火力分配问题可归结为：有某种武备，总数为 a，用于攻击 n 个目标。设当攻击第 k 个目标的数量为 u_k 时，其毁伤效益为 $g_k(u_k)$。试问：如何分配武备，使毁伤目标的总效益最大。于是，可建立如下的静态规划模型

$$\max V=g_1(u_1)+g_2(u_2)+\cdots+g_n(u_n)$$

$$\begin{cases}u_1+u_2+\cdots+u_n=a\\u_1,u_2,\cdots,u_n\geqslant 0\end{cases}$$

用动态规划方法处理这类问题时，常把武备分配给一个或几个目标的过程作为一个阶段，把规划问题中的变量取为决策变量，将累计的量或随递推过程变化的量作为状态变量。

设状态变量 x_k 表示用于攻击第 k 个目标到第 n 个目标的武备数，决策变量 u_k 表示用于攻击第 k 个目标的武备数。第 k 阶段的允许决策集合为

$$U_k(x_k)=\{u_k|0\leqslant u_k\leqslant x_k\}$$

状态转移方程为

$$x_{k+1}=x_k-u_k$$

用 $f_k(x_k)$ 表示将数量为 x_k 的武备分配给第 k 个目标到第 n 个目标时的最佳毁伤效果。动态规划的基本方程为

$$\begin{cases}f_k(x_k)=\max\limits_{0\leqslant u_k\leqslant x_k}\{g_k(u_k)+f_{k+1}(x_k-u_k)\},\ k=n,n-1,n-2,\cdots,1\\f_{n+1}(x_{n+1})=0\end{cases}$$

当 $g_k(u_k)$ 是线性函数或凸函数时，不难求出 $f_k(x_k)$ 的表达式，否则，很难求出 $f_k(x_k)$

的表达式。这时,可以将问题离散化。具体方法是把区间[0,a]进行分割,令 $x_k=0,\Delta,2\Delta,\cdots,m\Delta(=a)$,分割的尺度根据计算精度和计算机容量来确定。然后规定所有的 $f_k(x_k)$ 只在这些分割点上取值,u_k 也只取这些值,这时上式变为

$$\begin{cases} f_k(x_k)=\max\limits_{p=0,1,2,\cdots,m}\{g_k(p\Delta)+f_{k+1}(x_k-p\Delta)\},\ k=n-1,n-2,\cdots,1 \\ f_n(x_n)=g_n(x_n) \end{cases}$$

式中,$x_k=p\Delta$。

在分割点 $x_k=0,\Delta,2\Delta,\cdots,m\Delta(=a)$ 依次计算 $f_k(x_k)(k=n-1,n-2,\cdots,1)$。最后再从后往前反推可得到最优策略。

3.3.2 战斗时间的优化问题

战斗时间的优化问题可描述如下:设有相同的 m 个兵力单位同时行动,完成 n 项战斗任务。要求每项任务至少应有一个兵力单位去执行,否则该任务不能完成。现设 $m\geqslant n$。要求制订一个兵力分配方案,使完成整个战斗任务的时间最短。

设完成第 k 项战斗任务的时间 t_k 是用于第 k 项战斗任务的兵力单位数 $u_k(k=1,2,\cdots,n)$ 的函数,即

$$t_k=T_k(u_k)$$

整个战斗过程的时间就是费时最久的那项任务的完成时间,即 $\max\limits_{1\leqslant k\leqslant n}\{T_k(u_k)\}$。由于每项任务至少应有一个兵力单位去执行,所以,$u_k$ 为整数,且 $1\leqslant u_k\leqslant m-n+1$。

于是,可建立该问题的非线性规划模型为

$$\min\{\max_{1\leqslant k\leqslant n}T_k(u_k)\}$$

$$\begin{cases} \sum\limits_{k=1}^{n}u_k=m \\ 1\leqslant u_k\leqslant m-n+1 \end{cases}$$

下面用动态规划的方法求解。为此,建立它的动态规划模型。

按照 n 项战斗任务划分阶段,完成第 k 项战斗任务就表示第 k 阶段,阶段变量为 $k(k=1,2,\cdots,n)$。设决策变量 u_k(正整数)表示分配给第 k 阶段的兵力单位数,状态变量 x_k(非负整数)表示分配给第 k 项至第 n 项战斗任务的兵力单位总数。显然,对于 $k=2,3,\cdots,n$,有

$$n-k+1\leqslant x_k\leqslant m-k+1$$

且 $x_1=m$。状态转移方程为

$$x_{k+1}=x_k-u_k$$

允许决策集合为

$$U_k(x_k)=\{u_k|1\leqslant u_k\leqslant\min(x_k,m-n+1)\}$$

阶段指标函数

$$v_k(u_k)=T_k(u_k)$$

表示分配 u_k 单位兵力完成第 k 项任务所需时间。用 $f_k(x_k)$ 表示把 x_k 单位兵力分配给第 k 项至第 n 项战斗任务时完成任务的最短时间,因此

$$f_k(x_k)=\min_{u_k\in U_k(x_k)}\max\{T_k(u_k),f_{k+1}(x_k-u_k)\}$$

根据动态规划最优化原理，建立动态规划的基本方程为

$$\begin{cases}f_k(x_k)=\min\limits_{u_k\in U_k(x_k)}\max\{T_k(u_k),f_{k+1}(x_k-u_k)\},k=n-1,n-2,\cdots,2,1\\f_n(x_n)=T_n(u_n)\end{cases}$$

例 3.3.2（舰艇编队对岸炮火攻击的时间最短问题）　设我水面舰艇编队组织 10 座相同口径的主炮（双联装）同时对敌岸上目标实施破坏性炮火射击。目标按其类型与分布（如岸炮群、碉堡群、铁桥、指挥所等）分为 4 组。每组被摧毁的必须命中炮弹数 ω_k 及我炮群对其射击的单发命中概率 p_k 见表 3.3.7。我炮弹发射率为单管 25 发/min。要求制定一个战斗时间最短的兵力配置方案。

表 3.3.7　平均必须命中炮弹数与单发命中概率

指标 \ 目标	1	2	3	4
ω_k	100	5	9	15
p_k	0.20	0.005	0.03	0.02

解　由于舰炮对岸上目标射击的效果通常用射击命中数的期望值，即预期平均命中数 M 来衡量 $M=NP$，而战斗方案应使得平均命中数 M 等于平均必须命中炮弹数 ω，故有 $NP=\omega$。其中，P 为单发命中概率，N 为射击弹数，且 $N=2ust$。其中，u 为投入的主炮座数，s 为单管发射率，t 为射击时间。于是，可得射击时间为

$$t=\frac{\omega}{2spu}$$

由此可得，射击第 k 组目标的时间为

$$t_k=\frac{c_k}{u_k}=T_k(u_k)$$

其中

$$c_k=\frac{\omega_k}{2sp_k}$$

由表 3.3.7 可以计算出：$c_1=10,c_2=20,c_3=6,c_4=15$。

在 $1\leqslant u_k\leqslant 10-4+1=7$ 的条件下，计算各段 $t_k=T_k(u_k)$ 的数值见表 3.3.8。

表 3.3.8　时间 t_k 计算结果

u_k \ tu/s \ $T_k(u_k)$	$T_1(u_1)$	$T_2(u_2)$	$T_3(u_3)$	$T_4(u_4)$
1	10.00	20.00	6.00	15.00
2	5.00	10.00	3.00	7.50
3	3.33	6.67	2.00	5.00
4	2.50	5.00	1.50	3.75
5	2.00	4.00	1.20	3.00
6	1.67	3.33	1.00	2.50
7	1.43	2.86	0.86	2.14

列出动态规划的基本方程为

$$\begin{cases} f_k(x_k) = \min\limits_{u_k \in U_k(x_k)} \max\{T_k(u_k), f_{k+1}(x_k - u_k)\}, k = 3,2,1 \\ f_4(x_4) = T_k(u_4) \end{cases}$$

当 $k=4$ 时,有关系式 $f_4(x_4) = T_4(u_4)$,其中 $1 \leqslant x_4 \leqslant 7$。于是,可得到最优决策 $u_4^* = x_4$,计算结果见表 3.3.9。

表 3.3.9　第 4 阶段计算结果

阶段	x_4	u_4^*	$f_4(x_4)$
4(目标4)	1	1	15.00
	2	2	7.50
	3	3	5.00
	4	4	3.75
	5	5	3.00
	6	6	2.50
	7	7	2.14

当 $k=3$ 时,有 $f_3(x_3) = \min\limits_{u_3 \in U_3(x_3)} \max\{T_3(u_3), f_4(x_3 - u_3)\}$,$2 \leqslant x_3 \leqslant 8$。于是,根据

$$\begin{aligned} f_3(2) &= \min_{1 \leqslant u_3 \leqslant 2} \max\{T_3(u_3), f_4(2 - u_3)\} \\ &= \min\max\{T_3(1), f_4(1)\}, \max\{T_3(2), f_4(0)\}\} \\ &= \min\{\max\{6.00, 15.00\}, \max\{300, \infty\}\} \\ &= \min\{15.00, \infty\} = 15.00 \end{aligned}$$

可得 $u_3^* = 1$。

由

$$\begin{aligned} f_3(3) &= \min_{1 \leqslant u_3 \leqslant 3} \max\{T_3(u_3), f_4(3 - u_3)\} \\ &= \min\{\max\{T_3(1), f_4(2)\}, \max\{T_3(2), f_4(1)\}, \\ &\quad \max\{T_3(3), f_4(0)\}\} \\ &= \min\{7.50, 15.00, \infty\} = 7.50 \end{aligned}$$

可得 $u_3^* = 1$。

类似地,由

$$\begin{aligned} f_3(4) &= \min_{1 \leqslant u_3 \leqslant 4} \{\max\{T_3(u_3), f_4(4 - u_3)\}\} \\ &= \min\{\max\{T_3(1), f_4(3)\}, \max\{T_3(2), f_4(2)\}, \\ &\quad \max\{T_3(3), f_4(1)\}, \max\{T_3(4), f_4(0)\}\} \\ &= \min\{6.00, 7.50, 15.00, \infty\} = 6.00 \end{aligned}$$

可得 $u_3^* = 1$。

同样地,可把计算结果用表格进行描述,见表 3.3.10。

表3.3.10 第3阶段计算结果

阶段	x_3	u_3^*	$f_3(x_3)$
3(目标3)	2	1	15.00
	3	1	7.50
	4	1	6.00
	5	2	5.00
	6	2	3.75
	7	2	3.00
	8	2,3	3.00

当 $k=2$ 时,有 $f_2(x_2)=\min\limits_{u_2\in U_2(x_2)}\max\{T_2(u_2),f_3(x_2-u_2)\}$,$3\leqslant x_2\leqslant 9$。类似地,可得到计算结果,见表3.3.11。

表3.3.11 第2阶段计算结果

阶段	x_2	u_2^*	$f_2(x_2)$
2(目标2)	3	1	20.00
	4	2	15.00
	5	2	10.00
	6	3	7.50
	7	3	6.67
	8	4	6.00
	9	4	5.00

当 $k=1$ 时,有 $f_1(x_1)=\min\limits_{u_1\in U_1(x_1)}\max\{T_1(u_1),f_2(x_1-u_1)\}$,$x_1=10$。于是,根据

$$\begin{aligned}f_1(10)&=\min_{1\leqslant u_1\leqslant 7}\max\{T_1(u_1),f_2(10-u_1)\}\\&=\min\{10.00,6.00,6.67,7.50,10.00,15.00,20.00\}\\&=6.00\end{aligned}$$

可得 $u_1^*=2$。

反推回去可得如下结果:

$$x_1=10,u_1^*=2$$

$$x_2=x_1-u_1^*=8,u_2^*=4$$

$$x_3=x_2-u_2^*=4,u_3^*=1$$

$$x_4=x_3-u_3^*=3,u_4^*=3$$

于是,10座主炮射击四组目标的最优分配方案为

$$u_1^*=2,u_2^*=4,u_3^*=1,u_4^*=3$$

完成整个战斗任务的最短时间为6s。

本章小结

本章介绍的主要内容包括:①多阶段决策问题;②动态规划方法;③动态规划在军事问题上的应用。

本章首先以最短行军路线问题为牵引,介绍了什么是多阶段决策问题的概念,指出多阶段决策问题是决策过程具有典型阶段特性的一类决策问题,一般情况下可以采用动态规划方法进行求解。然后以最短行军路线问题为例,介绍了动态规划的相关概念,提出了动态规划的最优化原理,给出了动态规划模型的建立方法和求解过程。最后针对动态规划的军事应用,本章介绍了动态规划在火力分配和战斗时间优化两个方面的应用,包括了模型建立过程和模型求解过程。

习　题

3.1　设某部队从国外进口一部装备,由装备制造厂到出口港有三个港口可供选择,而进口港又有三个可供选择,进口后经由两个城市运到目的地,其间的运输成本如图 3.1 中数据所示。试求运费最低廉的路线?

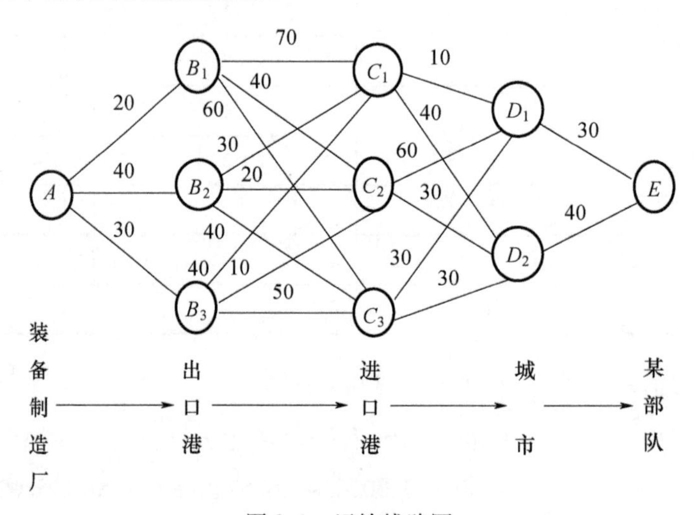

图 3.1　运输线路图

3.2　计算如图 3.2 所示的从 A 到 E 的最短路线及其长度。

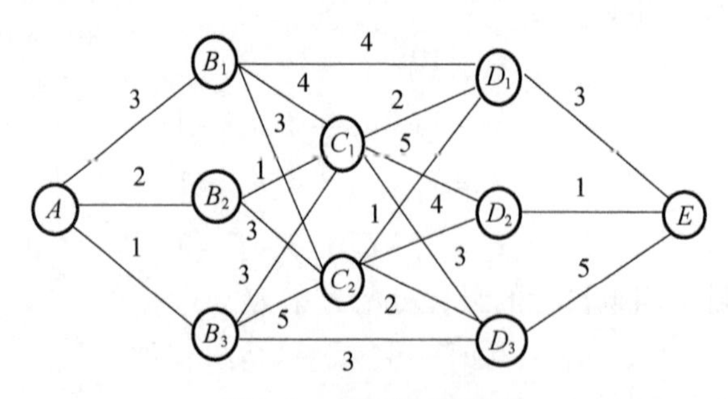

图 3.2　最短路线问题

3.3　用动态规划求解下列问题。

(1)
$$\max z = 4x_1^2 - x_2^2 + 2x_3^2 + 12$$
$$\begin{cases} 3x_1 + 2x_2 + x_3 = 9 \\ x_i \geqslant 0, i = 1,2,3 \end{cases}$$

(2)
$$\max z = 4x_1 + 9x_2 + 2x_3^2$$
$$\begin{cases} 2x_1 + 4x_2 + 3x_3 \leqslant 10 \\ x_i \geqslant 0, i = 1,2,3 \end{cases}$$

3.4　某团组织三个战斗小组准备用不同方法去完成同一项战斗任务,它们失败的概率各为0.4、0.6、0.8,为了减少三个小组都失败的可能性,团首长决定给三个小组增派得力作战参谋,参谋到各小组后,各小组失败概率见表3.1,试问:如何分派这两名参谋才能使三个小组都失败的概率(该项战斗最终不能完成的概率)最小?

表3.1　参谋数与各小组失败概率的关系

作战参谋数	小组		
	1	2	3
0	0.4	0.6	0.8
1	0.2	0.4	0.5
2	0.15	0.2	0.3

第4章 对 策 论

对策论是研究对策现象的数学理论和方法。对策现象就是带有冲突、竞争、对抗等性质的现象。在这些现象中,一般都是两个或两个以上的具有决策权的参加者在某种对抗性或竞争性的场合下各自做出决策,使自己的一方得到尽可能有利的结果。对策现象是广泛存在的,在日常生活中如下棋、打扑克、体育比赛;在政治方面,形形色色的外交谈判;在经济方面,工农业生产中的竞争与决策;在军事上的应用就更多了,如兵力分配、攻击点顺序选择、真假目标识别等。

本章首先介绍对策现象的三要素和对策的分类,然后重点介绍矩阵对策的概念和求解方法。

4.1 对策论的基本概念

4.1.1 对策论的发展简况

1912 年,泽墨罗(E. Zermelo)用集合论的方法研究过下棋。法国数学家波雷尔(Borel)在 1921 年也用数学方法研究过下棋时的个别现象,并且引入了"最优策略"的概念。

20 世纪 40 年代以来,由于生产与战争的需要,运筹学的各学科纷纷出现,特别是战争中兵力的调配、军队的部署、监视对方、侦察对方兵器等活动,迫切要求战争的指挥者制定最好方案,用已有的条件去取得较大的胜利,于是方案对策论的数学模型很快就形成了。

1944 年,冯·诺伊曼和摩根斯特恩把对策论与经济数学的研究进行了总结,合著了《对策论与经济行为》。这本书被认为是对策论的奠基性著作。从此,对策论的研究才进入系统化与公理化阶段。

1957 年,卢斯(R. D. Luce)和拉弗(h. Raiffa)合著的《对策与决策》(《Games and Decisions》)是对策论的另一部经典性著作。

1994 年,美国普林斯顿大学的约·纳什(J. Nash)博士、加利福尼亚大学的约·豪尔绍尼(J. Harhanyi)教授和德国波恩大学的泽尔滕(R. Selten)教授因对博弈论(即对策论)的发展和应用做出的重大贡献而荣获诺贝尔经济学奖。其中,纳什博士所创立的"纳什均衡论"已成为观察和分析经济竞争的一种战略模式;豪尔绍尼教授阐述了在没有得到完整信息的条件下,如何判断对手的目标和行为,这一理论促进了信息经济学的发展;泽尔滕教授则从战略上考虑,对"纳什均衡论"进行加工提炼,使其更好地解决实际问题。

4.1.2 对策现象的三要素

为了能具体地理解对策论的本质和概念,介绍下面一个例子。

例 4.1.1(齐王和田忌赛马)　战国时期,齐国的国王与国内一个名叫田忌的大将进行赛马。双方约定,各自出三匹马,分别为三个等级,即上等马、中等马、下等马。比赛时,每次双方各从自己的三匹马中任选一匹来比,输者要付给胜者一千两黄金,一回赛三次,每匹马都参加。

当时,三种不同等级的马相差非常悬殊,而同等级的马中,齐王的马比田忌的马要强。这样,如果齐王和田忌都是按上、中、下等马依次参赛的话,田忌就会输掉三千两黄金。这时,田忌的谋士给田忌出了个主意,让田忌用下等马去与齐王的上等马比赛,上等马对齐王的中等马,中等马对齐王的下等马。结果是齐王不但没有赢,反而输了一千两黄金。

从这个例子以及形形色色的冲突或竞争现象中,可以抽象出对策现象的三要素。

1. 局中人

在一场竞争中具有决策权的参加者称为局中人。

在齐王和田忌赛马的故事中,齐王和田忌就是局中人。局中人必须是具有决策权的人,而出谋献策的人不能称为局中人,在例 4.1.1 中,尽管田忌的谋士参与了赛马这件事,但因其是通过田忌才能实现其决策,因此谋士不能称为局中人,而田忌是局中人。

局中人除了可以理解为个人外,也可以理解为集体(如球队、交战国),各种生物,甚至大自然。如生产斗争中,常常是人与大自然形成了对立面,那么人类是局中人,而大自然也被看成局中人。

只有两个局中人的对策称为二人对策,而多于两个局中人的对策称为多人对策。根据局中人之间是否允许合作来分,还有结盟对策和不结盟对策等。

2. 策略

局中人在整个竞争过程中对付对手的一个办法称为这个局中人的一个策略。局中人一切可能的策略,组成该局中人的策略集合。

策略不是某一步的行动方案,而是局中人的一个可行的、自始至终的、通盘筹划的行动方案。例如,在下象棋中,“当头炮”只是某个策略的组成部分,并非一个策略。

在齐王和田忌赛马的例子中,三匹马排列的一个次序就是一个完整的行动方案,被称为一个策略。如(上、中、下)表示上等马先赛,其次是中等马,最后比赛的是下等马。显然,每个局中人有 6 个策略:①(上、中、下);②(上、下、中);③(中、上、下);④(中、下、上);⑤(下、中、上);⑥(下、上、中)。这些策略的全体就是局中人的策略集合。

如果在一局对策中,每个局中人的策略集是有限的,那么这个对策称为有限对策。否则,称为无限对策。例 4.1.1 的对策就是一个有限对策。

3. 一局的得失

在对策中,每个局中人取定一个策略后组成的策略组,称为一个局势。每个局中人的得失是局势的函数,称为赢得函数或支付函数。

在例 4.1.1 中,当齐王选取策略(上、中、下),而田忌选取策略(下、中、上)时,那么齐王的策略(上、中、下)与田忌的策略(下、中、上)构成的策略组((上、中、下),(下、中、上))就是一个局势。在这个局势下,齐王的赢得是一千两黄金,而田忌的赢得是负的一千两黄金即损失是一千两黄金。

4.1.3 对策的分类

对策分为静态对策与动态对策两大类，静态对策分结盟与不结盟两种，不结盟对策又根据局中人的数目、策略集是否有限、得失函数之和是否为零，分成多种类型的对策模型。动态对策有微分对策。对策分类可用一个框图直观表示，如图 4.1.1 所示。

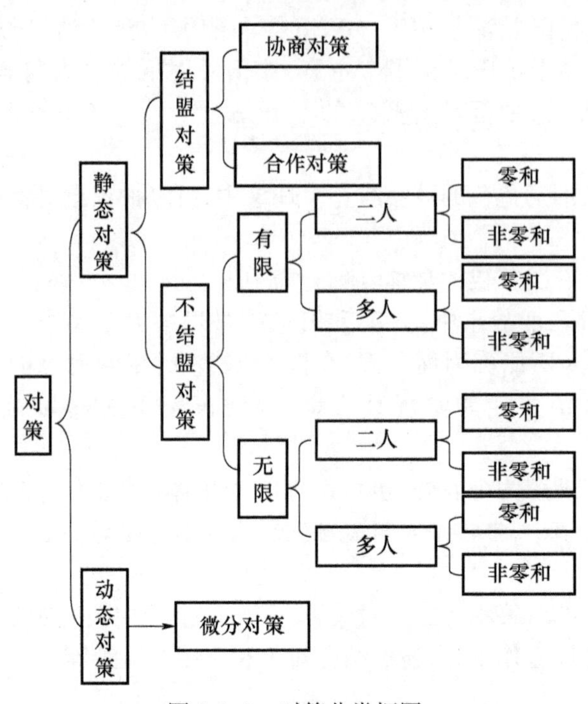

图 4.1.1 对策分类框图

4.2 矩阵对策

4.2.1 矩阵对策的基本概念

矩阵对策又称为二人零和有限对策，其一般定义如下。

定义 4.2.1 设有两个局中人进行对策，局中人Ⅰ有 m 个纯策略 $\alpha_1,\alpha_2,\cdots,\alpha_m$；局中人Ⅱ有 n 个纯策略 $\beta_1,\beta_2,\cdots,\beta_n$。在每一局对策中，局中人Ⅰ的赢得是局中人Ⅱ的损失，即局中人Ⅰ和局中人Ⅱ的赢得之和为 0，这种对策称为矩阵对策，记为 $\boldsymbol{\Gamma}(\boldsymbol{S}_1,\boldsymbol{S}_2;\boldsymbol{A})$，有时也简称为矩阵对策 $\boldsymbol{\Gamma}$。

(1) 集合 $\boldsymbol{S}_1=\{\boldsymbol{\alpha}_1,\boldsymbol{\alpha}_2,\cdots,\boldsymbol{\alpha}_m\}$，$\boldsymbol{S}_2=\{\boldsymbol{\beta}_1,\boldsymbol{\beta}_2,\cdots,\boldsymbol{\beta}_n\}$ 分别称为局中人Ⅰ和局中人Ⅱ的纯策略集。

(2) 矩阵 $\boldsymbol{A}=(a_{ij})_{m\times n}$ 称为对策的赢得矩阵，这里 a_{ij} 是纯局势 (α_i,β_j) 下局中人Ⅰ的赢得。

例 4.2.1 写出例 4.1.1 的矩阵对策模型。

解 根据 4.1 节的分析可知，齐王的策略集为 $\boldsymbol{S}_1=\{\alpha_1,\alpha_2,\cdots,\alpha_6\}$，其中 $\alpha_1=($上、

中、下），α_2 =（上、下、中），α_3 =（中、上、下），α_4 =（中、下、上），α_5 =（下、中、上），α_6 =（下、上、中）。

田忌的策略集为 $S_2=\{\beta_1,\beta_2,\cdots,\beta_6\}$，其中 β_1 =（上、中、下），β_2 =（上、下、中），β_3 =（中、上、下），β_4 =（中、下、上），β_5 =（下、中、上），β_6 =（下、上、中）。

齐王的赢得矩阵为

$$
\boldsymbol{A}=\begin{pmatrix}
3 & 1 & 1 & 1 & 1 & -1\\
1 & 3 & 1 & 1 & -1 & 1\\
1 & -1 & 3 & 1 & 1 & 1\\
-1 & 1 & 1 & 3 & 1 & 1\\
1 & 1 & -1 & 1 & 3 & 1\\
1 & 1 & 1 & -1 & 1 & 3
\end{pmatrix}
$$

例 4.2.2　设 K 方有两架飞机，攻击 F 方的某项设施。F 方有四个导弹连掩护通向目标的 4 条路线。如果一架飞机遭遇一个导弹连，则飞机一定会被击毁；如果两架飞机遭遇一个导弹连，则会有一架飞机突破防线；如果两架飞机遭遇两个导弹连，则两架飞机均将被击毁。现假设只要有飞机突破防线，就会摧毁目标。试写出 K 方飞机完成任务的赢得矩阵。

解　双方的策略规定了导弹连和飞机的兵力分配。

K 方的策略：①用策略 K_1 表示飞机从不同路线进入；②用策略 K_2 表示飞机从同一路线进入。

F 方的策略：①用策略 F_1 表示每条路线配置一个连；②用策略 F_2 表示其中两条路线各配置两个连；③用策略 F_3 表示一条路线配置两个连，另外有两条路线各配置一个连；④用策略 F_4 表示一条路线配置三个连，另外有一条路线配置一个连；⑤用策略 F_5 表示其中一条路线配置四个连。

于是，可写出 K 方飞机完成任务的赢得矩阵为

$$
\boldsymbol{A}=\begin{matrix} \\ K_1 \\ K_2 \end{matrix}
\begin{matrix} F_1 & F_2 & F_3 & F_4 & F_5 \\
\left(\begin{matrix} 0 & \frac{5}{6} & \frac{1}{2} & \frac{5}{6} & 1 \\ 1 & \frac{1}{2} & \frac{3}{4} & \frac{3}{4} & \frac{3}{4} \end{matrix}\right) \end{matrix}
$$

现在对赢得矩阵 $\boldsymbol{A}$ 的数字进行解释。对于策略 K_1，策略 F_1 一定会将两架飞机全部击落，而策略 F_5 至少会有一架飞机突破防线，所以在局势 (K_1,F_1) 下，K 方完成任务的概率为 0，在局势 (K_1,F_5) 下，K 方完成任务的概率为 1。在局势 (K_1,F_2) 和 (K_1,F_4) 下，只有导弹连恰巧配置在飞机选择的两条进入路线时，这两架飞机才会被击落，但从四条路线选择两条路线，有六种组合方法，所以飞机突防的机会是 5/6。在局势 (K_1,F_3) 下，如果飞机沿着未加设防的路线飞行，则它可以突防，而在六组可能的进入路线中，有三组包含一条未加设防的路线，所以飞机成功的机会是 3/6。

在局势 (K_2,F_1) 下，F_1 不能将第二架飞机击落，K 方完成任务的概率为 1。在局势 (K_2,F_2) 下，F 方能成功地在 4 条路线中的两条设防，飞机突防的概率为 2/4。在局势 (K_2,F_3)、(K_2,F_4) 和 (K_2,F_5) 下，F 方只能保卫一条路线，所以飞机突防的机会是 3/4。

4.2.2 最优纯策略

在一局对策中,各个局中人总希望选取最好的策略,以使自己获得最大的利益。什么是局中人的最优策略呢?因为在一局对策中,一个局中人的赢得不仅取决于自己所选定的策略,也取决于对方所选的策略。

对于局中人Ⅰ来讲,如果他选定一个策略 α_i,那么他的最少赢得为

$$\min_j a_{ij}$$

由于局中人Ⅰ希望赢得越大越好,所以他会选取某一策略 α_i,使自己最少赢得为

$$\max_i \min_j a_{ij}$$

同样地,对于局中人Ⅱ来讲,如果他选定一个策略 β_j,那么他的最大支付为

$$\max_i a_{ij}$$

由于局中人Ⅱ希望支付尽可能的少,所以他会选取某一策略 β_j,使自己最大支付为

$$\min_j \max_i a_{ij}$$

$\max_i \min_j a_{ij}$ 和 $\min_j \max_i a_{ij}$ 有什么关系呢?一般地,有

$$\max_i \min_j a_{ij} \leqslant \min_j \max_i a_{ij}$$

事实上,因为

$$\min_j a_{ij} \leqslant a_{ij} \leqslant \max_i a_{ij}$$

所以

$$\min_j a_{ij} \leqslant \max_i a_{ij}$$

因为上式"≤"左边与 j 无关,右边与 i 无关,所以上式两边对 j 取最小值,有

$$\min_j a_{ij} \leqslant \min_j \max_i a_{ij}$$

上式两边对 i 取最大值,就可得到

$$\max_i \min_j a_{ij} \leqslant \min_j \max_i a_{ij}$$

如果上式中"="号成立,称对策在纯策略意义下有解。

定义 4.2.2 设有矩阵对策 $\boldsymbol{\Gamma}(\boldsymbol{S}_1,\boldsymbol{S}_2;\boldsymbol{A})$。如果

$$\max_i \min_j a_{ij} = \min_j \max_i a_{ij} = a_{i^*j^*} = v$$

则分别称纯策略 α_{i^*} 和 β_{j^*} 为局中人Ⅰ和局中人Ⅱ的最优纯策略;局势(α_{i^*},β_{j^*})称为对策 $\boldsymbol{\Gamma}(\boldsymbol{S}_1,\boldsymbol{S}_2;\boldsymbol{A})$ 在纯策略意义下的解,简称鞍点;公共值 v 称为对策 $\boldsymbol{\Gamma}(\boldsymbol{S}_1,\boldsymbol{S}_2;\boldsymbol{A})$ 的值。

例 4.2.3 在第二次世界大战中的新几内亚作战期间,美军得到了日军将从新不列颠岛东岸的腊包尔港派出大型护航船队驶往新几内亚莱城的情报。日军船队有两条航线可走:北面航线(简称 N)和南面航线(简称 S),每条航线的航程都是三天,其中 N 云多雾大,能见度差,S 能见度好便于侦察。美军也有两种行动方案即分别在 N、S 上集中航空兵主力进行侦察。用美军能争取到的轰炸天数作为评定行动方案好坏的标准,即作为对策的支付值。

若美军在 N 上侦察,日军船队正好走 N,由于天气的影响,美军只能争取到两天的轰炸时间;但若日军船队走 S,由于美军已在 N 上侦察耽搁一天,再转到 S 上虽然立即发现日军船队也只能争取到两天的轰炸时间。

若美军在 S 上侦察，日军船队却走 N，由于美军已在 S 上侦察耽搁一天，再转到 N 上又要影响一天，故只能争取到一天的轰炸时间；但若日军船队正好走 S，美军则可立即发现日军船队，故可争取到三天的轰炸时间。

(1) 试写出美军的赢得矩阵；

(2) 求出美军、日军船队的最优策略和对策值。

解 (1)由题意可知，美军的策略集为 $\{N,S\}$，日军舰队的策略集也为 $\{N,S\}$。于是，可得美军的赢得矩阵为

$$\begin{array}{cc} & \text{日军舰队} \\ & \begin{array}{cc} N & S \end{array} \\ \begin{array}{cc} \text{美} & N \\ \text{军} & S \end{array} & \begin{pmatrix} 2 & 2 \\ 1 & 3 \end{pmatrix} = (a_{ij})_{2\times 2} \end{array}$$

(2) 由(1)中的支付矩阵可得

$$\max_i \min_j a_{ij} = \max_i \{2,1\} = 2$$

$$\min_j \max_i a_{ij} = \min_j \{2,3\} = 2$$

因此，有

$$\max_i \min_j a_{ij} = \min_j \max_i a_{ij} = a_{11} = 2$$

于是，这个问题存在鞍点 (N,N)，即美军沿 N 侦察，日军舰队也走 N，对策值 $v=2$。也即局中人Ⅰ的最优纯策略是 α_1，局中人Ⅱ的最优纯策略是 β_1，对策值是 $v=2$。

例 4.2.4 设矩阵对策 $\boldsymbol{\Gamma}(\boldsymbol{S}_1,\boldsymbol{S}_2;\boldsymbol{A})$ 的赢得矩阵为

$$\boldsymbol{A} = \begin{pmatrix} 6 & 5 & 6 & 5 \\ 1 & 4 & 2 & -1 \\ 8 & 5 & 7 & 5 \\ 0 & 2 & 6 & 2 \end{pmatrix}$$

求对策 $\boldsymbol{\Gamma}$ 的值和双方最优纯策略。

解 因为

$$\max_i \min_j a_{ij} = a_{12} = a_{14} = a_{32} = a_{34} = 5$$

$$\min_j \max_i a_{ij} = a_{12} = a_{14} = a_{32} = a_{34} = 5$$

所以对策 $\boldsymbol{\Gamma}$ 的值为 $v=5$。局势 (α_1,β_2)，(α_1,β_4)，(α_3,β_2)，(α_3,β_4) 都是对策 $\boldsymbol{\Gamma}$ 在纯策略意义下的解。

由例 4.2.4 可知，矩阵对策的解可以不唯一，但对策值是唯一的。一般说来，矩阵对策的解具有如下的两个性质。

性质 4.2.1（无差别性） 设 (α_i,β_j) 和 (α_k,β_l) 是矩阵对策 $\boldsymbol{\Gamma}$ 的两个解，则有 $a_{ij}=a_{kl}$。

性质 4.2.2（可交换性） 设 (α_i,β_j) 和 (α_k,β_l) 是矩阵对策 $\boldsymbol{\Gamma}$ 的两个解，那么 (α_i,β_l) 和 (α_k,β_j) 也是 $\boldsymbol{\Gamma}$ 的解。

前面我们给出了矩阵对策在纯策略意义下解的概念，那么矩阵对策在纯策略意义下是否一定有解？回答是否定的。例如，在例 4.2.1 中，有

$$\max_i \min_j a_{ij} = -1$$

$$\min_j \max_i a_{ij} = 3$$

从而可知

$$\max_i \min_j a_{ij} \neq \min_j \max_i a_{ij}$$

因此,在齐王和田忌赛马的对策中,双方没有最优纯策略,矩阵对策在纯策略意义下无解。

在什么情况下,矩阵对策在纯策略意义下有解呢?下面给出矩阵对策在纯策略意义下有解的充要条件。

定理 4.2.1 矩阵对策 $\boldsymbol{\Gamma}(\boldsymbol{S}_1,\boldsymbol{S}_2;\boldsymbol{A})$ 在纯策略意义下有解的充要条件:存在局势 $(\alpha_{i^*},\beta_{j^*})$,使对一切 i,j,有

$$a_{ij^*} \leqslant a_{i^*j^*} \leqslant a_{i^*j} i=1,2,\cdots,m; j=1,2,\cdots,n \tag{4.2.1}$$

证明 (1)必要性。因为矩阵对策有解,故

$$\max_i \min_j a_{ij} = \min_j \max_i a_{ij} = a_{i^*j^*} \tag{4.2.2}$$

所以 $\min_j a_{ij}$ 在 i^* 处达到最大值,即

$$\max_i \min_j a_{ij} = \min_j a_{i^*j} \leqslant a_{i^*j} \tag{4.2.3}$$

同理,可得

$$\min_j \max_i a_{ij} = \max_i a_{ij^*} \geqslant a_{ij^*} \tag{4.2.4}$$

由式(4.2.2)、式(4.2.3)和式(4.2.4),可得

$$a_{ij^*} \leqslant a_{i^*j^*} \leqslant a_{i^*j}, i=1,2,\cdots,m; j=1,2,\cdots,n$$

(2) 充分性。由式(4.2.1),可得

$$\max_i a_{ij^*} \leqslant a_{i^*j^*} \leqslant \min_j a_{i^*j} \tag{4.2.5}$$

显然

$$\min_j \max_i a_{ij} \leqslant \max_i a_{ij^*} \tag{4.2.6}$$

$$\max_i \min_j a_{ij} \geqslant \min_j a_{i^*j} \tag{4.2.7}$$

所以由式(4.2.5)、式(4.2.6)和式(4.2.7),可得

$$\min_j \max_i a_{ij} \leqslant a_{i^*j^*} \leqslant \max_i \min_j a_{ij} \tag{4.2.8}$$

另一方面,对于矩阵对策始终有

$$\max_i \min_j a_{ij} \leqslant \min_j \max_i a_{ij} \tag{4.2.9}$$

综合式(4.2.8)和式(4.2.9),可得

$$\max_i \min_j a_{ij} = \min_j \max_i a_{ij} = a_{i^*j^*}$$

定理 4.2.1 说明:矩阵对策存在鞍点的充要条件是赢得矩阵 $\boldsymbol{A}$ 中存在一个元素 $a_{i^*j^*}$,它是所在行的最小者,同时是所在列的最大者。

4.2.3 混合策略的定义

考虑矩阵对策 $\boldsymbol{\Gamma}$,其赢得矩阵为

$$\boldsymbol{A} = \begin{pmatrix} 3 & 6 \\ 5 & 4 \end{pmatrix}$$

因为 $\max_i \min_j a_{ij} = 4$, $\min_j \max_i a_{ij} = 5$,从而 $\max_i \min_j a_{ij} < \min_j \max_i a_{ij}$。因此,矩阵对策在纯策略意义下无解,此时应如何定义矩阵对策的解呢?我们知道,对于局中人Ⅰ来讲,他可以选择策略 α_2,使自己的赢得不少于4,而对于局中人Ⅱ来讲,他可以选择策略 β_1,使自己的

赢得不大于5。在这种情况下,局中人Ⅰ为了使赢得大于4,局中人Ⅱ为了使赢得小于5,双方都尽最大努力不让对方猜出自己选择哪一个策略。为此,双方都随机地选择自己的策略,估计选择各个策略可能性的大小来进行对策。这就是下面引进的混合策略。

定义4.2.3 给定矩阵对策 $\boldsymbol{\Gamma}(\boldsymbol{S}_1,\boldsymbol{S}_2;\boldsymbol{A})$,则 m 维向量

$$\boldsymbol{x} = (x_1,x_2,\cdots,x_m)^{\mathrm{T}},x_i \geqslant 0,i = 1,2,\cdots,m;\sum_{i=1}^{m} x_i = 1$$

和 n 维向量

$$\boldsymbol{y} = (y_1,y_2,\cdots y_n)^{\mathrm{T}},y_j \geqslant 0,j = 1,2,\cdots,n;\sum_{j=1}^{n} y_j = 1$$

分别称为局中人Ⅰ和局中人Ⅱ的混合策略,在不至于混淆时常简称为策略。$(\boldsymbol{x},\boldsymbol{y})$称为混合局势,常简称为局势。这里 x_i 是局中人Ⅰ选取策略 α_i 的概率,y_j 是局中人Ⅱ选取策略 β_j 的概率。

前面提到的纯策略也可以用混合策略表示,如混合策略 $\boldsymbol{x}=(0,\cdots,0,x_k,0,\cdots,0)^{\mathrm{T}}$ $(x_k=1)$就表示纯策略 α_k,$\boldsymbol{y}=(0,\cdots,0,y_l,0,\cdots,0)^{\mathrm{T}}(y_l=1)$表示纯策略 β_l。因此,纯策略是混合策略的特殊情况,而混合策略可看作是纯策略的拓展。

定义4.2.4 给定矩阵对策 $\boldsymbol{\Gamma}(\boldsymbol{S}_1,\boldsymbol{S}_2;\boldsymbol{A})$,局中人Ⅰ和局中人Ⅱ的混合策略分别为 $\boldsymbol{x}=(x_1,x_2,\cdots,x_m)^{\mathrm{T}}$和 $\boldsymbol{y}=(y_1,y_2,\cdots,y_n)^{\mathrm{T}}$,则数学期望

$$\boldsymbol{E}(\boldsymbol{x},\boldsymbol{y}) = \sum_{i=1}^{m}\sum_{j=1}^{n} a_{ij}x_iy_j = \boldsymbol{x}^{\mathrm{T}}\boldsymbol{A}\boldsymbol{y}$$

称为局中人Ⅰ的期望赢得。显然 $-\boldsymbol{E}(\boldsymbol{x},\boldsymbol{y})$就是局中人Ⅱ的期望赢得。

例4.2.5 设矩阵对策 $\boldsymbol{\Gamma}(\boldsymbol{S}_1,\boldsymbol{S}_2;\boldsymbol{A})$的赢得矩阵为

$$\boldsymbol{A}=\begin{pmatrix}3 & 1 & 1\\ 1 & 1 & 5\\ 1 & 4 & 1\end{pmatrix}$$

(1) 若局中人Ⅰ的混合策略为 $\boldsymbol{x}=(1/3,1/3,1/3)^{\mathrm{T}}$,局中人Ⅱ的混合策略为 $\boldsymbol{y}=(1/4,1/4,1/2)^{\mathrm{T}}$,求局中人Ⅰ的期望赢得。

(2) 若局中人Ⅰ采取纯策略 α_1,局中人Ⅱ采取混合策略 $\boldsymbol{y}=(1/4,1/4,1/2)^{\mathrm{T}}$,求局中人Ⅰ的期望赢得。

(3) 若局中人Ⅰ采取混合策略 $\boldsymbol{x}=(1/3,1/3,1/3)^{\mathrm{T}}$,局中人Ⅱ采取纯策略 β_2,求局中人Ⅰ的期望赢得。

解 (1) 根据定义4.2.4,可得局中人Ⅰ的期望赢得为

$$\boldsymbol{E}(\boldsymbol{x},\boldsymbol{y})=\boldsymbol{x}^{\mathrm{T}}\boldsymbol{A}\boldsymbol{y}=\left(\frac{1}{3},\frac{1}{3},\frac{1}{3}\right)\begin{pmatrix}3 & 1 & 1\\ 1 & 1 & 5\\ 1 & 4 & 1\end{pmatrix}\begin{pmatrix}1/4\\ 1/4\\ 1/2\end{pmatrix}=\frac{25}{12}$$

(2) 局中人Ⅰ采取纯策略 α_1,α_1 写成混合策略的形式为 $\boldsymbol{x}=(1,0,0)^{\mathrm{T}}$。因此,局中人Ⅰ的期望赢得为

$$\boldsymbol{E}(\boldsymbol{x},\boldsymbol{y})=\boldsymbol{x}^{\mathrm{T}}\boldsymbol{A}\boldsymbol{y}=(1,0,0)\begin{pmatrix}3 & 1 & 1\\ 1 & 1 & 5\\ 1 & 4 & 1\end{pmatrix}\begin{pmatrix}1/4\\ 1/4\\ 1/2\end{pmatrix}=\frac{3}{2}$$

(3) 局中人Ⅱ采取纯策略 β_2,其写成混合策略的形式为 $\boldsymbol{y}=(0,1,0)^{\mathrm{T}}$。因此,局中人Ⅰ的期望赢得为

$$E(\boldsymbol{x},\boldsymbol{y})=\boldsymbol{x}^{\mathrm{T}}\boldsymbol{A}\boldsymbol{y}=\left(\frac{1}{3},\frac{1}{3},\frac{1}{3}\right)\begin{pmatrix}3&1&1\\1&1&5\\1&4&1\end{pmatrix}\begin{pmatrix}0\\1\\0\end{pmatrix}=2$$

一般地,当局中人Ⅰ采取纯策略 α_i,局中人Ⅱ采取混合策略 $\boldsymbol{y}$,局中人Ⅰ的期望赢得为

$$E(\boldsymbol{\alpha}_i,\boldsymbol{y})=\sum_{j=1}^{n}a_{ij}y_j=\boldsymbol{A}_{i\bullet}\boldsymbol{y}$$

而当局中人Ⅰ采取混合策略 $\boldsymbol{x}$,局中人Ⅱ采取纯策略 β_j,局中人Ⅰ的期望赢得为

$$E(\boldsymbol{x},\boldsymbol{\beta}_j)=\sum_{i=1}^{m}a_{ij}x_i=\boldsymbol{x}^{\mathrm{T}}\boldsymbol{A}_{\bullet j}$$

式中:$\boldsymbol{A}_{i\bullet}$ 为矩阵 $\boldsymbol{A}$ 的第 i 个行向量;$\boldsymbol{A}_{\bullet j}$ 为矩阵 $\boldsymbol{A}$ 的第 j 个列向量。

定义 4.2.5 给定一个对策 $\boldsymbol{\Gamma}(\boldsymbol{S}_1,\boldsymbol{S}_2;\boldsymbol{A})$,则称 $\boldsymbol{\Gamma}^*(\boldsymbol{S}_1^*,\boldsymbol{S}_2^*;\boldsymbol{E})$ 为 $\boldsymbol{\Gamma}(\boldsymbol{S}_1,\boldsymbol{S}_2;\boldsymbol{A})$ 的混合扩充,其中

$$\boldsymbol{S}_1^*=\{\boldsymbol{x}\mid\boldsymbol{x}=(x_1,x_2,\cdots,x_m)^{\mathrm{T}},\sum_{i=1}^{m}x_i=1;x_1,x_2,\cdots,x_m\geqslant 0\}$$

$$\boldsymbol{S}_2^*=\{\boldsymbol{y}\mid\boldsymbol{y}=(y_1,y_2,\cdots,y_n)^{\mathrm{T}},\sum_{j=1}^{n}y_j=1;y_1,y_2,\cdots,y_n\geqslant 0\}$$

分别为局中人Ⅰ和局中人Ⅱ的所有混合策略的集合。

例 4.2.6 我方采用两种不同类型的武器 α_1,α_2,对抗敌方两种不同类型的武器 β_1,β_2。表 4.2.1 给出了我方第 i 型($i=1,2$)武器毁伤敌方第 j 型($j=1,2$)武器的概率。假设我方采用的混合策略为 $\boldsymbol{x}=(0.376,0.624)^{\mathrm{T}}$,而敌方采用的混合策略为 $\boldsymbol{y}=(0.248,0.752)^{\mathrm{T}}$。试求我方毁伤敌方武器的效率(指毁伤敌方的平均可能性)。

表 4.2.1 我方不同类型武器毁伤敌方不同类型武器的概率

敌武器类型 / 毁伤概率 / 我武器类型	β_1	β_2
α_1	0	0.83
α_2	1	0.5

解 我方毁伤敌方武器的效率为

$$E(\boldsymbol{x},\boldsymbol{y})=\boldsymbol{x}^{\mathrm{T}}\boldsymbol{A}\boldsymbol{y}=(0.376,0.624)\begin{pmatrix}0&0.83\\1&0.5\end{pmatrix}\begin{pmatrix}0.248\\0.752\end{pmatrix}=0.624$$

4.2.4 最优混合策略的定义

前面提到过的矩阵对策 $\boldsymbol{\Gamma}$,其赢得矩阵为 $\boldsymbol{A}=\begin{pmatrix}3&6\\5&4\end{pmatrix}$。因为

$$4=\max_i\min_j a_{ij}<\min_j\max_i a_{ij}=5$$

所以这个矩阵对策 $\boldsymbol{\Gamma}$ 在纯策略意义下无最优解。现在考虑各局中人采取什么样的混合

策略是最稳妥的。

假设局中人Ⅰ以概率 x 选取纯策略 α_1，以概率 $1-x$ 选取纯策略 α_2，即局中人Ⅰ的混合策略为 $\boldsymbol{x}=(x,1-x)^{\mathrm{T}}$；局中人Ⅱ以概率 y 选取纯策略 β_1，以概率 $1-y$ 选取纯策略 β_2，即局中人Ⅱ的混合策略为 $\boldsymbol{y}=(y,1-y)^{\mathrm{T}}$。局中人Ⅰ的期望赢得为

$$\begin{aligned}\boldsymbol{E}(\boldsymbol{x},\boldsymbol{y})&=(x,1-x)\begin{pmatrix}3&6\\5&4\end{pmatrix}\begin{pmatrix}y\\1-y\end{pmatrix}\\&=3xy+6x(1-y)+5(1-x)y+4(1-x)(1-y)\\&=-4xy+2x+y+4\\&=-4\left(x-\frac{1}{4}\right)\left(y-\frac{1}{2}\right)+\frac{9}{2}\end{aligned}$$

局中人Ⅰ希望 $\boldsymbol{E}(\boldsymbol{x},\boldsymbol{y})$ 越大越好，而局中人Ⅱ希望 $\boldsymbol{E}(\boldsymbol{x},\boldsymbol{y})$ 越小越好。当局中人Ⅰ取 $x\neq1/4$ 时，局中人Ⅱ总会取到一个 y 值，使局中人Ⅰ的赢得 $\boldsymbol{E}(\boldsymbol{x},\boldsymbol{y})<9/2$。因此，对于局中人Ⅰ而言，当他取 $x=1/4$ 时，能保证其赢得不少于9/2。也就是说，9/2是局中人Ⅰ“稳妥”的期望赢得。同理，当局中人Ⅱ取 $y=1/2$ 时，能保证局中人Ⅰ的赢得不会超过9/2。

因此，当局中人Ⅰ的混合策略为 $\boldsymbol{x}^*=(1/4,3/4)^{\mathrm{T}}$，局中人Ⅱ的混合策略为 $\boldsymbol{y}^*=(1/2,1/2)^{\mathrm{T}}$ 时，双方都会得到满意的结果。这时，$\boldsymbol{x}^*$ 和 $\boldsymbol{y}^*$ 分别称为局中人Ⅰ和Ⅱ的最优混合策略，而 $\boldsymbol{E}(\boldsymbol{x}^*,\boldsymbol{y}^*)=9/2$ 称为矩阵对策在混合策略意义下的值，$(\boldsymbol{x}^*,\boldsymbol{y}^*)$ 称为矩阵对策的解。

考虑混合扩充 $\boldsymbol{\Gamma}^*(\boldsymbol{S}_1^*,\boldsymbol{S}_2^*;\boldsymbol{E})$。当局中人Ⅰ采取混合策略 $\boldsymbol{x}$，他最少的赢得为

$$\min_{\boldsymbol{y}\in S_2^*}\boldsymbol{E}(\boldsymbol{x},\boldsymbol{y})$$

由于局中人Ⅰ希望赢得越大越好，所以他会选择 $\boldsymbol{x}\in S_1^*$，保证自己的赢得不小于

$$\max_{\boldsymbol{x}\in S_1^*}\min_{\boldsymbol{y}\in S_2^*}\boldsymbol{E}(\boldsymbol{x},\boldsymbol{y})$$

同理，对于局中人Ⅱ来说，如果他选定一个策略 $\boldsymbol{y}$，那么他的最大支付为

$$\max_{\boldsymbol{x}\in S_1^*}\boldsymbol{E}(\boldsymbol{x},\boldsymbol{y})$$

由于局中人Ⅱ希望支付尽可能小，所以他会选择 $\boldsymbol{y}\in S_2^*$，使自己的支付不大于

$$\min_{\boldsymbol{y}\in S_2^*}\max_{\boldsymbol{x}\in S_1^*}\boldsymbol{E}(\boldsymbol{x},\boldsymbol{y})$$

冯·诺伊曼首先证明了 $\max\limits_{\boldsymbol{x}\in S_1^*}\min\limits_{\boldsymbol{y}\in S_2^*}\boldsymbol{E}(\boldsymbol{x},\boldsymbol{y})$ 与 $\min\limits_{\boldsymbol{y}\in S_2^*}\max\limits_{\boldsymbol{x}\in S_1^*}\boldsymbol{E}(\boldsymbol{x},\boldsymbol{y})$ 是相等的，这就是著名的矩阵对策的基本定理，也叫作最小最大值定理。

定理 4.2.2（最小最大值定理）　对于任意的矩阵对策 $\boldsymbol{\Gamma}(\boldsymbol{S}_1,\boldsymbol{S}_2;\boldsymbol{A})$，有

$$\max_{\boldsymbol{x}\in S_1^*}\min_{\boldsymbol{y}\in S_2^*}\boldsymbol{E}(\boldsymbol{x},\boldsymbol{y})=\min_{\boldsymbol{y}\in S_2^*}\max_{\boldsymbol{x}\in S_1^*}\boldsymbol{E}(\boldsymbol{x},\boldsymbol{y})$$

有了定理4.2.2，就可以定义混合策略意义下的最优解和对策值。

定义 4.2.6　设 $\boldsymbol{\Gamma}^*(\boldsymbol{S}_1^*,\boldsymbol{S}_2^*;\boldsymbol{E})$ 是 $\boldsymbol{\Gamma}(\boldsymbol{S}_1,\boldsymbol{S}_2;\boldsymbol{A})$ 的混合扩充。如果

$$\max_{\boldsymbol{x}\in S_1^*}\min_{\boldsymbol{y}\in S_2^*}\boldsymbol{E}(\boldsymbol{x},\boldsymbol{y})=\min_{\boldsymbol{y}\in S_2^*}\max_{\boldsymbol{x}\in S_1^*}\boldsymbol{E}(\boldsymbol{x},\boldsymbol{y})=\boldsymbol{E}(\boldsymbol{x}^*,\boldsymbol{y}^*)=v$$

则称 $\boldsymbol{x}^*,\boldsymbol{y}^*$ 分别为局中人Ⅰ和Ⅱ的最优混合策略，$(\boldsymbol{x}^*,\boldsymbol{y}^*)$ 为矩阵对策在混合策略意义下的最优解，$\boldsymbol{E}(\boldsymbol{x}^*,\boldsymbol{y}^*)$ 称为矩阵对策在混合策略意义下的值，简称为对策值。

根据最小最大值定理可以知道，矩阵对策在纯策略意义下不一定有最优解，但在混合

策略意义下一定有最优解。

定义 4.2.7 设$(\boldsymbol{x}^*,\boldsymbol{y}^*)$是矩阵对策$\boldsymbol{\Gamma}(\boldsymbol{S}_1,\boldsymbol{S}_2;\boldsymbol{A})$的混合局势。如果对任意的混合策略$\boldsymbol{x},\boldsymbol{y}$,有

$$\boldsymbol{E}(\boldsymbol{x},\boldsymbol{y}^*)\leqslant\boldsymbol{E}(\boldsymbol{x}^*,\boldsymbol{y}^*)\leqslant\boldsymbol{E}(\boldsymbol{x}^*,\boldsymbol{y})$$

则$(\boldsymbol{x}^*,\boldsymbol{y}^*)$称为矩阵对策$\boldsymbol{\Gamma}(\boldsymbol{S}_1,\boldsymbol{S}_2;\boldsymbol{A})$在混合策略意义下的鞍点,简称为鞍点。

下面的定理表明,最优解和鞍点是等价的。

定理 4.2.3 局势$(\boldsymbol{x}^*,\boldsymbol{y}^*)$是矩阵对策$\boldsymbol{\Gamma}(\boldsymbol{S}_1,\boldsymbol{S}_2;\boldsymbol{A})$的最优解的充要条件是:$(\boldsymbol{x}^*,\boldsymbol{y}^*)$是矩阵对策$\boldsymbol{\Gamma}(\boldsymbol{S}_1,\boldsymbol{S}_2;\boldsymbol{A})$在混合策略意义下的鞍点。

4.2.5 最优混合策略的性质

关于矩阵对策的最优解,有如下的性质。

定理 4.2.4 设矩阵对策$\boldsymbol{\Gamma}(\boldsymbol{S}_1,\boldsymbol{S}_2;\boldsymbol{A})$的值为$v$。

(1) 设$\boldsymbol{y}^*$是局中人Ⅱ的最优策略。如果对于局中人Ⅰ的某个纯策略α_i,有

$$\boldsymbol{E}(\boldsymbol{\alpha}_i,\boldsymbol{y}^*)<v$$

则在局中人Ⅰ的任何一个最优策略$\boldsymbol{x}^*$中必有$\boldsymbol{x}_i^*=0$;

(2) 设$\boldsymbol{x}^*$是局中人Ⅰ的最优策略。如果对于局中人Ⅱ的某个纯策略β_j,有

$$\boldsymbol{E}(\boldsymbol{x}^*,\boldsymbol{\beta}_j)>v$$

则在局中人Ⅱ的任何一个最优策略$\boldsymbol{y}^*$中必有$\boldsymbol{y}_j^*=0$。

定理4.2.4中的结论(1)告诉我们,如果已知矩阵对策$\boldsymbol{\Gamma}(\boldsymbol{S}_1,\boldsymbol{S}_2;\boldsymbol{A})$的值是$v$,并且$\boldsymbol{y}^*$是局中人Ⅱ的最优策略,若局中人Ⅰ采用某个纯策略$\alpha_i$时,他的期望赢得达不到$v$,则纯策略$\alpha_i$是不可取的,在局中人Ⅰ的任何一个最优策略$\boldsymbol{x}^*$中一定不会包含这个纯策略。换言之,如果已知局中人Ⅰ某个最优策略$\boldsymbol{x}^*$中有$\boldsymbol{x}_i^*>0$,则必有$\boldsymbol{E}(\boldsymbol{\alpha}_i,\boldsymbol{y}^*)=v$。

类似地,可解释定理4.2.4中结论(2)的意义。

定理 4.2.5 设矩阵对策$\boldsymbol{\Gamma}(\boldsymbol{S}_1,\boldsymbol{S}_2;\boldsymbol{A})$的值是$v$。

(1) $\boldsymbol{x}^*$是局中人Ⅰ的最优策略的充要条件为

$$\boldsymbol{E}(\boldsymbol{x}^*,\boldsymbol{\beta}_j)\geqslant v,j=1,2,\cdots,n$$

(2) $\boldsymbol{y}^*$是局中人Ⅱ的最优策略的充要条件为

$$\boldsymbol{E}(\boldsymbol{\alpha}_i,\boldsymbol{y}^*)\leqslant v,i=1,2,\cdots,m$$

利用定理4.2.5,可以检验局中人的某个策略是否为最优策略。我们将在本书4.3节中进一步介绍定理4.2.5的应用。

4.3 矩阵对策的求解

4.3.1 矩阵对策的简化

考虑3×3矩阵对策

$$\boldsymbol{A}=\begin{pmatrix}0 & 1 & -1\\1 & -2 & 0\\2 & -1 & 1\end{pmatrix}$$

对赢得矩阵 $\boldsymbol{A}$ 进行考察可以看出,局中人Ⅰ决不会采用第2个策略 α_2,因为不论局中人Ⅱ选择什么策略,局中人Ⅰ采用策略 α_3 的赢得总比采用策略 α_2 的赢得大。所以,局中人Ⅰ的第2个策略 α_2 只能以0概率出现在他的最优混合策略里。

于是,求解上面的矩阵对策可以将矩阵 $\boldsymbol{A}$ 的第2行划去,只要求解矩阵对策

$$\boldsymbol{A}_1=\begin{pmatrix}0 & 1 & -1\\ 2 & -1 & 1\end{pmatrix}$$

就行了。

对于这个 2×3 矩阵对策 $\boldsymbol{A}_1$,局中人Ⅱ显然不愿采用策略 β_1,因为不论局中人Ⅰ选用哪一个策略,局中人Ⅱ采用策略 β_3 的支付都小于采用策略 β_1 的支付。因此,将这个矩阵 $\boldsymbol{A}_1$ 的第1列划去,只要求解矩阵对策

$$\begin{pmatrix}1 & -1\\ -1 & 1\end{pmatrix}$$

就行了。

容易验证,上述 2×2 矩阵对策的值为 $v=0$,局中人Ⅰ和Ⅱ的最优策略均为 $(1/2,1/2)^{\mathrm{T}}$。

回到原来的 3×3 矩阵对策 $\boldsymbol{A}$,因为被划掉的策略出现的概率应该为零,所以局中人Ⅰ和Ⅱ在矩阵对策 $\boldsymbol{A}$ 中的最优策略应该分别为

$$\boldsymbol{x}^*=(1/2,0,1/2)^{\mathrm{T}},\boldsymbol{y}^*=(0,1/2,1/2)^{\mathrm{T}}$$

定义 4.3.1 设矩阵对策 $\boldsymbol{\Gamma}(\boldsymbol{S}_1,\boldsymbol{S}_2;\boldsymbol{A})$ 的赢得矩阵为 $\boldsymbol{A}=(a_{ij})_{m\times n}$。如果

$$a_{kj}\geqslant a_{lj},j=1,2,\cdots,n$$

则称局中人Ⅰ的策略 α_k 优超于策略 α_l。

如果

$$a_{ik}\leqslant a_{il},i=1,2,\cdots,m$$

则局中人Ⅱ的策略 β_k 优超于策略 β_l。

如果以上两组不等式里严格的不等号成立,则分别称局中人Ⅰ(或Ⅱ)的策略 α_k(或 β_k)严格优超(strictly dominate)于策略 α_l(或 β_l)。

利用策略的优超关系可以简化计算。如果是严格优超,则被优超的纯策略所对应的行或列划去后,从余下的较小的矩阵对策的最优策略中可以得到原矩阵对策的最优策略。事实上,只要将划去的行或列所对应的纯策略赋以概率0就行了。如果优超不是严格优超,仍可以按上述方法得到原矩阵对策的最优策略,只是这时可能"丢失"某些解。下面就是这样的一个例子。

例 4.3.1 设矩阵对策 $\boldsymbol{\Gamma}(\boldsymbol{S}_1,\boldsymbol{S}_2;\boldsymbol{A})$ 的赢得矩阵为

$$\boldsymbol{A}=\begin{pmatrix}3 & 3 & 5\\ 4 & 2 & -3\\ 3 & 3 & 2\end{pmatrix}$$

解 利用优超关系,可以划去矩阵 $\boldsymbol{A}$ 的第3行,然后再划去第1列,可得到如下的 2×2 矩阵:

$$\boldsymbol{A}_1=\begin{pmatrix}3 & 5\\ 2 & -3\end{pmatrix}$$

这个 2×2 矩阵对策 $\boldsymbol{A}_1$ 存在鞍点,可写成混合策略形式:

$$x^{*}=(1,0)^{\mathrm{T}},y^{*}=(1,0)^{\mathrm{T}}$$

由此得到原 3 ×3 矩阵对策 A 的最优策略为

$$x^{*}=(1,0,0)^{\mathrm{T}},y^{*}=(0,1,0)^{\mathrm{T}}$$

对策值为 $v=3$。

实际上,原 3 ×3 矩阵对策 A 除了上述一个最优策略外,还有一个最优策略

$$x_{2}^{*}=\left(\frac{1}{3},0,\frac{2}{3}\right)^{\mathrm{T}},y_{2}^{*}=\left(\frac{1}{2},\frac{1}{2},0\right)^{\mathrm{T}}$$

例 4.3.1 说明,利用策略的优超(不是严格优超)关系划去赢得矩阵的某些行或列(对应于局中人的纯策略)得到较小的矩阵对策,求得较小矩阵对策的最优解后,通过加上零概率的办法得到原来矩阵对策的最优解。在这种求解过程中,可能会"失去"原来矩阵对策的一些最优解。然而,通常情况下,往往只要求得到矩阵对策的一个最优解,而不是全部解,这时就可以应用优超关系来简化求解过程。下面的定理给出了简化矩阵对策的又一方法。

定理 4.3.1　给定两个矩阵对策 $\Gamma_1(S_1,S_2;A_1)$ 和 $\Gamma_2(S_1,S_2;A_2)$,其中

$$A_1=(a_{ij})_{m\times n},A_2=(a_{ij}+a)_{m\times n}$$

式中,a 为常数。

假设 v_1 和 v_2 分别是 Γ_1 和 Γ_2 的值,则矩阵对策 $\Gamma_1(S_1,S_2;A_1)$ 和 $\Gamma_2(S_1,S_2;A_2)$ 的最优解相同,且

$$v_2=v_1+a$$

定理 4.3.1 说明,对矩阵对策的赢得矩阵的每个元素都加上同一个常数,得到新的矩阵对策,新的矩阵对策与原矩阵对策有相同的最优解,并且对策值只相差一个常数。根据这个性质,也可以简化计算,这一点在以后说明。

4.3.2　2 ×2 矩阵对策的解

设 2 ×2 矩阵对策的赢得矩阵为

$$A=\begin{pmatrix} a & b \\ c & d \end{pmatrix}$$

如果矩阵对策 A 有鞍点,立即就可以得到纯策略意义下的解。

如果矩阵对策 A 没有鞍点,一定有混合策略意义下的解。设 v 是对策的值,$x^{*}=(x^{*},1-x^{*})^{\mathrm{T}},y^{*}=(y^{*},1-y^{*})^{\mathrm{T}}$ 分别是局中人Ⅰ和Ⅱ的最优混合策略,有

$$0<x^{*}<1,0<y^{*}<1$$

因为

$$x^{*}>0,1-x^{*}>0,y^{*}>0,1-y^{*}>0$$

根据定理 4.2.4,有

$$\begin{cases} E(x^{*},\beta_j)=v,j=1,2 \\ E(\alpha_i,y^{*})=v,i=1,2 \end{cases}$$

具体可写成

$$\begin{cases} ax^{*}+c(1-x^{*})=v \\ bx^{*}+d(1-x^{*})=v \\ ay^{*}+b(1-y^{*})=v \\ cy^{*}+d(1-y^{*})=v \end{cases}$$

求解上述方程组,可得

$$\begin{cases} x^* = \dfrac{d-c}{a+d-b-c} \\ y^* = \dfrac{d-b}{a+d-b-c} \\ v = \dfrac{ad-bc}{a+d-b-c} \end{cases} \tag{4.3.1}$$

由此可见,对于 2×2 矩阵对策 $\boldsymbol{A}$ 的求解,首先检查有没有鞍点。如果有鞍点,则直接得出矩阵对策 $\boldsymbol{A}$ 的最优解和对策值;如果没有鞍点,则根据式(4.3.1)求出对策 $\boldsymbol{A}$ 的最优解和对策值。

4.3.3　$2\times n$ 和 $m\times2$ 矩阵对策的图解法

下面首先给出合算策略的概念。

定义 4.3.2　在最优策略中以正概率出现的纯策略称为合算策略。

根据定理 4.2.4,局中人Ⅰ以合算策略对付局中人Ⅱ的最优策略,其赢得就是对策值。

首先考虑 2×3 矩阵对策,设赢得矩阵为

$$\boldsymbol{A} = \begin{pmatrix} a & b & c \\ d & e & f \end{pmatrix}$$

设局中人Ⅰ采用混合策略 $\boldsymbol{x}=(x,1-x)^{\mathrm{T}}$,这里 $0\leqslant x\leqslant1$。当 $x=1$ 时,代表局中人Ⅰ选取纯策略 α_1,当 $x=0$ 时,代表局中人Ⅰ选取纯策略 α_2。

建立数轴 x 轴,如图 4.3.1 所示。x 轴上的点表示局中人Ⅰ的混合策略,过数轴上坐标为 1,0 的两点分别作两条垂线,垂线上的纵坐标分别表示当局中人Ⅰ采取纯策略 α_1 和 α_2,局中人Ⅱ采取各纯策略时Ⅰ的赢得值。

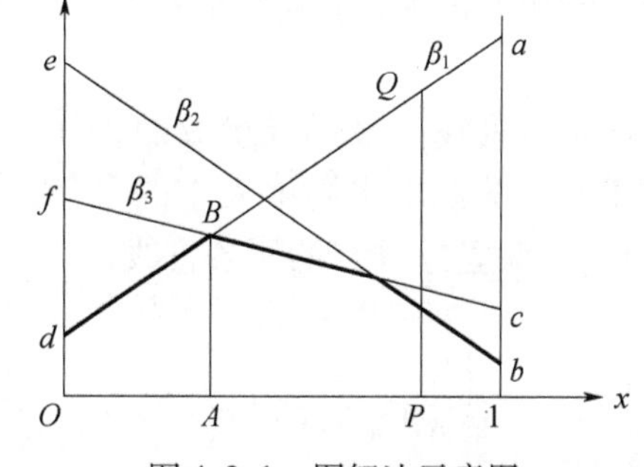

图 4.3.1　图解法示意图

当 $x=1$ 即局中人Ⅰ选取纯策略 α_1 时,若局中人Ⅱ采用纯策略 β_1,则局中人Ⅰ的期望赢得为 a;当 $x=0$ 即局中人Ⅰ选取纯策略 α_2 时,对应于 β_1 的期望赢得为 d。连接直线 ad,如图 4.3.1 所示。类似地,可作出直线 be、cf。

设 x 轴上 P 点的坐标是 x。容易验证,纵坐标 PQ 是局中人Ⅰ采用混合策略 $\boldsymbol{x}=(x,1-x)^{\mathrm{T}}$,局中人Ⅱ采用纯策略 β_1 时,Ⅰ的期望赢得即 $\boldsymbol{E}(\boldsymbol{x},\boldsymbol{\beta}_1)$。同理,$be$、$cf$ 上与 PQ 交点的纵坐标分别表示局中人Ⅰ采用混合策略 $\boldsymbol{x}=(x,1-x)^{\mathrm{T}}$,局中人Ⅱ采用纯策略 β_2 和 β_3 时,Ⅰ的期望赢得。

当局中人Ⅰ采用混合策略 $\boldsymbol{x}=(x,1-x)^{\mathrm{T}}$ 时,他所关心的是最小赢得(即直线 PQ 与三条直线交点的最低点)。同时,他又会调整策略 $\boldsymbol{x}=(x,1-x)^{\mathrm{T}}$,使这个最小赢得达到最大值,即

$$\max_{\boldsymbol{x}}\{\boldsymbol{E}(\boldsymbol{x},\boldsymbol{\beta}_1),\boldsymbol{E}(\boldsymbol{x},\boldsymbol{\beta}_2),\boldsymbol{E}(\boldsymbol{x},\boldsymbol{\beta}_3)\}$$

这个值就是对策值。在图4.3.1中,这个最大的最小赢得在B点。这个点是由对应于每个$\boldsymbol{x}$值的三条直线的最低点组成的折线的最高点,所以纵坐标AB是对策值,而A点所对应的$\boldsymbol{x}$就是局中人Ⅰ的最优策略。

从图4.3.1中可以看出,直线be不经过B点。也就是说,局中人Ⅱ采用策略β_2对付局中人Ⅰ的最优策略达不到对策值,所以β_2不是合算策略,而β_1、β_3都是合算策略。此时,只需要求解2×2矩阵对策

$$\boldsymbol{A}_1=\begin{pmatrix} a & c \\ d & f \end{pmatrix}$$

就能得出双方的最优策略和对策值。

这种方法可推广到一般的$2\times n$矩阵对策。

在特殊情形下,得到的最优解可以是x轴上$[0,1]$的一个子区间,也可以是$[0,1]$的一个端点。后者对应于局中人Ⅰ的一个纯策略解,前者是图4.3.1中粗折线含有一段水平线段的情形。

例4.3.2 用图解法求解例4.2.2。

解 例4.2.2的赢得矩阵为

$$\boldsymbol{A}=\begin{pmatrix} 0 & \frac{5}{6} & \frac{1}{2} & \frac{5}{6} & 1 \\ 1 & \frac{1}{2} & \frac{3}{4} & \frac{3}{4} & \frac{3}{4} \end{pmatrix}$$

从赢得矩阵中可以看出,策略β_3优超于β_4与β_5,简化对策矩阵$\boldsymbol{A}$可得到

$$\boldsymbol{A}_1=\begin{pmatrix} 0 & 5/6 & 1/2 \\ 1 & 1/2 & 3/4 \end{pmatrix}$$

利用上述图解方法求解对策矩阵$\boldsymbol{A}_1$,如图4.3.2所示。

从图4.3.2中可以看出,由对应于每个$\boldsymbol{x}$值的三条直线的最低点组成的折线的最高点在B处。为能求出局中人Ⅰ的最优策略和对策值,可联立过B点的两条直线

$$\begin{cases} 1-x^*=v \\ \dfrac{5}{6}x^*+\dfrac{1}{2}(1-x^*)=v \end{cases}$$

求解可得$x=3/8$,$v=5/8$。所以局中人Ⅰ的最优策略是$\boldsymbol{x}^*=(3/8,5/8)^{\mathrm{T}}$。

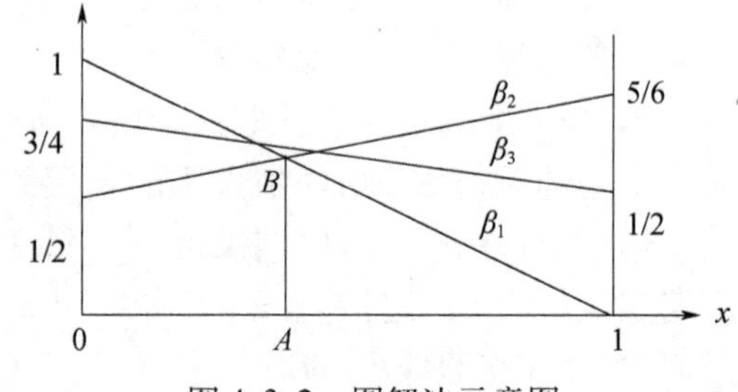

图4.3.2 图解法示意图

因为局中人Ⅱ的策略β_1和β_2是合算策略,β_3不是合算策略,而β_3优超于β_4与β_5,所以β_4与β_5也不是合算策略。假定Ⅱ的最优策略为$\boldsymbol{y}^*=(y^*,1-y^*,0,0,0)^{\mathrm{T}}$。

局中人Ⅰ的两个策略都是合算策略,所以$\boldsymbol{E}(\boldsymbol{\alpha}_1,\boldsymbol{y}^*)=v$,$\boldsymbol{E}(\boldsymbol{\alpha}_2,\boldsymbol{y}^*)=v$,即

$$\begin{cases} \dfrac{5}{6}(1-y^*)=\dfrac{5}{8} \\ y^*+\dfrac{1}{2}(1-y^*)=\dfrac{5}{8} \end{cases}$$

得到$y=1/4$。

因此局中人Ⅰ的最优策略为 $\boldsymbol{x}^*=(3/8,5/8)^{\mathrm{T}}$，局中人Ⅱ的最优策略为 $\boldsymbol{y}^*=(1/4,3/4,0,0,0)^{\mathrm{T}}$，对策值为 $v=5/8$。

类似地，可用图解法求解 $m\times2$ 矩阵对策。

例 4.3.3　利用图解法求解矩阵对策 $\boldsymbol{\Gamma}(\boldsymbol{S}_1,\boldsymbol{S}_2;\boldsymbol{A})$，其中

$$\boldsymbol{A}=\begin{pmatrix}2&7\\6&6\\11&2\end{pmatrix}$$

解　设局中人Ⅱ的混合策略为 $\boldsymbol{y}=(y,1-y)^{\mathrm{T}}$。由图4.3.3可知，直线 $\alpha_1,\alpha_2,\alpha_3$ 的纵坐标是局中人Ⅱ采取混合策略 $\boldsymbol{y}=(y,1-y)^{\mathrm{T}}$，局中人Ⅰ采取各个纯策略时，局中人Ⅰ的赢得。根据最不利当中选取最有利的原则，局中人Ⅱ的最优策略就是确定 y，使三个坐标轴的最大者尽可能小。从图4.3.3上看，就是选择 y，使得 $y_1\leqslant y\leqslant y_2$，这时对策值为 $v=6$。由方程组

$$\begin{cases}2y_1+7(1-y_1)=6\\11y_2+2(1-y_2)=6\end{cases}$$

可求解得到 $y_1=1/5,y_2=4/9$。

因此，局中人Ⅱ的最优策略为 $\boldsymbol{y}^*=(y^*,1-y^*)^{\mathrm{T}}$，其中 $1/5\leqslant y^*\leqslant4/9$；局中人Ⅰ的最优策略为 $\boldsymbol{x}^*=(0,1,0)^{\mathrm{T}}$，对策值为 $v=6$。

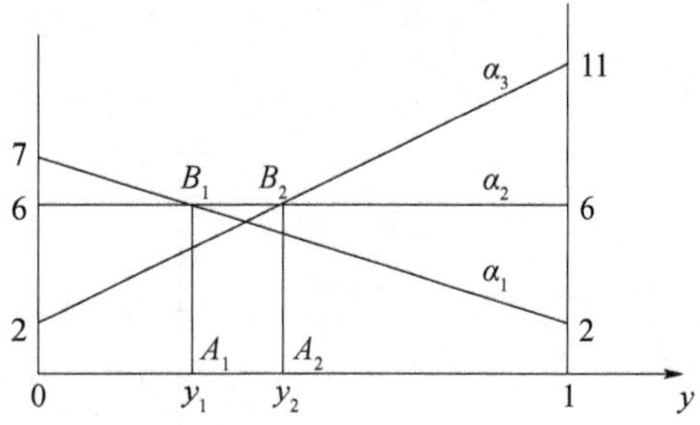

图4.3.3　图解法求解过程

4.3.4　矩阵对策的方程组解法

根据定理4.2.5可知，求矩阵对策 $\boldsymbol{A}$ 的最优解等价于求解下列不等式组

$$\begin{cases}\sum_{i=1}^{m}a_{ij}x_i\geqslant v,j=1,2,\cdots,n\\x_i\geqslant0,i=1,2,\cdots,m\\\sum_{i=1}^{m}x_i=1\end{cases}\qquad\begin{cases}\sum_{j=1}^{n}a_{ij}y_j\leqslant v,i=1,2,\cdots,m\\y_j\geqslant0,j=1,2,\cdots,n\\\sum_{j=1}^{n}y_j=1\end{cases}\tag{4.3.2}$$

又根据定理4.2.4，如果已知局中人最优策略中的 x_i^* 和 y_j^* 均大于零，则可将式(4.3.2)的求解问题转化为下面两个方程组的求解问题

$$\begin{cases}\sum_{i=1}^{m}a_{ij}x_i=v,j=1,2,\cdots,n\\\sum_{i=1}^{m}x_i=1\end{cases}\qquad\begin{cases}\sum_{j=1}^{n}a_{ij}y_j=v,i=1,2,\cdots,m\\\sum_{j=1}^{n}y_j=1\end{cases}\tag{4.3.3}$$

一般地，先求解式(4.3.3)，如果式(4.3.3)存在非负解，则求得了矩阵对策 $\boldsymbol{A}$ 的一个最优解。如果式(4.3.3)不存在非负解，则可视具体情况，将式(4.3.3)中的某些等式改成不等式，继续求解，直至求得正的解为止。由于这种方法事先假定 x_i^* 和 y_j^* 均大于零，故当最优策略中的某些分量实际为零时，式(4.3.3)可能无解。因此，这种方法在实际应用中有一定的局限性。

例 4.3.4 求解例 4.2.1 的"齐王赛马"矩阵对策。

解 由例 4.2.1 可知,齐王的赢得矩阵为

$$A=\begin{pmatrix}3&1&1&1&1&-1\\1&3&1&1&-1&1\\1&-1&3&1&1&1\\-1&1&1&3&1&1\\1&1&-1&1&3&1\\1&1&1&-1&1&3\end{pmatrix}$$

由前面可知,这个矩阵对策没有鞍点,现在求其混合策略解。利用式(4.3.2),可得下面的不等式组

$$\begin{cases}3x_1+x_2+x_3-x_4+x_5+x_6\geqslant v\\x_1+3x_2-x_3+x_4+x_5+x_6\geqslant v\\x_1+x_2+3x_3+x_4-x_5+x_6\geqslant v\\x_1+x_2+x_3+3x_4+x_5-x_6\geqslant v\\x_1-x_2+x_3+x_4+3x_5+x_6\geqslant v\\-x_1+x_2+x_3+x_4+x_5+3x_6\geqslant v\\x_1+x_2+x_3+x_4+x_5+x_6=1\\x_i\geqslant 0,i=1,2,\cdots,6\end{cases}\tag{4.3.4}$$

$$\begin{cases}3y_1+y_2+y_3+y_4+y_5-y_6\leqslant v\\y_1+3y_2+y_3+y_4-y_5+y_6\leqslant v\\y_1-y_2+3y_3+y_4+y_5+y_6\leqslant v\\-y_1+y_2+y_3+3y_4+y_5+y_6\leqslant v\\y_1+y_2-y_3+y_4+3y_5+y_6\leqslant v\\y_1+y_2+y_3-y_4+y_5+3y_6\leqslant v\\y_1+y_2+y_3+y_4+y_5+y_6=1\\y_j\geqslant 0,j=1,2,\cdots,6\end{cases}\tag{4.3.5}$$

先假设双方最优策略中的各个分量均大于零,所以对式(4.3.4)和式(4.3.5)都全部取为等号,并求解可得 $x_i=1/6(i=1,2,\cdots,6)$,$y_j=1/6(j=1,2,\cdots,6)$,$v=1$。

因为 x_i^* 和 y_j^* 均为正,所以齐王的最优策略是 $\boldsymbol{x}^*=(1/6,1/6,1/6,1/6,1/6,1/6)^{\mathrm{T}}$,而田忌的最优策略是 $\boldsymbol{y}^*=(1/6,1/6,1/6,1/6,1/6,1/6)^{\mathrm{T}}$。也即双方都以 1/6 的概率选取每个纯策略。换句话说,每个纯策略被选中的机会是相等的。对策值 $v=1$,说明在整个比赛过程中,如果双方都很理智且保守策略选择秘密的话,总的结局是齐王赢得一千两黄金。

在齐王与田忌赛马的故事中,因为田忌事先知道齐王的策略,所以他有针对性地选取自己的纯策略赢得了一千两黄金。因此,如果一个矩阵对策有鞍点,并且局中人都很理智,即使事先公开自己选取的纯策略,结局仍不会改变。但是,如果对策没有鞍点,则局中人要对自己选取的策略加以保密。否则,公开策略的一方要处于不

利位置。

例 4.3.5　设矩阵对策的赢得矩阵为

$$A=\begin{pmatrix}3&1&1\\1&1&5\\1&4&1\end{pmatrix}$$

试求矩阵对策的最优解和对策值。

解　注意到矩阵 A 中有较多的共同值 1，因此根据定理 4.3.1，可先对矩阵 A 的各元素都减 1，得到

$$A_1=A-\begin{pmatrix}1&1&1\\1&1&1\\1&1&1\end{pmatrix}=\begin{pmatrix}2&0&0\\0&0&4\\0&3&0\end{pmatrix}$$

先求解矩阵对策 A_1。利用式(4.3.2)，可得下列两个不等式组

$$\begin{cases}2x_1\geqslant v_1\\3x_3\geqslant v_1\\4x_2\geqslant v_1\\x_1+x_2+x_3=1\\x_1,x_2,x_3\geqslant 0\end{cases}\tag{4.3.6}$$

$$\begin{cases}2y_1\leqslant v_1\\4y_3\leqslant v_1\\3y_2\leqslant v_1\\y_1+y_2+y_3=1\\y_1,y_2,y_3\geqslant 0\end{cases}\tag{4.3.7}$$

将式(4.3.6)和式(4.3.7)中所有不等式都取为等式并求解可得到

$$\begin{cases}x_1=\dfrac{6}{13}\\x_2=\dfrac{3}{13}\\x_3=\dfrac{4}{13}\end{cases},\qquad\begin{cases}y_1=\dfrac{6}{13}\\y_2=\dfrac{4}{13}\\y_3=\dfrac{3}{13}\end{cases},\qquad v_1=\frac{12}{13}$$

根据定理 4.3.1，可得到原矩阵对策 A 的最优策略为

$$\boldsymbol{x}^*=\left(\frac{6}{13},\frac{3}{13},\frac{4}{13}\right)^{\mathrm{T}},\boldsymbol{y}^*=\left(\frac{6}{13},\frac{3}{13},\frac{4}{13}\right)^{\mathrm{T}}$$

对策值为

$$v=v_1+1=\frac{12}{13}+1=\frac{25}{13}$$

4.3.5　矩阵对策的线性规划解法

在矩阵对策的方程组解法中，我们提到过求矩阵对策 A 的最优解等价于求解下列不等式组

$$\begin{cases} \sum_{i=1}^{m} a_{ij}x_i \geqslant v, j = 1,2,\cdots,n \\ x_i \geqslant 0, i = 1,2,\cdots,m \\ \sum_{i=1}^{m} x_i = 1 \end{cases} \tag{4.3.8}$$

$$\begin{cases} \sum_{j=1}^{n} a_{ij}y_j \leqslant v, i = 1,2,\cdots,m \\ y_j \geqslant 0, j = 1,2,\cdots,n \\ \sum_{j=1}^{n} y_j = 1 \end{cases} \tag{4.3.9}$$

实际上,求解这两个不等式组可以转化为求解与之等价的两个线性规划问题。由定理4.3.1可以不妨设 $v>0$(否则,通过加上一个足够大的正数即可做到这一点)。

对于式(4.3.8),令

$$x_i' = \frac{x_i}{v}, i=1,2,\cdots,m \tag{4.3.10}$$

则式(4.3.8)化为

$$\begin{cases} \sum_{i=1}^{m} a_{ij}x_i' \geqslant 1, j = 1,2,\cdots,n \\ x_i' \geqslant 0, i = 1,2,\cdots,m \\ \sum_{i=1}^{m} x_i' = \frac{1}{v} \end{cases}$$

对局中人Ⅰ来讲,总希望 v 越大越好即 $w=\frac{1}{v}$ 越小越好,故式(4.3.8)可化为如式(4.3.11)线性规划

$$\min w = \sum_{i=1}^{m} x_i'$$

$$(L_x)\begin{cases} \sum_{i=1}^{m} a_{ij}x_i' \geqslant 1, j = 1,2,\cdots,n \\ x_i' \geqslant 0, i = 1,2,\cdots,m \end{cases} \tag{4.3.11}$$

类似地,式(4.3.9)可化为如式(4.3.12)线性规划

$$\max w = \sum_{j=1}^{n} y_j'$$

$$(L_y)\begin{cases} \sum_{j=1}^{n} a_{ij}y_j' \leqslant 1, i = 1,2,\cdots,m \\ y_j' \geqslant 0, j = 1,2,\cdots,n \end{cases} \tag{4.3.12}$$

其中

$$y_j' = \frac{y_j}{v}, j = 1, 2, \cdots, n \tag{4.3.13}$$

可以看出,线性规划(L_x)与(L_y)是互为对偶的(有关对偶规划的理论可查阅运筹学有关书籍),所以只需求解一个线性规划问题,就可得到另一个线性规划的解,然后利用式(4.3.10)与式(4.3.11)即可得到原矩阵对策 $\boldsymbol{A}$ 的最优解。

例 4.3.6　设矩阵对策的赢得矩阵为

$$\boldsymbol{A} = \begin{pmatrix} 1 & 3 & 3 \\ 4 & 2 & 1 \\ 3 & 2 & 2 \end{pmatrix}$$

试求矩阵对策的最优策略与对策值。

解　利用式(4.3.11)和式(4.3.12),可得到下面两个互为对偶的线性规划问题(L_x)与(L_y)

$$\min w = x_1' + x_2' + x_3' \qquad\qquad \max u = y_1' + y_2' + y_3'$$

$$(L_x)\begin{cases} x_1' + 4x_2' + 3x_3' \geqslant 1 \\ 3x_1' + 2x_2' + 2x_3' \geqslant 1 \\ 3x_1' + x_2' + 2x_3' \geqslant 1 \\ x_i' \geqslant 0, i = 1, 2, 3 \end{cases} \qquad (L_y)\begin{cases} y_1' + 3y_2' + 3y_3' \leqslant 1 \\ 4y_1' + 2y_2' + y_3' \leqslant 1 \\ 3y_1' + 2y_2' + 2y_3' \leqslant 1 \\ y_j' \geqslant 0, j = 1, 2, 3 \end{cases} \tag{4.3.14}$$

利用单纯形法求解(L_x)可得

$$\boldsymbol{x}' = \left(\frac{1}{7}, 0, \frac{2}{7}\right)^{\mathrm{T}}, \boldsymbol{y}' = \left(\frac{1}{7}, 0, \frac{2}{7}\right)^{\mathrm{T}}, w = u = \frac{3}{7}$$

所以,原矩阵对策 $\boldsymbol{A}$ 的值为

$$v = \frac{1}{w} = \frac{7}{3}$$

由式(4.3.10)与式(4.3.13)可得局中人双方的最优策略为

$$\boldsymbol{x}^* = v\boldsymbol{x}' = \left(\frac{1}{3}, 0, \frac{2}{3}\right)^{\mathrm{T}}, \boldsymbol{y}^* = v\boldsymbol{y}' = \left(\frac{1}{3}, 0, \frac{2}{3}\right)^{\mathrm{T}}$$

用线性规划解法可以求解任意矩阵对策。注意,这个方法要求矩阵对策的值为正。一般地,只要赢得矩阵的每个元素为正,那么矩阵对策的值一定为正,所以可以利用定理4.3.1保证矩阵对策的值为正。

4.4　军事上典型的矩阵对策模型

对策论研究对策现象时,是将竞争各方看成有理智的局中人,对策解是指对策的一种平衡局势,那么我们应如何理解对策的解?实际上,当矩阵对策在纯策略意义下存在最优解时,局中人采用对策解所对应的最优策略,能保证他的赢得(或损失)在不依赖其他局中人的情况下不少于(或不多于)对策值,而不是达到整个对策的最优值。当矩阵对策在纯策略意义下不存在最优解时,最优混合策略给出的是概率意义下的最优策略。如果能够多次重复对策,每次局中人按最优混合策略的概率分布选取纯策略进行对抗,则多次对抗结果的平均赢得(或损失)不少于(或不多于)对策值。因此,矩阵对策在混

合策略意义下的解更适用于多次重复对抗的情况，但实际上，对策往往是一次性的对抗行为，这是应如何理解对策解？事实上，对策论是研究对策现象，给出分析结果，为局中人提供决策支持，局中人在实际对抗中应根据对策分析结果，结合实际背景、其他局中人情况等各种自然、心理因素，灵活使用策略。下面是几个典型的有关军事问题的矩阵对策模型。

4.4.1 反舰导弹攻防问题

突击编队（水面舰艇或空中编队）在使用反舰导弹（舰舰导弹或空舰导弹）对敌方水面舰艇编队进行攻击时，即可使用雷达末制导的反舰导弹，也可以使用红外末制导的反舰导弹。与此同时，水面舰艇在抗击反舰导弹时可以使用雷达干扰器材（如各种干扰机、箔条干扰弹等）或红外干扰器材（如红外干扰弹）对反舰导弹的末制导进行干扰。表 4.4.1 给出了反舰导弹的命中概率。双方应如何对策。

表 4.4.1 反舰导弹的命中概率

水面舰艇 反舰导弹	雷达干扰	红外干扰
雷达末制导	0.25	0.70
红外末制导	0.85	0.05

解 可以看出对策双方可采取的策略是：

攻击编队的策略：α_1 为使用雷达末制导反舰导弹；α_2 为使用红外末制导反舰导弹。

敌方水面舰艇编队的策略：β_1 为使用雷达干扰器材；β_2 为使用红外干扰器材。

将赢得设定为“反舰导弹的命中概率”，则该对策的赢得矩阵为

$$\begin{array}{c} \\ \alpha_1 \\ \alpha_2 \end{array}\begin{array}{c} \begin{array}{cc} \beta_1 & \beta_2 \end{array} \\ \begin{bmatrix} 0.25 & 0.70 \\ 0.85 & 0.05 \end{bmatrix} \end{array} \tag{4.4.1}$$

求解矩阵对策，得出突击编队最优混合策略是 $\boldsymbol{x}^* = (0.64, 0.36)^{\mathrm{T}}$，敌方水面舰艇编队的最优策略是 $\boldsymbol{y}^* = (0.64, 0.36)^{\mathrm{T}}$，对策值（导弹命中概率的期望值）为 0.47。

因此，实际作战中，为达到好的射击效果，攻击方可以按照最优混合策略的比例混合使用上述两种反舰导弹。

4.4.2 要地防空兵部署问题

我方可供部署的防空兵力，包括装备有不同口径高炮的高炮部队，以及装备各型导弹的地空导弹部队。敌方对我发动空中打击所使用的兵器可能有巡航导弹、战术攻击机（战斗轰炸机）和战略轰炸机，巡航导弹以超低空方式来袭，战术轰炸机一般将在中、低空投放制导炸弹攻击地面目标，战略轰炸机通常在高空投掷制导炸弹攻击地面目标。各种防空兵器对各种空袭兵器拦截概率的估算见表 4.4.2。我方应如何采取策略。

表4.4.2　防空兵器拦截概率

防空兵器 \ 空袭方式	巡航导弹 超低空来袭	战术攻击机 中低空攻击	战略轰炸机 中高空攻击
高炮	0.5	0.2	0.0
近程地空导弹	0.3	0.7	0.0
中远程地空导弹	0.0	0.4	0.8

解　可以看出我方防御策略有：

α_1 为使用高炮；α_2 为使用近程地空导弹；α_3 为使用中远程地空导弹。

敌方的进攻策略有：

β_1 为使用巡航导弹；β_2 为使用战术攻击机；β_3 为使用战略轰炸机。

将赢得设定为"我方兵器的拦截概率"，则该我方的赢得矩阵为

$$\begin{array}{c} \\ \alpha_1 \\ \alpha_2 \\ \alpha_3 \end{array}\begin{array}{c} \begin{array}{ccc} \beta_1 & \beta_2 & \beta_3 \end{array} \\ \begin{bmatrix} 0.5 & 0.2 & 0.0 \\ 0.3 & 0.7 & 0.0 \\ 0.0 & 0.4 & 0.8 \end{bmatrix} \end{array} \tag{4.4.2}$$

求解矩阵对策，得出我方防御的最优混合策略是 $\boldsymbol{x}^* = (0.57, 0.05, 0.38)^{\mathrm{T}}$，敌方进攻的最优策略是 $\boldsymbol{y}^* = (0.52, 0.21, 0.27)^{\mathrm{T}}$，对策值(拦截概率的期望值)为0.30。

根据这个对策解，可以建议决策者采取如下兵力配置方案：在整个防空系统中，高炮占57%，近程地空导弹占5%，中远程地空导弹占38%，此时防空系统的拦截概率能保证不小于0.3。

4.4.3　攻防对策问题

红方派出两架轰炸机 H_1 和 H_2 袭击蓝方的阵地。轰炸机 H_1 在前面，H_2 在后面。两架轰炸机中一架携带炸弹，执行轰炸任务，另一架伴动。轰炸机在执行任务的途中将受到蓝方一架歼击机的拦截。如果歼击机攻击 H_1，则歼击机将同时遭到两架轰炸机的还击。如果歼击机攻击 H_2，则歼击机将只遭到 H_2 的还击。两架轰炸机击毁歼击机的概率均为 $P_1 = 0.4$，歼击机击毁轰炸机的概率 $P_2 = 0.9$。两架轰炸机的任务是携带炸弹到目标区上空进行轰炸，歼击机的任务是击毁带炸弹的轰炸机。对红方来说，最好让哪一架轰炸机携带炸弹？对蓝方来说，最好是让歼击机攻击哪一架轰炸机？

解　根据问题的性质可知：

红方有两个策略：α_1 为 H_1 携带炸弹；α_2 为 H_2 携带炸弹。

蓝方也有两个策略：β_1 为歼击机攻击 H_1；β_2 为歼击机攻击 H_2。

该对策问题的赢得矩阵为。

$$\begin{array}{c} \\ \alpha_1 \\ \alpha_2 \end{array}\begin{array}{c} \begin{array}{cc} \beta_1 & \beta_2 \end{array} \\ \begin{bmatrix} a_{11} & a_{12} \\ a_{21} & a_{22} \end{bmatrix} \end{array}$$

(1) (α_1, β_1) 为 H_1 携弹，歼击机攻击 H_1。此时，要使 H_1 不被击毁，要么歼击机被红

方轰炸机炸毁,要么歼击机虽未被击毁,但它未能击毁 H_1。故

$$a_{11}=[1-(1-P_1)^2]+(1-P_1)^2(1-P_2)=0.676$$

(2) (α_2,β_1) 为 H_2 携弹,歼击机攻击 H_1。此时,歼击机攻错目标,携弹轰炸机 H_2 顺利突破歼击机的拦截,故 $a_{21}=1$。

(3) (α_1,β_2) 为 H_1 携弹,歼击机攻击 H_2。此时,同(2)的情形,$a_{12}=1$。

(4) (α_2,β_2) 为 H_2 携弹,歼击机攻击 H_2。此时,要使 H_2 不被击毁,或者歼击机被 H_2 击毁,或者歼击机虽未被击毁,但它未能击毁 H_2。故 $a_{22}=P_1+(1-P_1)(1-P_2)=0.46$。得到红方的赢得矩阵为

$$\begin{bmatrix}0.676 & 1\\ 1 & 0.46\end{bmatrix} \tag{4.4.3}$$

该对策没有鞍点。可求得

$$X^*=(0.63,0.37),Y^*=(0.63,0.37),V=0.8$$

这就是说,在多次进行对策时,红方应以 63% 的次数让轰炸机 H_1 携带炸弹,而以 37% 的次数让轰炸机 H_2 携带炸弹。蓝方的歼击机应以 63% 的次数攻击轰炸机 H_1,而以 37% 的次数攻击 H_2。在双方都各自采取自己的最优混合策略时,红方派出的两架轰炸机将有 80% 的次数或 80% 的概率能完成轰炸任务。

本章小结

本本章介绍的主要内容包括:①对策论的基本概念;②矩阵对策;③矩阵对策的求解;④军事上典型的矩阵对策模型。

在介绍对策论的基本概念和分类的前提下,本章主要针对二人零和矩阵对策模型的建立和求解进行了详细介绍。介绍了最优纯策略和最优混合策略求解的核心思想:最小最大值原理。并对最优混合策略的求解方法:图解法、方程组解法和线性规划解法进行了详细介绍。

最后针对矩阵对策的军事应用,给出了几个典型的矩阵对策模型。

习　题

4.1　设红、蓝双方指挥官各自统帅一定数量的军队,他们在为争夺某地区的几个阵地而部署必要的兵力。为具体起见,不妨设共有两个阵地 A、B。红方有 4 个营的兵力,蓝方有 3 个营的兵力。假设双方军队战斗素质相当,因此只有一方的兵力数量比对方兵力数量多时才能把对方打败。再假设指挥官只能按军队建制成营调动或分配兵力。战斗效果是这样规定的:消灭对方一个营得 1 分,占领阵地一个得 1 分,双方得失相当记为 0 分。试以红方为标准,建立矩阵对策模型。

4.2　设红、蓝双方争夺 n 块战斗要地。假设这些地区均由蓝方把守,各个地区的重要性依次给予评分为 $a_1>a_2>\cdots>a_n>0$。红方准备攻打其中一些阵地,从集中优势兵力的原则,将会选择其中某几个地区作为攻击目标,而防守方也可能集中兵力防守某些重点地区。于是存在一个选择重要的攻击(防守)顺序并部署兵力的问题。设红方攻打第 i 个

地区而蓝方并未防守(或蓝方基本上未加防守),该地区较完整地落入红方手中,当然该地区重要性评分仍为 a_i;若红军攻打第 i 个地区却遭受蓝方的抵抗,目标设施受到破坏而使重要性评分受到影响,评分设为 $p_i a_i$,其中 $0 \leqslant p_i < 1$。试以红方为标准,写出对抗双方间的战斗支付矩阵。

4.3 K 方派出两架飞机去袭击 C 方的某个设施,每一架飞机都带有威力巨大的杀伤武器,只要有一架飞机飞到目的地,这个设施就肯定被摧毁。飞机从Ⅰ、Ⅱ、Ⅲ三个方向任选一个方向接近目标。C 方有三门高射炮,可配置在三个方向的任何一个方向。结果是一架飞机遇上一门炮,飞机被摧毁;两架飞机遇上两门炮,飞机全被摧毁;如果两架飞机遇上一门炮,则有一架飞机被摧毁,有一架能突破高射炮防御,飞到目的地。试列出双方的策略集以及飞机完成任务概率的赢得矩阵。

4.4 求解下列矩阵对策的最优纯策略与值,其中赢得矩阵是

(1) $\begin{pmatrix} 17 & 10 & 31 \\ 30 & 1 & 5 \end{pmatrix}$ (2) $\begin{pmatrix} -6 & 2 & 0 & 19 \\ 4 & 4 & 3 & 5 \\ -5 & -3 & -1 & -6 \end{pmatrix}$ (3) $\begin{pmatrix} 1 & 1 & 1 & 1 \\ 1 & 1 & 2 & 3 \end{pmatrix}$

4.5 设矩阵对策 $\boldsymbol{\Gamma}$ 的赢得矩阵为

$$\boldsymbol{A} = \begin{pmatrix} 2 & 4 & 0 \\ 1 & 0 & 4 \end{pmatrix}$$

(1) 若局中人Ⅰ选取混合策略 $\boldsymbol{x} = (3/5, 2/5)^{\mathrm{T}}$,局中人Ⅱ选取混合策略 $\boldsymbol{y} = (4/5, 0, 1/5)^{\mathrm{T}}$,求局中人Ⅰ的期望赢得;

(2) 若局中人Ⅰ,Ⅱ分别选取 $\boldsymbol{x} = (3/5, 2/5)^{\mathrm{T}}$ 和纯策略 β_2,求Ⅰ的期望赢得;

(3) 若局中人Ⅰ选取纯策略 α_1,局中人Ⅱ选取混合策略 $\boldsymbol{y} = (4/5, 0, 1/5)^{\mathrm{T}}$,求局中人Ⅰ的期望赢得。

4.6 写出下列 2×2 矩阵对策的最优策略和对策值,其中赢得矩阵为

(1) $\begin{pmatrix} 2 & 5 \\ 3 & 1 \end{pmatrix}$ (2) $\begin{pmatrix} 0 & 1 \\ 2 & 0 \end{pmatrix}$

4.7 用图解法求解下列矩阵对策,其中赢得矩阵为

(1) $\begin{pmatrix} 2 & 4 \\ 2 & 3 \\ 3 & 2 \\ -2 & 6 \end{pmatrix}$ (2) $\begin{pmatrix} 1 & 3 & 11 \\ 8 & 5 & 2 \end{pmatrix}$

4.8 用方程组解法求解下列矩阵对策,其中赢得矩阵为

(1) $\begin{pmatrix} 0 & 1 & 2 \\ 2 & 0 & 1 \\ 1 & 2 & 0 \end{pmatrix}$ (2) $\begin{pmatrix} 2 & 1 & -4 \\ 0 & -3 & 2 \\ 4 & 0 & 0 \end{pmatrix}$

(3) $\begin{pmatrix} 2 & 2 & 6 \\ 2 & 10 & 2 \\ 8 & 2 & 2 \end{pmatrix}$ (4) $\begin{pmatrix} 10 & 0 & -8 \\ 18 & 6 & -12 \\ -2 & 6 & 4 \end{pmatrix}$

4.9 求解下列矩阵对策,其中赢得矩阵为

$$
(1)\begin{pmatrix} 1 & 1 & 2 & 2 & 3 \\ 1 & 8 & 4 & 4 & -1 \\ 8 & 8 & 4 & 6 & 2 \\ 7 & 5 & 6 & 3 & 6 \\ 7 & 2 & 7 & 5 & -1 \end{pmatrix} \qquad (2)\begin{pmatrix} 4 & 8 & 6 & 0 \\ 8 & 4 & 6 & 8 \\ 4 & 8 & 8 & 0 \\ 8 & 0 & 0 & 16 \end{pmatrix}
$$

4.10 用线性规划解法求解下列矩阵对策,其中赢得矩阵为

$$
(1)\begin{pmatrix} 8 & 2 & 4 \\ 2 & 6 & 6 \\ 6 & 4 & 4 \end{pmatrix} \qquad (2)\begin{pmatrix} 2 & 0 & 2 \\ 0 & 3 & 1 \\ 1 & 2 & 1 \end{pmatrix}
$$

4.11 设红、蓝双方交战,蓝方用三个师防御一座城,有两条公路可通往该城。红方用两个师的兵力进攻这座城,可能两个师各走一条公路,也可能走同一条公路。防御方可用三个师的兵力防守一条公路;也可以用两个师的兵力防守一条公路,一个师的兵力防守另一条公路。哪方在某一公路上的兵力数量多,哪方就控制了该公路;如果双方在某一条公路上的兵力相同,则双方控制该公路的机会各一半。试写出进攻方攻下这座城的概率赢得矩阵,并计算双方的最优策略与对策值。

第5章　决策优化基础

在现代军事活动中,决策处于十分重要的地位。军事指挥员在筹划行动方案时,常常遇到各种不确定情况,如何在这种情况下决定正确的行动方案是我军各级指挥员十分重视和关心的问题。决策就是这样一种运筹方法,它可以帮助指挥员在不确定情况下做出正确的决策。在现代战争条件下,由于情报信息急剧增长,战争瞬息万变,情况日益复杂,决策的好坏直接影响到战争的成败,所以仅凭以往的经验决策是不够的,指挥员必须掌握科学的决策理论和方法。

本章首先介绍决策的概念,然后针对单目标决策介绍决策表模型和决策树模型,以及确定型决策、风险型决策和不确定型决策的决策方法,针对多目标决策只介绍层次分析方法,最后给出几个军事上典型的决策优化模型。

5.1　决策的概念和分类

5.1.1　决策问题的提出

在介绍决策的基本概念与类型之前,先举两个实际决策问题,让我们看一看它们有何特征。

例5.1.1　舰载雷达发生故障的情况有三种,根据以往的维护经验可以估计出不同情况下发生故障的概率为0.2、0.3和0.5。现有三种修理方案,各种修理方案的费用见表5.1.1。试问:舰艇指挥员选择哪一种修理方案,使修理费用最少?

表5.1.1　雷达修理方案

故障 / 费用 / 方案	上部故障	中部故障	下部故障
	0.2	0.3	0.5
Ⅰ	65	65	65
Ⅱ	35	35	100
Ⅲ	20	55	80

例5.1.2　某海军陆战部队接到上级命令,要求用最短的时间由甲阵地赶到乙阵地。可供选择的行军路线有两条:Ⅰ与Ⅱ。这两条线路均可能遭遇敌埋伏。第Ⅰ条线路遭遇敌埋伏的概率为0.6;如果遭遇敌埋伏,则行军时间为7h;如果没遭遇敌埋伏,则行军时间为3h;第Ⅱ条线路遭遇敌埋伏的概率为0.3;如果遭遇敌埋伏,则行军时间为10h;如果没遭遇敌埋伏,则行军时间为5h。试问:指挥员应如何选择行军路线,使得能以最短的时间由甲阵地赶到乙阵地?

这两个问题都需要在几个方案中选择一个来实施,这类问题称为决策问题。如何选择最优的决策方案是这一章要介绍的,下面首先介绍决策的基本概念。

5.1.2 决策的概念

决策(Decision)是一个在各种层次被广泛使用的概念。现在关于决策概念的表述大致可以分为两种:一种为狭义的表述,认为决策是选择方案的活动,是领导的行为;另一种为广义的表述,认为决策是一个提出问题、研究问题、拟订方案、选择方案并实施方案的全过程。即决策就是主体以问题为导向,对组织或个人未来的行动方向、目标、方法和原则所做的判断和抉择。决策问题一般具有两个特征:一是决策要面向尚未发生的事件,存在一定的不确定性;二是决策追求"一次成功率"。

1. 决策要素

一般地,决策要素具有以下几点。

(1) 决策者。

决策者也称决策主体,是决策行为的发出者。决策者可以是个体,也可以是群体。在部队中,指挥员就是决策者。

(2) 决策目标。

决策目标是决策者的期望,在多数情况下用方案的益损函数或效益指标表示。

决策目标的合理性直接影响到决策结果的合理性。确定决策目标的三个基本原则如下。

① 利益兼顾原则。决策目标是必须同时兼顾国家利益、集体利益和个人利益,但个人利益服从国家和集体利益,在实现组织目标的同时使个人的正当需求得到满足。

② 目标量化原则。决策目标应尽可能地量化,具有可以计算其结果、规定其时间、确定其责任者的特点,便于度量、评价和考核。

③ 结果满意原则。实际决策不可能总是最优的,难以用最少的资源获得最大的效益,而只能做到用有限的资源获得最大的效益,或者是预期的效益。而且,任何一种决策方案的实施效果都不可能使各方面均达到最优。因此,决策结果只能以满意为原则。

(3) 行动方案。

行动方案是达到目的的手段,是选择的对象。行动方案的制订是整个决策过程中极为重要的阶段。把决策中若干个各有优劣的行动方案组成的集合称为方案集合。

通常用 $\boldsymbol{A}$ 表示方案集合,$\boldsymbol{A}_i(i=1,2,\cdots,m)$ 表示某个行动方案。如果行动方案有限,则记作 $\boldsymbol{A}=\{A_1,A_2,\cdots,A_m\}$。

(4) 决策环境或条件。

决策环境是各种方案可能面临的自然状态或态势,即不以个人的意志为转移的客观条件,如气候情况、海战场环境、武器装备状况等。

一般地,用 θ 表示自然状态的集合,$\theta_j(j=1,2,\cdots,n)$ 表示某一自然状态,则

$$\theta=\{\theta_1,\theta_2,\cdots,\theta_n\}$$

2. 决策的科学体系

决策的科学体系是研究决策活动共同规律的学问,由决策方法学、决策行为学、决策组织学三个层次组成。

决策方法学重点研究决策的基本概念、标准、原理、原则、步骤、方法等,是决策科学的基础层次。

决策行为学是决策科学的中间层次。决策行为学以决策者的行为为对象来研究决策

的总体科学化。为了实现决策行为的总体科学化,就要研究影响决策者行为的各种因素,包括心理的、知识的、信息的、手段的、方式的等,以及这些因素的相互关系。

决策的组织问题是决策的最高层次。决策组织学就是把一个组织的全部决策作为一个系统,探究各项决策之间的关系,充分利用彼此的有利因素,最大限度地消除或防范冲突,提高决策系统的整体效果。

5.1.3　决策的类型

从不同角度研究决策,可将决策问题归结为下列不同的类型。

(1) 按决策者职能划分。

按决策者职能可以把决策分为专业决策、管理决策、公共决策和指挥决策等。

专业决策也称为专家决策,是指各类专业人员在职业标准的范围内,根据自己或别人提供的经验和专门知识所进行的判断和抉择。

管理决策是指军事、企业、事业单位的管理者所进行的决策。

公共决策也称社会决策,指国家、行政管理机构和社会团体所进行的决策。

指挥决策(Command Decision)是指挥员和军事领导机关,为了达到预期目的,从可行方案中选择最优(或满意)方案的思维活动,也是军事指挥员和军事领导机关对军事活动或作战行动方案优化选择的活动。指挥决策的任务是定下决心和制订实现决心的行动计划。在作战指挥活动中,定下决心是最重要、最核心的活动。定下决心的实质是确定作战目标和达到目标的行动以及所需要的兵力兵器和时间。按决策层次分,指挥决策可以分为战略决策、战役决策和战术决策。战略决策是指空间上的宏观决策或时间上的长期决策,战役决策是指空间上的中观决策或时间上的中期决策,战术决策是指空间上的微观决策或时间上的短期决策。按问题的结构分,指挥决策可以分为结构性决策、非结构性决策和半结构性决策。结构性决策的特点有三个:一是决策问题表示的明确性,二是决策问题可定量化,三是决策问题求解的唯一性。非结构性决策与之相反。在实际中,许多问题介于两者之间,即所谓半结构性决策。这类问题一部分明确,一部分不明确。

(2) 按决策问题的性质划分。

按决策问题的性质可把决策问题分为程式决策和非程式决策。

程式决策也称常规决策,是指那些经常重复出现的决策问题。比如例 5.1.1 中的设备维修方案决策问题。

非程式决策是指那些尚未发生过,不容易重复出现的决策问题。例如在战斗中指挥员所做出的军事决策问题。按决策问题面临自然状态性质分,指挥决策可以分为对抗性决策和非对抗性决策。

(3) 按决策环境划分。

按决策环境的不同,决策问题可分为确定型决策、风险型决策和不确定型决策。有关它们的区别和详细情况可见本书 5.2 节。

(4) 按决策目标数量划分。

按决策目标数量划分,决策可以分为单目标决策和多目标决策。

5.1.4　决策过程与步骤

决策是一个不断发现问题并不断解决问题的过程。美国西蒙(H. A. Simon)教授把它划分为四个阶段。

1. 情报活动

情报活动主要解决“做什么”的问题，是审时度势、确定决策问题和决策时机的阶段。决策者在决策过程中首先要分辨在什么情况下需做出什么决策。这就要求决策者必须善于发现问题、抓住机遇，避免和克服危机。环境在不断变化，对新的情况做出正确反映是不容易的。决策者在某一时刻只能集中精力对付少数几个问题，很难了解所有情况。因此，可以说情报是决策的基础和保障。

2. 设计活动

设计活动是寻找多种途径解决问题的阶段，是行动方案的探求过程。设计活动强调提出多个方案供决策者选择。只有一种方案的设计是不够的。

3. 抉择活动

抉择活动是预估、评价和选择方案的过程，在预估、评价各方案后的基础上选择一种行动方案。方案结果与评价准则的多样性以及决策者个人因素等决定了抉择是十分困难的。

4. 实践活动

实践活动是对决策执行、跟踪和学习的过程。

5.2 单目标决策模型及方法

5.2.1 决策模型

1. 决策表模型

决策表模型是定量描述决策问题的基本形式之一。

假设有 m 个待决策方案（或行动方案、决策变量）$A_i(i=1,2,\cdots,m)$ 和 n 个自然状态 $\theta_j(j=1,2,\cdots,n)$。决策方案 A_i 在自然状态 θ_j 下的益损值为

$$w_{ij}=f(A_i,\theta_j)$$

决策方案也可称为行动方案或决策变量，是决策者可控制的因素。益损值 w_{ij} 可以表示收益，也可以表示损失。当 w_{ij} 表示收益时，对决策者来讲，w_{ij} 越大越好；而当 w_{ij} 表示损失时，对决策者来讲，w_{ij} 越小越好。自然状态又称状态变量或决策环境，是决策者不可控制的因素。

将决策方案、自然状态和益损值填入表 5.2.1 中，就能得到描述决策问题的决策表模型。

表 5.2.1 决策问题的决策表

自然状态 益损值 决策方案		自 然 状 态					
		θ_1	θ_2	…	θ_j	…	θ_n
行动方案	A_1	w_{11}	w_{12}	…	w_{1j}	…	w_{1n}
	A_2	w_{21}	w_{22}	…	w_{2j}	…	w_{2n}
	⋮	⋮	⋮	⋮	⋮	⋮	⋮
	A_i	w_{i1}	w_{i2}	—	w_{ij}	—	w_{in}
	⋮	—	—	—	—	—	—
	A_m	w_{m1}	w_{m2}	—	w_{mj}	—	w_{mn}

2. 决策树模型

决策树模型是定量描述决策问题的又一种形式。

决策树是由一些节点、线段和附注的数据组成的树状图,决策树可以清楚地表达决策问题的结构、过程和细节,利用决策树进行决策十分清晰、直观和方便。在决策树中,节点分为三类:一类是决策节点,在图中用"□"表示;另一类是随机节点,在图中用"○"表示;还有一类是结果节点,用"△"表示。图5.2.1就是例5.1.2的决策树。

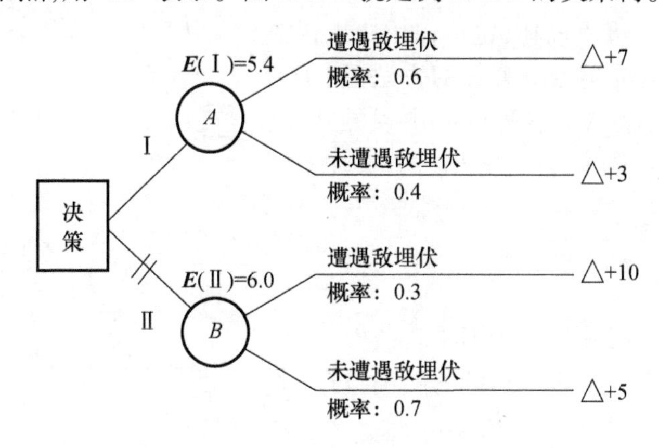

图5.2.1　例5.1.2的决策树

决策节点,描述了整个决策问题中需要做出抉择的若干个子问题之一。由决策节点引出的不同线段,代表在此决策子问题上可供决策者进行选择的不同的行动方式。在这些决策选择中,决策者只能择一而行。各决策选择的名称,应标注在由决策节点引出的各线段的上方。

随机节点,描述了整个决策问题中将会发生的若干个不确定性事件之一。由随机节点引出的不同线段,代表在此不确定事件中可能发生的不同结果。在一个不确定事件中,只有一个结果,也必然有一个结果发生。各随机结果的名称应标注在由随机节点引出的各线段上方,各随机结果的发生概率应标注在由随机节点引出的各线段下方。

决策树的另一个要素是决策结果及其价值。在一个决策问题中,当其中包含的所有决策选择和所有不确定事件都明确以后,就将产生一个确定的结果。为了能进行定量分析,必须在所有决策结果上产生一个价值函数,并把各个决策结果的价值函数的具体数值标注在它所对应的树状图的各个树梢处。在一个决策树中,所有的树梢,就构成了这个决策问题的所有可能结果的集合。

针对具体决策问题,在建立决策树模型时,要首先搞清楚问题中所包含的各种因素及其在时间或逻辑上的相互联系,然后,根据诸因素在时间上或逻辑上的相互联系,画出相应的决策树。凡是决策问题中需要在几种选择中确定其中之一予以实施的地方,就用决策节点对其进行描述;在决策问题中凡是涉及不确定事件的地方,就用随机节点对其进行描述。

3. 决策树与决策表的转换

决策表和决策树是决策问题的两种表达和分析形式,前者称为决策的正规形式,后者称为决策的展开形式。决策表比较简约,决策树则比较具体细致。有些决策问题,既可以用决策表表示，也可以用决策树描述；另有些结构比较复杂的决策问题，难以用决策表描述，只能用决策树进行描述和分析。但任何可以用决策表描述的问题却一定可以用决策树进行描述和分析。实际上，任何一个决策表可以转换成图5.2.2所示的决策树。

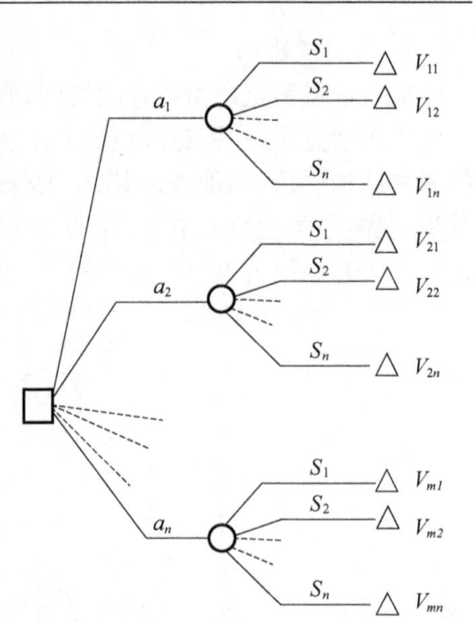

图5.2.2　决策表所对应的决策树

对于既可以用决策表描述，也可以用决策树描述的问题，将决策树转换为决策表的方法是：①列出所有的决策方案；②列出各种可能出现的状态；③列出各状态的发生概率；④计算出各方案在不同状态下的结果价值。

5.2.2　确定型决策

确定型决策问题必须具备如下4个条件：

（1）决策者具有一个希望达到的明确目标（收益较大或损失较小）；

（2）只存在一个确定的自然状态；

（3）决策者有可供选择的两个或两个以上的行动方案；

（4）不同的行动方案在确定状态下的益损值可以计算出来。

在例5.1.2中，如果已知敌人不会出现，则可得确定型决策问题的益损矩阵，见表5.2.2。

表5.2.2　确定的行军路线问题

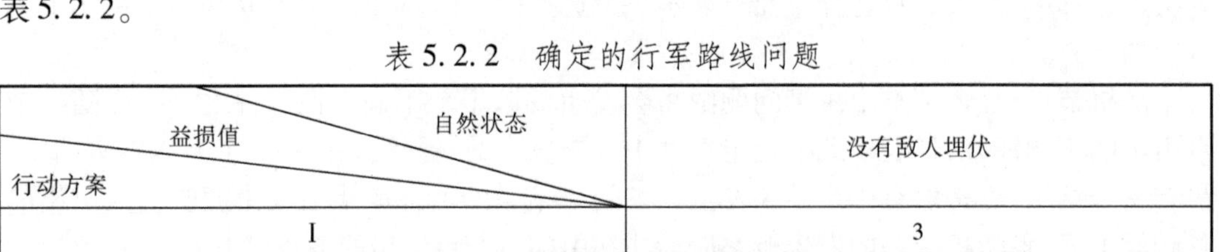

行动方案 \ 益损值 \ 自然状态	没有敌人埋伏
Ⅰ	3
Ⅱ	5

从表5.2.2可以看出，如果没有敌人埋伏，走第Ⅰ条线路需要3h，走第Ⅱ条线路需要5h。通过比较易知，走第Ⅰ条线路时间短，所以当然选定走第Ⅰ条线路。

确定型决策看似简单，但如果决策问题结构复杂，可供选择的方案和限制条件很多，就很难得出最佳方案。实际上，本书第2章中所介绍的数学规划问题就是一种确定型决策问题。

5.2.3　风险型决策

风险型决策是指存在两种以上的可能自然状态，且决策者了解自然状态出现的概率，决策者只是在概率意义下求得备选方案的价值，所以做出的决策带有一定的风险。它具备如下5个条件：

（1）决策者具有一个希望达到的明确目标（收益较大或损失较小）；

（2）存在两个以上的行动方案可供决策者选择；

（3）存在两个或两个以上的不以决策者主观意志为转移的自然状态；

（4）不同的行动方案在不同自然状态下的益损值可以计算出来；

（5）在几种不同的自然状态中，未来究竟会出现哪种自然状态，决策者不能肯定，但是各种自然状态出现的可能性，决策者可以估计或计算出来。

下面介绍风险型决策的几种决策方法。

1. 最大可能法

最大可能法是以最大可能准则为依据。我们知道，一个事件的概率越大，其发生的可能性就越大。基于这种思想，最大可能准则就是在风险决策问题中选一个概率最大的自然状态进行决策，其他的自然状态可以不管，此时风险型决策问题就可变成确定型决策问题，并按照确定型决策问题的模型方法进行处理。

一般来说，比较适宜采用最大可能法的情形是：某一个自然状态出现的概率远远大于其他自然状态，并且在每种自然状态发生的情况下，益损值不存在巨大悬殊。

2. 期望值（Expected Value）法

期望值法是以期望值准则为依据。期望值准则就是把每个行动方案的期望值求出来，加以比较，选择期望值最优的行动方案。每个行动方案的期望值为

$$E(A_i) = \sum_{j=1}^{n} p(\theta_j) w_{ij}$$

例 5.2.1　求出例 5.1.1 中的最优修理方案。

解　根据表 5.1.1 中各种状态的概率和费用值，可算得修理方案 $A_i(i=1,2,3)$ 的费用期望值分别为

$$E(A_1) = 65 \times 0.2 + 65 \times 0.3 + 65 \times 0.5 = 65$$

$$E(A_2) = 35 \times 0.2 + 35 \times 0.3 + 100 \times 0.5 = 67.5$$

$$E(A_3) = 20 \times 0.2 + 55 \times 0.3 + 80 \times 0.5 = 60.5$$

将结果列入表 5.2.3。通过比较可知，采用修理方案 A_3 的费用期望值最小，所以采用修理方案 A_3。

表 5.2.3　修理方案决策表　　单位：元

故障情况 / 费用 / 方案	上部故障	中部故障	下部故障	益损期望值
	0.2	0.3	0.5	—
A_1	65	65	65	65
A_2	35	35	100	67.5
A_3	20	55	80	60.5

3. 决策树方法

决策树（Decision Tree）方法的理论依据仍是期望值准则，它能表示出不同的决策方案在不同自然状态的结果，显示出决策的过程。决策树方法内容形象、思路清晰。由于决策树方法的决策过程像树枝形状，所以起个形象化的名字叫决策树。与决策表相比，决策树描述和分析决策问题更加灵活。

根据决策树分析计算的基本方法是：①从树梢开始，逐次进行计算，直到树根；②凡遇到随机节点，计算该节点所有可能结果价值的期望值，并将计算出的结果价值

的期望值标注在该随机节点的上方或附近；③凡遇到决策节点，该节点的所有可能选择中，找出具有最优期望结果价值的选择作为该决策节点的最优选择，并做出记号（一般可以将最优选择所对应的线段加粗表示选中之意，或在其他非最优选择所对应的线段上画短线表示删除之意），同时将该决策选择的结果价值标注在该决策节点上方或附近。

在图 5.2.1 中，将各个随机节点上的期望值加以比较，选取最小的行军时间期望值为 5.4，对应的方案 I 作为最优行军路线。

例 5.2.2（潜艇伏击问题）　在封锁作战中，根据侦察报告，有 4 个敌护航输送队 SD1、SD2、SD3 和 SD4 正向封锁区接近，其相对位置如图 5.2.3 所示。

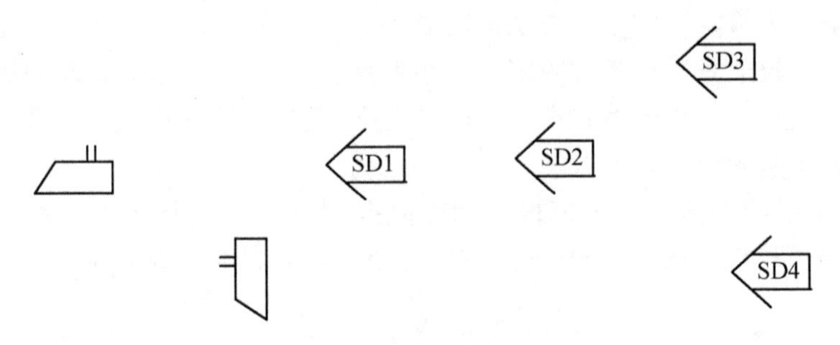

图 5.2.3　护航输送队相对位置

根据这种态势，我小群潜艇若在敌护航输送队必经之航道上拦截，则只能对 SD1 进行攻击。如果在航道外侧待机，肯定打不上 SD1，有 50% 的可能攻上 SD2，还有 50% 的可能 SD2 已经通过，此时只能对后续的 SD3 或 SD4 进行攻击。根据各护航舰队的防御能力，经战术计算攻击各目标的可能结果价值见表 5.2.4。其中“ -1”表示我损失一艘潜艇，“0”表示既无损失也无战果，“1”表示击沉敌舰船一艘，“2”表示击沉敌舰船两艘。

表 5.2.4　潜艇伏击问题的决策表

攻击目标	SD1			SD2			SD3			SD4		
概率	0.3	0.4	0.3	0.2	0.3	0.5	0.1	0.6	0.3	0.1	0.5	0.4
结果价值（艘）	0	1	2	-1	1	2	-1	1	2	-1	1	2

在此决策问题中，为获得最大战果并减少损失，指挥员必须对下面两个问题做出抉择：①潜艇是在航道上拦截，攻击 SD1；还是在航道外待机，攻击后续目标。②若时选择在航道外待机，则肯定打不上 SD1，因此只能攻击后续目标，那么在攻击后续目标时，若碰上 SD2 当然对其进行攻击，但若 SD2 已通过，则潜艇应攻击 SD3 还是 SD4。

根据以上条件，该问题的决策树如图 5.2.4 所示。

决策树分析计算具体为

节点 2：$0.3\times0+0.4\times1+0.3\times2=1.00$

节点 4：$0.2\times(-1)+0.3\times1+0.5\times2=1.10$

节点 7：$0.1\times(-1)+0.5\times1+0.4\times2=1.20$

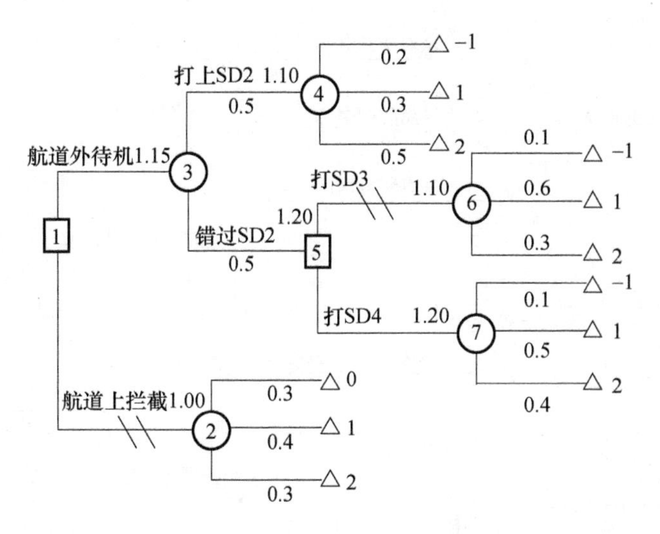

图 5.2.4 潜艇伏击问题的决策树

节点 6:0.1×(−1)+0.6×1+0.3×2=1.10

节点 5:max(1.10,1.20)=1.20

节点 3:0.5×1.30+0.5×1.20=1.15

节点 1:max(1.15,1.00)=1.15

计算完毕后将分析的结果标注在图 5.2.4 中,各随机节点的结果价值的期望值标注在随机节点附近,各决策节点处的最佳期望价值标在决策节点附近,非最优选择所对应的线段上画短线表示删去。根据决策树的分析结果,指挥员的决策应该是:①潜艇应在航道外待机;②若碰上 SD2 当然对其进行攻击,但若 SD2 已通过,则潜艇应攻击 SD4。根据计算,采取这样的决策,获得结果价值的期望值将是击沉敌舰船 1.15 艘。

例 5.2.3(登陆地域选择问题) 设在登陆作战中,敌抗登陆防御地域有北部、中部和南部。根据情报信息的判断,其主要防御方向分别放在北部、中部和南部的可能性分别为 0.5、0.2、0.3。我登陆战役联合指挥部原计划以北部为主要登陆方向,鉴于敌把北部作为作为防御重点的可能性比较大,为减少人员伤亡,有人建议改变主要登陆方向。改变主要登陆方向,又有两种意见:一是对原计划做比较大的修改,以争取最大限度的减少伤亡;二是对原计划做有限的小修改,以争取时间。由于根据水文气象条件确定的最佳登陆时间不能更改,因此若变更部署,则不能有把握全部按时完成,而且按时完成的可能性与部署变动的大小有关。

此决策问题指挥员必须对下列问题做出决策:①是按原计划以北部为主要登陆方向;还是将主要登陆方向改为中部;或是将主要登陆方向改为南部。②若改变登陆方向,那么是对原计划做大修改,还是对原计划做小修改。

根据问题的结构,绘制出决策树如图 5.2.5 所示。根据战役战术估算,确定各种情况的伤亡人数(单位:万)。根据变更部署任务工作量的计算,确定出在各种情况下按时完成部署变更的概率。

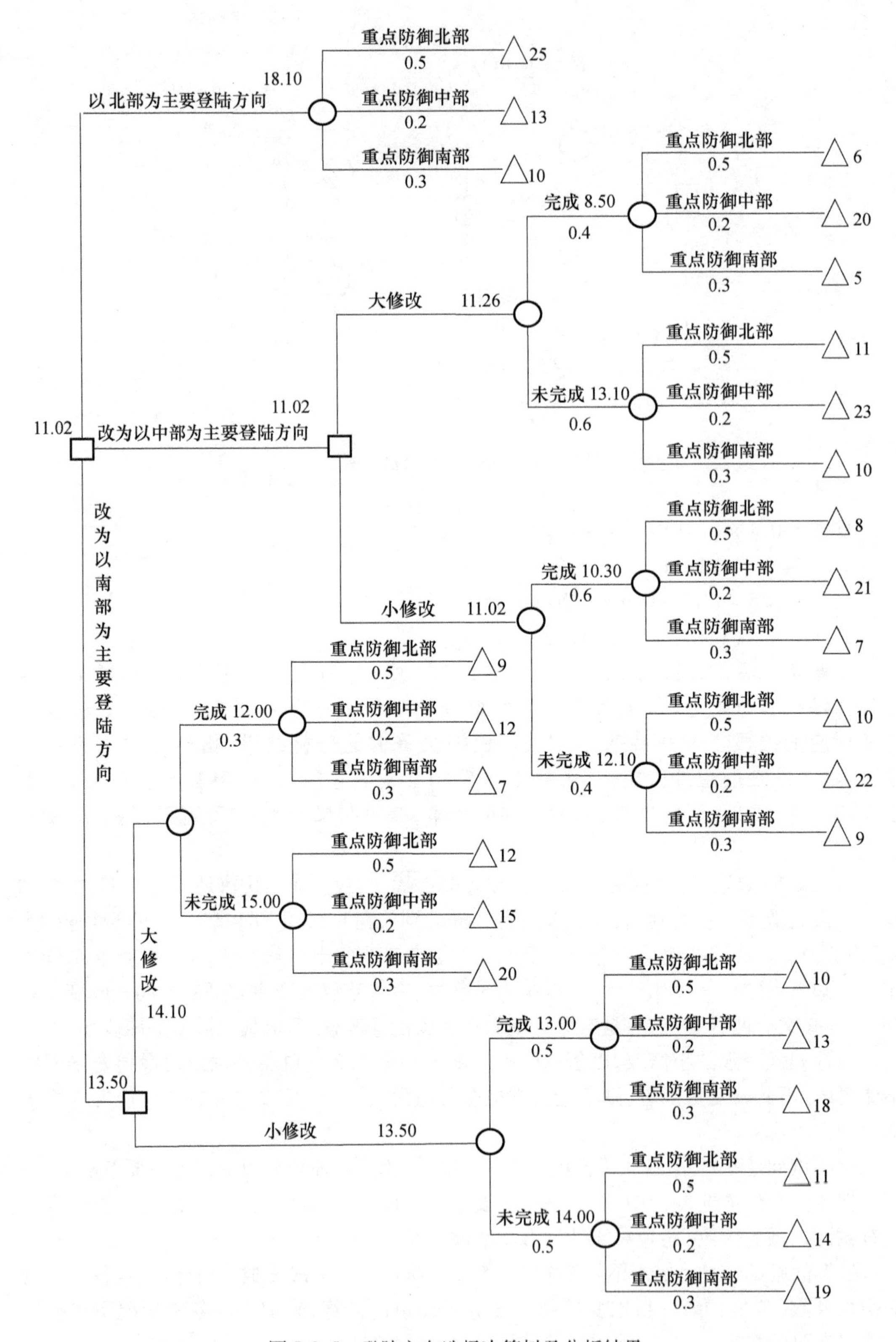

图 5.2.5　登陆方向选择决策树及分析结果

由于结果价值为伤亡人数，因此，以最小期望值准则进行决策。决策树的分析结果也标注在图5.2.5上。根据计算，最优决策是：①应以中部为主要登陆方向；②对原计划做较小的修改。此时，伤亡人数的期望值为11.02万。

根据5.2.1节可知，决策表模型一定可以转换为决策树模型，但决策树型模型不一定能够转换为决策表模型，如例5.2.2的决策树模型不能转换为决策表模型，但例5.2.2的决策树模型可以转化为决策表模型，下面以例5.2.3中登陆方向选择问题为例，说明怎样将决策树转换成决策表。

在此问题中，决策者可以选择的方案有五种：①按原计划，以北部为主要登陆方向；②将主要登陆方向改为中部，并对原计划做大修改；③将主要登陆方向改为中部，并对原计划做小修改；④将主要登陆方向改为南部，并对原计划做大修改；⑤将主要登陆方向改为南部，并对原计划做小修改。

此问题中，可能发生的不确定状态有三种：①敌抗登陆防御重点在北部；②敌抗登陆防御重点在中部；③敌抗登陆防御重点在南部。此三种状态发生的概率分别为：$P_{北部}=0.5$，$P_{中部}=0.2$，$P_{南部}=0.3$。

根据决策树中的有关数据，计算归纳出，在不同状态下各方案的效果，即伤亡人数，并填入决策表，最后建立的决策表见表5.2.5。根据建立的决策表，容易计算出各方案的期望效果，并以最小期望准则进行决策。根据计算结果，“将主要登陆方向改为中部，并对原计划作小修改”为最佳方案，此时，伤亡人数的期望值为11.02万。

表5.2.5　登陆方向选择问题的决策表

情况态势 / 方案	敌重点防御北部	敌重点防御中部	敌重点防御南部	伤亡人数的期望值
	$P_{北部}=0.5$	$P_{中部}=0.2$	$P_{南部}=0.3$	
北部为主要登陆方向	25.00	13.00	10.00	18.10
中部为主要登陆方向（大修改）	$6\times0.4+11\times0.6=9.00$	$20\times0.4+23\times0.6=21.80$	$5\times0.4+10\times0.6=8.00$	11.26
中部为主要登陆方向（小修改）	$8\times0.6+10\times0.4=8.80$	$21\times0.6+22\times0.4=21.40$	$7\times0.6+9\times0.4=7.80$	11.02*
南部为主要登陆方向（大修改）	$9\times0.3+12\times0.7=11.10$	$12\times0.3+15\times0.7=14.10$	$17\times0.3+20\times0.7=19.10$	14.10
南部为主要登陆方向（小修改）	$10\times0.5+11\times0.5=10.05$	$13\times0.5+14\times0.5=13.50$	$18\times0.5+19\times0.5=18.50$	13.50

5.2.4　不确定型决策

对于风险型决策，各种自然状态发生的可能性可以预先估计，而不确定情况下的决策对自然状态发生的概率是不知道的。因此，不确定型决策问题就是风险型决策问题缺少条件(5)时的特例。不确定型决策问题的一般形式也可直观地用决策表模型进行描述，见表5.2.6。

表 5.2.6　不确定型决策问题

益损值 自然状态 决策方案		自然状态					
		θ_1	θ_2	…	θ_j	…	θ_n
行动方案	A_1	w_{11}	w_{12}	…	w_{1j}	…	w_{1n}
	A_2	w_{21}	w_{22}	…	w_{2j}	…	w_{2n}
	⋮	⋮	⋮	⋮	⋮	⋮	⋮
	A_i	w_{i1}	w_{i2}	⋮	w_{ij}	⋮	w_{in}
	⋮	⋮	⋮	⋮	⋮	⋮	⋮
	A_m	w_{m1}	w_{m2}	…	w_{mj}	…	w_{mn}

下面介绍解决不确定型决策问题几种常用的决策方法。因为不同问题的益损值可能是收益,也可能是损失,为了介绍方便,下面均假设益损值是收益,对于益损值是损失的情况,可类似求解。

1. 乐观准则法

乐观准则法以乐观准则为依据。乐观准则是假定各种状态中最有利的情况必然发生,决策者在最好的情况下追求最大收益的决策准则,乐观准则法也称"大中取大法"。

采用乐观准则法的具体做法如下。

第一步:确定方案 $A_i(i=1,2,\cdots,m)$ 在各种自然状态下的最大益损值分别为

$$\max\{w_{i1},w_{i2},\cdots,w_{in}\}=k_i$$

第二步:取各方案最大收益的最大值所对应的方案为最优方案,即选择 A_{i_0} 使得

$$k_{i_0}=\max\{k_1,k_2,\cdots,k_m\}$$

例 5.2.4　侦察机在海上搜索。搜索方案有四种:A_1、A_2、A_3 和 A_4。可能出现的气象条件有三种:θ_1(能见度大于 35km),θ_2(能见度在 10～35km)和 θ_3(能见度小于 10km)。可以估计出任一方案在任一气象条件下对目标的发现概率见表 5.2.7。试问选择哪种搜索方案最好?

表 5.2.7　搜索发现概率

发现概率 状态 方案	θ_1	θ_2	θ_3	最大发现概率
A_1	0.9	0.4	0.1	0.9
A_2	0.7	0.5	0.4	0.7
A_3	0.8	0.7	0.2	0.8
A_4	0.5	0.5	0.5	0.5

解　利用乐观准则,可以计算得到各个方案 $A_i(i=1,2,3,4)$ 的最大发现概率分别为

$$\max\{0.9,0.4,0.1\}=0.9$$
$$\max\{0.7,0.5,0.4\}=0.7$$
$$\max\{0.8,0.7,0.2\}=0.8$$
$$\max\{0.5,0.5,0.5\}=0.5$$

由表 5.2.7 易于看出

$$\max\{0.9,0.8,0.7,0.5\}=0.9$$

所以在乐观准则下，A_1 是最优方案，0.9 为其发现概率。

2. 悲观准则法

悲观准则法以悲观准则为依据。悲观准则是以各种状态中最不利的情况必然发生为前提，决策者在最不利的情况下追求最有利结果的相对保守的决策准则，悲观准则法也称"小中取大法"。

例 5.2.5　试用悲观准则法确定例 5.2.4 中的最优搜索方案。

解　按悲观准则可得各方案 $A_i(i=1,2,3,4)$ 的最小发现概率分别为

$$\min\{0.9,0.4,0.1\}=0.1$$
$$\min\{0.7,0.5,0.4\}=0.4$$
$$\min\{0.8,0.7,0.2\}=0.2$$
$$\min\{0.5,0.5,0.5\}=0.5$$

由表 5.2.8 易于看出

$$\max\{0.1,0.4,0.2,0.5\}=0.5$$

所以在悲观准则下，A_4 为最优方案，0.5 为其发现概率。

表 5.2.8　搜索发现概率

状态 / 发现概率 / 方案	θ_1	θ_2	θ_3	最小发现概率
A_1	0.9	0.4	0.1	0.1
A_2	0.7	0.5	0.4	0.4
A_3	0.8	0.7	0.2	0.2
A_4	0.5	0.5	0.5	0.5

3. 折中准则法

实际上，大多数人在决策时所持的态度介于乐观与悲观之间，有的偏向乐观，有的偏向悲观，但都不是完全的乐观，也不是完全的悲观。为此，我们使用一个系数 $\alpha(0\leqslant\alpha\leqslant1)$ 反映偏向乐观的程度，称为乐观系数。当 $\alpha=1$ 时，表示决策者是一个乐观主义者；当 $\alpha=0$ 时，表示决策者是一个悲观主义者；当 $\alpha=1/2$ 时，表示决策者是中立型的。用 α 与 $1-\alpha$ 作为权重加权平均乐观与悲观准则获得的结果，即方案 A_i 的加权平均值为

$$W_i=\alpha\max_j(w_{ij})+(1-\alpha)\min_j(w_{ij})$$

折中准则认为所有方案中加权平均值最大的方案即为最优方案。

例 5.2.6　试用折中准则确定例 5.2.4 中的最优搜索方案。

解　选取乐观系数 $\alpha=0.8$。按折中准则可得，方案 $A_i(i=1,2,3,4)$ 的加权平均值分别为

$$W_1=0.8\times0.9+(1-0.8)\times0.1=0.74,W_2=0.8\times0.7+(1-0.8)\times0.4=0.64$$

$$W_3=0.8\times0.8+(1-0.8)\times0.2=0.68,W_4=0.8\times0.5+(1-0.8)\times0.5=0.5$$

由表 5.2.9 易于看出

表 5.2.9　搜索发现概率

方案 \ 发现概率 \ 状态	θ_1	θ_2	θ_3	加权平均值
A_1	0.9	0.4	0.1	0.74
A_2	0.7	0.5	0.4	0.64
A_3	0.8	0.7	0.2	0.68
A_4	0.5	0.5	0.5	0.5

$$\max\{0.74, 0.64, 0.68, 0.5\} = 0.74$$

所以在乐观系数为 0.8 的情况下，A_1 是最优方案。

类似地，可选取其他乐观系数 α 的值进行求解（略）。

4. 等可能性（Laplace）准则法

当决策者在决策过程中，不能确定各种状态出现的可能性时，就“一视同仁”，认为它们出现的概率相同。如果有 n 个自然状态，那么每个自然状态出现的概率认为是 $1/n$，然后按照风险型决策的期望值准则进行决策。

例 5.2.7　试用等可能性准则确定例 5.2.4 中的最优搜索方案。

解　因为 $n=3$，所以 $P(\theta_1)=P(\theta_2)=P(\theta_3)=1/3$。于是，可算得各方案的期望值为

$$E(A_1)=0.9\times\frac{1}{3}+0.4\times\frac{1}{3}+0.1\times\frac{1}{3}=0.47$$

$$E(A_2)=0.7\times\frac{1}{3}+0.5\times\frac{1}{3}+0.4\times\frac{1}{3}=0.53$$

$$E(A_3)=0.8\times\frac{1}{3}+0.7\times\frac{1}{3}+0.2\times\frac{1}{3}=0.57$$

$$E(A_4)=0.5\times\frac{1}{3}+0.5\times\frac{1}{3}+0.5\times\frac{1}{3}=0.5$$

易于看出 $\max\{0.47, 0.53, 0.57, 0.5\} = 0.57$，所以在等可能性准则下，$A_3$ 是最优方案。

5. 后悔值（Regret Value）决策准则法

决策者在制订决策之后，若情况未能符合理想，必将有后悔的感觉。若将每种自然状态下的最高收益值定为该状态的理想目标值，则将此理想目标值与该状态下的其他值之差，称为未达到理想目标的后悔值。后悔值决策准则就是先把每种方案的最大后悔值求出，这些最大后悔值中最小值所对应的方案即为最优方案。

使用后悔值决策准则进行决策，其步骤如下：

（1）计算每种自然状态下各方案的后悔值；

（2）求出各方案的最大后悔值；

（3）选择使最大后悔值达到最小的方案作为最优方案。

例 5.2.8　试用后悔值决策准则确定例 5.2.4 中的最优搜索方案。

解　首先求得每个自然状态 $\theta_j(j=1,2,3)$ 下的最大发现概率分别为

$$\max\{0.9,0.7,0.8,0.5\}=0.9$$
$$\max\{0.4,0.5,0.7,0.5\}=0.7$$
$$\max\{0.1,0.4,0.2,0.5\}=0.5$$

计算每一种自然状态下的后悔值,见表5.2.10。

表5.2.10 后悔值

方案 \ 后悔值 \ 状态	θ_1	θ_2	θ_3	最大后悔值
A_1	0	0.3	0.4	0.4
A_2	0.2	0.2	0.1	0.2
A_3	0.1	0	0.3	0.3
A_4	0.4	0.2	0	0.4

方案$A_i(i=1,2,3,4)$的最大后悔值分别为

$$\max\{0,0.3,0.4\}=0.4$$
$$\max\{0.2,0.2,0.1\}=0.2$$
$$\max\{0.1,0,0.3\}=0.3$$
$$\max\{0.4,0.2,0\}=0.4$$

由表5.2.10易于看出

$$\min\{0.4,0.2,0.3,0.4\}=0.2$$

所以在后悔值准则下,A_2是最优方案。

对于不确定情况下的决策问题,采用不同的决策准则所得到的结果并非完全一致。这些准则孰优孰劣,没有一个统一的评判标准,主要依决策者对各种自然状态的看法而定。持乐观态度者,可用乐观准则;持悲观态度者,可用悲观准则;持中间态度者,可用折中准则;如果重视决策错误而产生后悔者,可以用后悔值准则;如果认为未来情况发生的可能性相同者可以采用等可能性准则。当然,为改进不确定情况下的决策,必须设法计算和估计各种情况下发生的概率,使决策的结果可能更合理一些。

从例5.2.4~例5.2.8中可以看出,由于采用的决策准则不同,所得的决策结果也不同。在实际决策过程中,要根据决策的不同情况选取不同的决策准则,以便获得满意的决策结果。

5.3 层次分析法

层次分析法(AHP)是美国运筹学专家萨迪(T. L. Satty)教授于20世纪70年代初提出的,是一种定性、定量分析相结合的多目标决策分析方法。这种方法将决策者的经验判断给予量化,特别适用于目标结构复杂且缺乏一定数据的情况。这一方法的主要特点是把复杂的问题分解为若干组成因素,将这些因素进行两两比较,确定同一层次中诸因素的相对重要性,然后综合专家的判断以决定各因素相对重要性的总顺序。该方法是一种定性与定量分析相结合的决策方法,已在世界各国得到了广泛的应用。

AHP解决多目标决策问题的基本思路是,首先找出与决策问题有关的主要因素,将

这些因素按准则、措施(方案、手段)等分类;然后,构造一个反映各因素隶属关系的层次结构图;其次,通过每一层各因素之间对上一层因素影响的两两成对比较,得到各因素的相对重要性排序;最后按层次结构关系,得到对备选方案的综合排序。

运用 AHP 大体可以分为 5 个步骤:建立层次结构图,构造判断矩阵,层次单排序,一致性检验,层次总排序。

1. 建立层次结构图

根据对问题的分析,可以将问题中涉及的因素按性质分层排列,形成层次结构。第一层是总目标层,这一层只有一个目标。中间部分可包含多个层次,是为实现预定目标所涉及的中间环节,按问题的不同可称为准则层、约束层等。最末一层一般由备选方案、待评估的成果、指标等组成,称为方案层或措施层。

2. 构造判断矩阵

就各个上层元素,对与其有逻辑关系的下层元素作两两比较,即分析、判断确定下层元素对上层某一元素的相对重要性。判断的结果可表示在判断矩阵中,见表 5. 3. 1。

表 5. 3. 1 判断矩阵表

A_k	B_1	B_2	…	B_n
B_1	b_{11}	b_{12}	…	b_{1n}
B_2	b_{21}	b_{22}	…	b_{2n}
⋮	⋮	⋮	…	⋮
B_n	b_{n1}	b_{n2}	…	b_{nn}

在表 5. 3. 1 中,A_k 是上层某元素,它是判断矩阵得以建立的比较判断准则;B_i($i=1,2,\cdots,n$)是与 A_k 有特定逻辑关系的相邻下层的元素;b_{ij}是就 A_k 而言,B_i 与 B_j 的相对重要性标度,即 B_i 比 B_j 重要多少的数量表示。为了从各因素之间的两两比较中得到量化的判断矩阵,根据对人的心理特征和思维规律的研究发现,人们区分信息等级的极限能力为(7 ± 2)种,从而提出用 9 种重要级别来表示两两比较判断,并用 1 ~ 9 的整数或倒数来做定量化处理,见表 5. 3. 2。

表 5. 3. 2 AHP 两两比较标度

标度 b_{ij}	定 义
1	i 因素与 j 因素同样重要
3	i 因素比 j 因素略重要
5	i 因素比 j 因素较重要
7	i 因素比 j 因素非常重要
9	i 因素比 j 因素绝对重要
2,4,6,8	相邻两个判断之间的中间状态
倒数	若因素 j 与 i 因素比较,得到判断值为 $a_{ij}=1/a_{ij}$

3. 层次单排序

层次单排序就是由该层次的判断矩阵计算出元素之间关于其准则的相对重要性权重,这可通过解以下特征值问题得到的

$$\boldsymbol{BW}=\lambda_{\max}\boldsymbol{W} \tag{5.3.1}$$

式中:$\boldsymbol{B}$ 为判断矩阵;$\lambda_{\max}$为 $\boldsymbol{B}$ 的最大特征值;$\boldsymbol{W}$ 为 $\lambda_{\max}$对应的特征向量。$\boldsymbol{W}$ 就是我们要找的各因素相对重要性权重向量。换言之,我们要找的就是判断矩阵 $\boldsymbol{B}$ 的最大特征值 $\lambda_{\max}$所对应的特征向量。

下面用近似的方法简要说明用特征向量表达排序权重的原因。假如有 n 个物体,它们的重量分别为 $W_1,W_2,\cdots,W_n$,且 $\sum_{i=1}^{n} W_i = 1$。若将它们两两比较重量,其比值可构成的 n 阶矩阵 $\boldsymbol{B}$ 为

$$\boldsymbol{B} = \begin{pmatrix} \frac{W_1}{W_1} & \frac{W_1}{W_2} & \cdots & \frac{W_1}{W_n} \\ \frac{W_2}{W_1} & \frac{W_2}{W_2} & \cdots & \frac{W_2}{W_n} \\ \vdots & \vdots & \vdots & \vdots \\ \frac{W_n}{W_1} & \frac{W_n}{W_2} & \cdots & \frac{W_n}{W_n} \end{pmatrix}$$

若用重量向量

$$\boldsymbol{W} = (W_1,W_2,\cdots,W_n)^{\mathrm{T}}$$

右乘 $\boldsymbol{B}$ 矩阵,得到

$$\boldsymbol{BW} = \begin{pmatrix} \frac{W_1}{W_1} & \frac{W_1}{W_2} & \cdots & \frac{W_1}{W_n} \\ \frac{W_2}{W_1} & \frac{W_2}{W_2} & \cdots & \frac{W_2}{W_n} \\ \vdots & \vdots & \vdots & \vdots \\ \frac{W_n}{W_1} & \frac{W_n}{W_2} & \cdots & \frac{W_n}{W_n} \end{pmatrix} \begin{bmatrix} W_1 \\ W_2 \\ \vdots \\ W_n \end{bmatrix} = n \begin{bmatrix} W_1 \\ W_2 \\ \vdots \\ W_n \end{bmatrix} = n\boldsymbol{W}$$

即

$$(\boldsymbol{B} - n\boldsymbol{I})\boldsymbol{W} = 0 \tag{5.3.2}$$

式(5.3.2)说明,$\boldsymbol{W}$ 为矩阵 $\boldsymbol{B}$ 的特征向量,n 为矩阵 $\boldsymbol{B}$ 的唯一特征值。如果通过对物体重量的两两比较,确定出判断矩阵 $\boldsymbol{B}$,那么可求解方程(5.3.2)特征向量 $\boldsymbol{W}$,从而可确定各物体的相对重量。

对于实际判断矩阵,每一个判断不可能像称重量那样准确,但我们可以认为这些判断是围绕一组准确判断的有微小偏差的判断。根据彼龙 - 伟洛宾尼斯(Prron - Frobenius)定理,这种正互反判断矩阵存在着唯一的正最大特征值及相应的正特征向量。而且还可证明,对于判断矩阵的微小扰动,计算得到的特征向量 $\boldsymbol{W}$ 也仅有微小的变化。这说明,用特征向量作为排序权重不仅是合理的,而且具有良好的稳定性。

特征向量的计算方法有多种,现介绍用计算机计算特征向量的幂法的步骤(为方便理解,要求得到归一化的特征向量)如下。

① 任取与判断矩阵同阶的归一化的初值向量 $\boldsymbol{W}^0$ 为

$$\boldsymbol{W}^0 = (W_1^0,W_2^0,W_3^0,\cdots,W_n^0)^{\mathrm{T}}$$

② 令 $k=0$,计算 $\overline{\boldsymbol{W}}^{k+1} = \boldsymbol{BW}^k$。

③ 令 $\beta = \sum_{i=1}^{n} \overline{W}_i^{k+1}$,计算

$$W^{k+1} = \frac{1}{\beta}\overline{W}^{k+1}, k = 0,1,2,\cdots$$

④ 对于预先给定的精确度 ε,当

$$|W_i^{k+1} - W_i^k| < \varepsilon, i = 0,1,2\cdots,n$$

成立时,则 $\boldsymbol{W} = \boldsymbol{W}^{k+1}$ 为所求的特征向量。这时计算

$$\lambda_{\max} = \sum_{i=1}^{n} \frac{\overline{W}_i^{k+1}}{nW_i^k}$$

否则,令 $k = k+1$ 并返回②。

以下还有几种简便的方法,可在精度要求不高的实际问题中使用。

(1) 几何平均法,其计算步骤为:

① 计算矩阵 $\boldsymbol{B}$ 中每行所有元素的乘积

$$M_i = \prod_{j=1}^{n} b_{ij}, i = 1,2,\cdots,n$$

② 计算 M_i 的 n 次方根 $\overline{W}_i$

$$\overline{W}_i = \sqrt[n]{M_i}$$

③ 将特征向量 $\overline{\boldsymbol{W}} = (\overline{W}_1, \overline{W}_2, \cdots, \overline{W}_n)^{\mathrm{T}}$ 进行归一化

$$W_i = \frac{\overline{W}_i}{\sum_{i=1}^{n} \overline{W}_i}, i = 1,2,\cdots,n$$

从而 $\boldsymbol{W} = (W_1, W_2, \cdots, W_n)^{\mathrm{T}}$ 即为所求特征向量的近似值;

④ 计算得到 $\boldsymbol{B}$ 的最大特征值 $\lambda_{\max}$ 为

$$\lambda_{\max} = \sum_{i=1}^{n} \frac{(\boldsymbol{BW})_i}{nW_i}$$

式中,$(\boldsymbol{BW})_i$ 为向量 $\boldsymbol{BW}$ 的第 i 个元素。

(2) 算术平均法,其步骤为:

① 将判断矩阵每一列正规化为

$$\bar{b}_{ij} = \frac{b_{ij}}{\sum_{k=1}^{n} b_{kj}}, i,j = 1,2,\cdots,n$$

② 对每一列经正规化后的判断矩阵按行加总并归一化(除以 n)为

$$W_i = \frac{1}{n}\sum_{j=1}^{n} \bar{b}_{ij}, i = 1,2,\cdots,n$$

③ 计算判断矩阵的最大特征根为

$$\lambda_{\max} = \sum_{i=1}^{n} \frac{(\boldsymbol{BW})_i}{nW_i}$$

4. 一致性检验

对构造的判断矩阵需要进行一致性检验。通常,若判断矩阵中的元素满足 $b_{ij} = b_{ik}/b_{jk}$ 或 $b_{ik} = b_{ij}b_{jk}(i,j,k = 1,2,\cdots,n)$,我们称这样的矩阵为完全一致性矩阵。但是由于客观事

物的复杂性、主体认识的局限性以及主体之间认识的多样性，所以判断矩阵经常伴随有误差，判断矩阵不可能具有完全一致性。因此，AHP法要求对 n 阶判断矩阵作 $n(n-1)/2$ 次两两比较，以此导出一个比较合理的反映决策者判断的排序，而且对难免带有扰动（误差）的多个判断，可以起到相互抵偿的作用，使总排序结果的保序性较好。当然，每个判断的误差也不应过大，整个判断矩阵也不应偏离一致性过大，否则也会影响结果的保序性。经过萨迪及其同事们的理论研究和社会实践，总结出一致性检验的方法步骤如下。

（1）计算一致性指标 CI（Consistency Index）

$$CI=(\lambda_{\max}-n)/(n-1)$$

（2）查找相应 n 的平均随机一致性指标 RI（Random Index）

RI 是计算机从1~9标度的17个标度值（1/9，1/8，…，1/2，1，2，…，9）中，随机地抽样填满 n 阶矩阵的上（或下）三角形中的 $n(n-1)/2$ 个元素，用特征根法求出 $\lambda_{\max}$，再根据上面的公式求出相应的 CI，经过多次（500次以上）重复求得平均值。天津大学的龚木森、许树柏算得1~15阶判断矩阵重复1000次的平均随机一致性指标，见表5.3.3。

表5.3.3 平均随机一致性指标

阶数(n)	1	2	3	4	5	6	7	8
RI	0	0	0.52	0.89	1.12	1.26	1.36	1.41
阶数(n)	9	10	11	12	13	14	15	
RI	1.46	1.49	1.52	1.54	1.56	1.58	1.59	

（3）计算一致性比率 CR（Consistency Ratio）

$$CR=CI/RI$$

当 $\lambda_{\max}=n$ 时，$CR=0$，判断矩阵为完全一致性矩阵；CR 值越大，判断矩阵的完全一致性越差。一般地，只要 $CR\leqslant 0.1$，就认为判断矩阵的一致性可以接受；否则，需要对判断矩阵做适当的修改，以保证一定程度的一致性。一阶或二阶判断矩阵总是具有完全一致性的。

5. 层次总排序

层次总排序又称为合成权重的计算。计算获得各层次的排序权重向量后，便可由上而下逐层计算各层次对于总目标的合成权重，进而总排序。具体方法见表5.3.4。

表5.3.4 层次总排序

层次 A / 层次 B	A_1	A_2	…	A_m	B 层次总排序
	a_1	a_2	…	a_m	
B_1	b_1^1	b_1^2	…	b_1^m	$\sum_{i=1}^{m} a_i b_1^i$
B_2	b_2^1	b_2^2	…	b_2^m	$\sum_{i=1}^{m} a_i b_2^i$
⋮	⋮	⋮	⋮	⋮	⋮
B_n	b_n^1	b_n^2	…	b_n^m	$\sum_{i=1}^{m} a_i b_n^i$

在表5.3.4中，$A_i(i=1,2,\cdots,m)$ 是上层次的元素，$B_j(j=1,2,\cdots,n)$ 是相邻下层次元素。在上层次元素的总排序 $a_i(i=1,2,\cdots,m)$ 和 B_j 中各元素关于 a_i 的单排序 $b_j^i(j=1,$

$2,\cdots,n$)都求出以后,右列算法便给出了 B 层次的合成权重,即相对最高层因素的总排序。若 B_j 与 A_i 无关联,则 $b_j^i=0$。又由 a_i 与 b_j^i 的正规化条件,必有

$$\sum_{j=1}^{n}\sum_{i=1}^{m} a_i b_j^i = 1$$

下面,我们通过一个实例来说明利用 AHP 对决策问题进行评价的方法与步骤。

例 5.3.1 舰艇指控系统性能评估。

解 按照下面几步进行评价。

① 明确问题。对舰艇指控系统的性能进行评估,评价其实时性、处理能力及处理质量的综合性能。

② 建立层次结构图。为评估舰艇指控系统性能,建立其层次结构图,如图 5.3.1 所示。

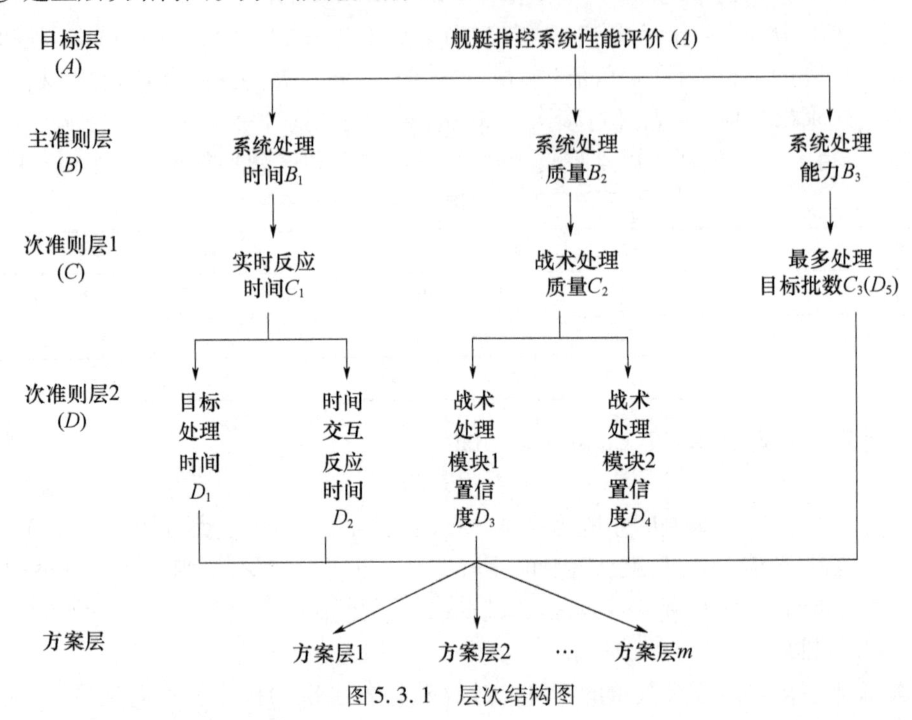

图 5.3.1 层次结构图

③ 构造判断矩阵。假设专家的评价结果如下。主准则层:对于性能指标 A 而言,系统处理时间与系统处理质量相比,系统处理时间比略为重要弱一些,对照表 5.3.2 可知,其标度为 2;系统处理时间与系统处理能力相比,前者介于略为重要与较重要之间,对照表 5.3.2 可知,其标度为 4;类似地,系统处理质量与系统处理能力相比,处理质量比处理能力重要,其标度为 3。根据这些评价值可列出判断矩阵 $\boldsymbol{B}$ 如下

$$\boldsymbol{B}=\begin{pmatrix}1 & 2 & 4\\ 1/2 & 1 & 3\\ 1/4 & 1/3 & 1\end{pmatrix}$$

④ 层次单排序。用前面介绍的几何平均法计算矩阵的最大特征值 $\lambda_{\max}$ 及对应的归一化特征向量 $\boldsymbol{W}=(W_1,W_2,\cdots,W_m)^{\mathrm{T}}$ 的过程如下:

首先计算

$$\overline{W_1}=\sqrt[3]{1\times2\times4}=2,\quad \overline{W_2}=\sqrt[3]{\frac{1}{2}\times1\times3}=1.145,\quad \overline{W_3}=\sqrt[3]{\frac{1}{4}\times\frac{1}{3}\times1}=0.437$$

从而可得

$$\overline{W}=\overline{W_1}+\overline{W_2}+\overline{W_3}=3.582$$

于是,可得

$$W_1=\frac{\overline{W_1}}{\overline{W}}=\frac{2}{3.582}=0.558$$

$$W_2=\frac{\overline{W_2}}{\overline{W}}=\frac{1.145}{3.582}=0.320$$

$$W_3=\frac{\overline{W_3}}{\overline{W}}=\frac{0.437}{3.582}=0.122$$

用向量 $\boldsymbol{W}=(W_1,W_2,\cdots,W_m)^{\mathrm{T}}$ 右乘矩阵 $\boldsymbol{B}$,可得

$$\boldsymbol{BW}=\begin{pmatrix}1&2&4\\1/2&1&3\\1/4&1/3&1\end{pmatrix}\begin{bmatrix}0.558\\0.32\\0.122\end{bmatrix}=\begin{bmatrix}1.686\\0.965\\0.368\end{bmatrix}$$

所以可计算得到最大特征值 $\lambda_{\max}$ 为

$$\lambda_{\max}=\frac{1}{3}\times\left(\frac{1.686}{0.558}+\frac{0.965}{0.320}+\frac{0.368}{0.122}\right)=3.018$$

计算可得

$$CI=\frac{\lambda_{\max}-m}{m-1}=\frac{3.018-3}{3-1}=0.009$$

$$CR=\frac{CI}{RI}=\frac{0.009}{0.58}=0.016<0.1$$

因此,判断矩阵 $\boldsymbol{B}$ 具有可接受的一致性。

类似地,可得 D_1 与 D_2 关于 $\boldsymbol{C}_1$ 的判断矩阵为

$$\boldsymbol{C}_1=\begin{pmatrix}1&3\\1/3&1\end{pmatrix}$$

计算可得最大特征值 $\lambda_{1\max}=2$,特征向量 $\boldsymbol{W}_1=(0.75,0.25)^{\mathrm{T}}$ 和 $CI_1=0$。

D_3 与 D_4 关于 $\boldsymbol{C}_2$ 的判断矩阵为

$$\boldsymbol{C}_2=\begin{pmatrix}1&1\\1&1\end{pmatrix}$$

计算可得最大特征值 $\lambda_{2\max}=2$,特征向量 $\boldsymbol{W}_2=(0.5,0.5)^{\mathrm{T}}$ 和 $CI_2=0$。

⑤ 层次总排序。利用表5.3.4计算层次总排序权重,计算过程与结果如下。主准则层的权重向量为

$$\boldsymbol{W}_B=(W_{B_1},W_{B_2},W_{B_3})^{\mathrm{T}}=(0.558,0.32,0.122)^{\mathrm{T}}$$

次准则层1的权重向量为

$$W_{C_1}=W_{B_1}=0.558,W_{C_2}=W_{B_2}=0.32,W_{C_3}=W_{B_3}=0.122$$

次准则层2的权重向量为

$$\boldsymbol{W}_{D'}=(W_{D_1},W_{D_2})^{\mathrm{T}}=(0.4185,0.1395)^{\mathrm{T}}$$

$$\boldsymbol{W}_{D''}=(W_{D_3},W_{D_4})^{\mathrm{T}}=(0.16,0.16)^{\mathrm{T}}$$

⑥ 一致性检验。由层次单排序检验得到的各层次一致性指标中可导出层次总排序的一致性指标。B 层对 A 层即为层次单排序，$CI=0.009$，$CR=0.016<0.1$，具有可接受的一致性指标；C 层对 B 层，$CI_1=0$，具有完全一致性；D 层对 C 层，$CI_2=0$，也具有完全一致性。因此，各层次的总排序是具有可接受的一致性。

⑦ 方案比较，性能综合评估。设某型舰指控系统的 5 个指标分别见表 5.3.5，该组指标构成了其基本方案 1，经过改进某些指标，可得方案 2 和方案 3。

表 5.3.5　方案指标值

项目 方案	目标处理时间/ms	人—机交互时间/ms	模块 1 置信度	模块 2 置信度	最多批数
方案 1	54	152	0.95	0.98	39
方案 2	54	66	0.85	0.9	58
方案 3	6	500	0.93	0.87	99

显然，这是一个 5 个指标（目标 $n=5$）3 个方案（$m=3$）的多目标决策问题。其决策矩阵

$$\boldsymbol{D}=\begin{bmatrix}\frac{1}{54} & \frac{1}{152} & 0.95 & 0.98 & 39\\ \frac{1}{54} & \frac{1}{66} & 0.85 & 0.9 & 58\\ \frac{1}{6} & \frac{1}{500} & 0.93 & 0.87 & 99\end{bmatrix}$$

由前面计算得到层次总排序的权重向量为

$$\boldsymbol{W}=(0.4185,0.1395,0.16,0.16,0.122)^{\mathrm{T}}$$

通过计算可得加权平均值为

$$\boldsymbol{DW}=\begin{bmatrix}\frac{1}{54} & \frac{1}{152} & 0.95 & 0.98 & 39\\ \frac{1}{54} & \frac{1}{66} & 0.85 & 0.9 & 58\\ \frac{1}{6} & \frac{1}{500} & 0.93 & 0.87 & 99\end{bmatrix}\begin{bmatrix}0.4185\\0.1395\\0.16\\0.16\\0.122\end{bmatrix}=\begin{bmatrix}5.075\\7.366\\12.44\end{bmatrix}$$

由此可见，对 3 个方案进行综合评价后，方案 3 为选好方案，且其优序排序为：方案 3 > 方案 2 > 方案 1。

5.4　军事上典型的决策优化模型

5.4.1　限制武器发展的谈判问题

甲国与两个友邻国乙、丙的关系过去一直较紧张。近年来，随着国际局势的缓和与三国政府的努力，甲国与乙、丙两国的关系有了较大的改善。甲国政府苦于军费开支过大，影响了国民经济的发展，决定趁现在这个有利时机和乙、丙两国进行限制武器发展的谈判。考虑到自身安全，甲国政府决定一旦与乙、丙两国之一谈判成功，则不再和另一国谈

判。根据各方面的情报，甲国政府认为：如果首先和乙国谈判，则成功的可能性为0.8；如果和乙国谈判失败再和丙国谈判，则成功的可能性为0.4；如果首先和丙国谈判，则成功的可能性为0.5；如果和丙国谈判失败再和乙国谈判，则成功的可能性为0.7。如果和乙国谈判成功，则甲国可节省军费8亿美元；如果和丙国谈判成功，则甲国可节省军费10亿美元。试问甲国政府应如何安排与两个邻国的谈判？

显然，这是一个风险型决策问题。甲国政府可选择的方案有两个：一是先和乙国谈判，如果谈判不成功，再和丙国谈判；二是先和丙国谈判，如果谈判不成功，则再和乙国谈判。我们假设用 A_1、A_2 表示这两个方案。首先考虑方案 A_1：因甲国首先与乙国谈判成功的概率为0.8，所以甲国首先与乙国谈判成功节省军费的期望值为 $0.8\times8=6.4$（亿美元）；又因甲国先与乙国谈判失败的概率为 $1-0.8=0.2$，甲国与乙国谈判失败后再与丙国谈判成功的概率为0.4，所以，甲国先与乙国谈判失败再与丙国谈判成功节省军费的期望值为 $0.2\times(0.4\times10)=0.8$（亿美元）。所以实施方案 A_1 节省军费的期望值为

$$E(A_1)=6.4+0.8=7.2\text{（亿美元）}$$

同理，实施方案 A_2 节省军费的期望值为

$$E(A_2)=0.5\times10+0.5\times(0.7\times8)=7.8\text{（亿美元）}$$

因为 $E(A_2)>E(A_1)$，所以方案 A_2 优于 A_1。所以甲国政府应首先和丙国谈判，如果失败，再和乙国谈判。

上述决策过程可用一个决策树清楚、直观地表示出来（图5.4.1）。

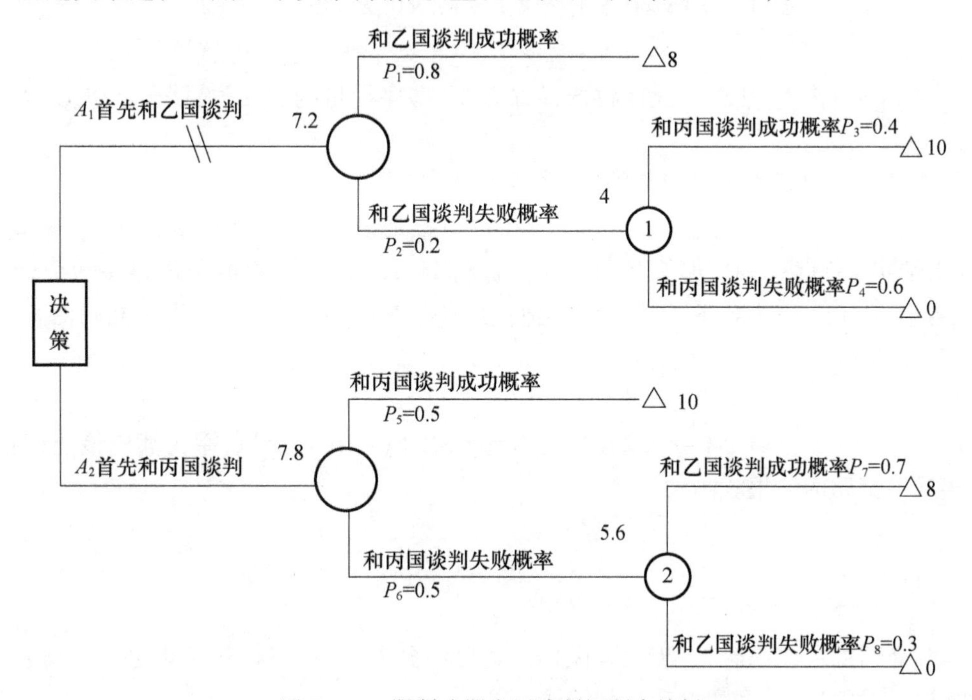

图5.4.1 限制武器发展谈判问题决策树

5.4.2 是否应该购买情报？

某军火商计划从 A 国购买一批武器。军火商及其顾问认为这批军火销路好、一般、

差三种情况的可能性分别为0.5、0.3和0.2。军火商有三种订购方案，即A_1：大批量购买，A_2：中批量购买，A_3：小批量购买。经过分析和计算，军火商采用三种方案在不同的销路形势下获得的效益值见表5.4.1。

表5.4.1 购买武器决策表 单位：万元

自然状态 / 自然状态概率 / 效益值 / 行动方案	武器销路		
	Q_1	Q_2	Q_3
	$P(Q_1)=0.5$	$P(Q_2)=0.3$	$P(Q_3)=0.2$
A_1（大批量购买）	20	12	-4
A_2（中批量购买）	16	16	2
A_3（小批量购买）	12	12	8

军火商为了避免决策失误，以便稳妥地获取尽可能多的收益，决定委托某情报中心调查武器销路的情况，以期获得武器销路的准确情报。军火商购买此情报要付出2.5万元的代价。军火商的决定是否得当？

如果军火商不购买武器销路的情报，他将按风险型决策的期望值法做出决策。各方案所获效益的期望值为

$$E(A_1)=20\times0.5+12\times0.3+(-4)\times0.2=12.8(\text{万元})$$

$$E(A_2)=16\times0.5+16\times0.3+2\times0.2=13.2(\text{万元})$$

$$E(A_3)=12\times0.5+12\times0.3+8\times0.2=11.2(\text{万元})$$

因为$E(A_2)$最大，所以军火商将选择方案A_2，即中批量购买A国武器，所获效益的期望值为13.2万元。

如果军火商购买了武器销路的情报，那么无论哪一种销路状况发生，他都能对症下药，选择最理想的方案。也就是说，如果获得的情报是销路好，那么他就选A_1，获利20万元；如果情报是销路一般，那么他就选A_2，获利16万元；如果情报是销路差，那么他就选A_3，获利8万元。因此，军火商在购买情报后获得的收益期望值（称为在准确信息下的收益期望值）为

$$V=20\times0.5+16\times0.3+8\times0.2=16.4(\text{万元})$$

因为$V-E(A_2)=16.4-13.2=3.2(\text{万元})>2.5(\text{万元})$，所以，军火商应该向情报中心购买武器销路的情报。

本章小结

本章介绍的主要内容是：①决策优化的概念和分类；②单目标决策模型及方法；③层次分析法；④军事上典型的决策优化问题。

本章首先介绍了决策表模型和决策树模型单目标决策模型，并针对不同类型的决策问题给出了求解方法。

然后介绍了多目标决策模型中的了层次分析法。

最后针对决策优化的军事应用，给出了军事上几个典型的决策优化模型。

习　　题

5.1　决策的要素有哪些？

5.2　确定型决策问题和风险型决策问题的区别是什么？

5.3　什么是决策表，收益决策表、损失决策表有什么区别？

5.4　决策树中的各个图形表示的含义是什么？

5.5　什么是乐观系数？你认为应该如何确定？

5.6　后悔值矩阵如何获得？

5.7　应用层次分析法的关键和前提是构造好问题的层次结构图，试用具体例子来说明该图的构造方法及其目标层、准则层的含义？

5.8　我潜艇去阵地破交时，可携带两种鱼雷（自导雷和直进气动鱼雷），用以攻击敌舰船。但敌舰船可能携带防自导雷的自卫具，也可能不携带。拖带自卫具时舰船难以迅速转向躲避直进气动鱼雷，但能大大降低自导雷的命中概率。反之，敌舰船如不拖带自卫具，可以迅速转向躲避直进气动鱼雷，降低其效果，但难以对自导雷做出有效对抗。假设其命中概率见表5.1。

表5.1　鱼雷命中概率

命中概率 \ 拖动自卫具	1	2
自导雷	0.01	0.35
直进气动鱼雷	0.25	0.15

若要求潜艇一次出航期望命中雷数为至少两枚，应如何决策携带武器的方案，至少携带两种鱼雷各多少条？

5.9　学院书店希望订购最新出版的图书。根据以往经验，新书的销售量可能为50本，100本，150本或200本。假定每本新书的订购价为4元，销售价为6元，剩书的处理价为每本2元。要求：

（1）建立益损矩阵（决策表）；

（2）分别用乐观、悲观及等可能法确定该书店应订购的新书数量；

（3）建立后悔值矩阵，并用后悔值法确定应订购的新书数量。

5.10　现有3个自然状态，各方案在各自然状态下的益损值见表5.2。试用悲观准则、乐观准则、折中准则（乐观系数取0.7）和后悔值决策准则确定最优行动方案。

表5.2　益损值

方案 \ 益损值 \ 状态	θ_1	θ_2	θ_3	θ_4
A_1	6	10	27	16
A_2	5	3	12	26
A_3	18	11	20	15
A_4	7	8	6	18

5.11　某军工厂为减少国家负担,走自力更生的道路,决定在完成上级指令计划产品的同时开发一种新的民用产品。为此,工厂需要修建一个新车间。对此,工厂决策人员有两个基建方案:一是建大车间,二是建小车间。大车间需要投资300万元,小车间需要投资160万元。车间建好后,使用期限为10年。根据市场调查的结果和对未来群众生活需求变化的分析。工厂决策人员认为:新产品前五年销路好的可能性是0.7;如果前五年销路好,那么后五年销路好的可能性为0.9;如果前五年的销路差,那么后五年的销路肯定差。两个方案的年度效益值见表5.3。

表5.3　效益值　　单位:万元

状态 / 效益值 / 行动方案	Q_1(销路好)	Q_2(销路差)
建大车间	100	-20
建小车间	40	10

试问军工厂为开发新产品是建大车间好还是建小车间好?

5.12　一次战斗中,某部要求用汽车把某战斗小组以最短的时间从甲地运送到乙地。前送路线有1号、2号、3号3条公路可供选择,所需时间分别为4h、2h和2.5h。其中2号、3号道路上均有桥梁,2号路上的桥梁位置离出发点有1h的路程,3号路上的桥梁离出发点有半小时路程,如图5.1所示。

由于刚遭敌机空袭,桥梁损坏程度不明,只知道2号路线上的桥梁损坏的概率为0.3,3号路线上的桥梁损坏概率为0.4。如果遇到桥梁损坏,可立即返回,仍有两条路线选择,不论选择2号还是3号路线,同样还会遇到桥好与桥坏两种状态。试问:指挥员应如何选择运送路线?

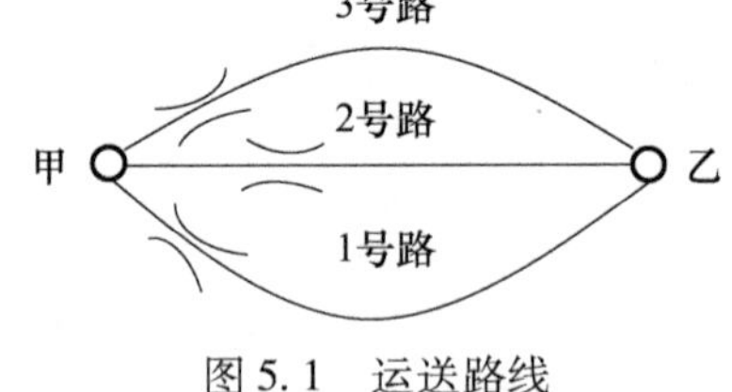

图5.1　运送路线

5.13　试用AHP法对战斗机的空战效能进行评估。为评估战斗机空战效能E,选取5个准则为评估的主要依据,即机动性、火力、发现目标能力、生存力和操纵效能,并以C_1、C_2、C_3、C_4和C_5表示。根据专家评定的结果,可得判断矩阵见表5.4。试用几何平均法计算其排序权向量$\boldsymbol{W}$和最大特征值$\lambda_{\max}$,并对其进行一致性检验。

表5.4　判断矩阵

E	C_1	C_2	C_3	C_4	C_5
C_1	1	1/2	1/2	4	1
C_2	2	1	1	5	4
C_3	3	1	1	7	4
C_4	1/4	1/5	1/7	1	1/2
C_5	1	1/4	1/4	2	1

第6章　网络计划

网络计划技术是一种对各种工程或项目进行科学的计划、组织和管理的科学方法。这种方法的基本思想是统筹兼顾,合理安排,正是因为网络计划技术的这些特点,我国著名数学家华罗庚又将其称为统筹法。

网络计划技术特别适用于生产技术复杂,工作项目繁多、联系紧密的一些跨部门的计划工作。因此,在民用领域得到广泛的应用。军事上,网络计划技术多用于解决作战指挥的计划和协调问题,对提高部队组织管理和指挥能力具有重要作用。

本章主要介绍网络计划图的绘制方法和参数分析方法,以及网络计划图关于时间优化、资源优化和流程调优的方法和应用。

6.1　网络计划技术简介

美国是网络计划技术的发源地,1957 年美国海军的汉密尔顿系统咨询部在研制“北极星”导弹系统时,在洛克菲勒公司的协助下,首次提出了一种控制工程进度的先进方法——计划评审法(PERT)。“北极星”计划是一项规模庞大,组织管理工作复杂的任务,有几十亿个管理项目。由于使用了计划评审技术,使原计划 6 年完成的任务提前两年。美国人把“北极星”导弹系统的研究成功主要归功于采用了计划评审法。几乎与此同时,杜邦公司在兰德公司的协助下,研制出了关键路线法(CPM),并首先应用于新化工厂的建设,使整个工期缩短了 4 个月。

计划评审法和关键路线法虽然名称不同,但两者的主要概念和方法是一致的。由于计划评审法是军事部门所创,它比较偏重于时间控制;而关键路线法为民用部门率先使用,比较偏重于成本控制。另外,计划评审法在作业时间上采用“三时估计法”,存在一定的随机性。但在以后的发展和应用过程中,两者逐渐相互结合,先后开发了各种改进型,如 PERT/成本、PERT/可靠性等。使它们都综合考虑时间和费用因素,因此已没有必要将它们区别开,可统称为 PERT/CPM 网络技术。而在我国,一般采用华罗庚教授的提法,即“统筹法”。

1966 年,美国人波瑞斯特克和哈伯为了克服 PERT/CPM 网络技术不能解决随机问题的缺点,发展了一种随机型的网络技术(GERT),随机网络技术首次应用于“阿波罗”登月计划就获得了巨大成功。由随机网络技术发展成的风险评估技术(VERT)被应用到 F18 战斗机、XM1 主战坦克、早期预警系统等的计划管理和决策中。

6.2　网络计划图的绘制方法

6.2.1　网络计划图的组成及基本概念

网络计划是用网络计划技术作为工具编制出来,用网络计划图表示的完成某项任务的计划。因此网络计划图是网络计划的基础和主要表现形式。

网络计划图是用圆圈、箭线等图形、符号,把计划的各个环节和工作项目,按其客观存在的内在逻辑关系,拟制成的一张网络图形。网络计划图实际上是某项任务的进度计划的图解模型。图 6.2.1 所示是美国北极星导弹的研制计划的一个网络计划图。

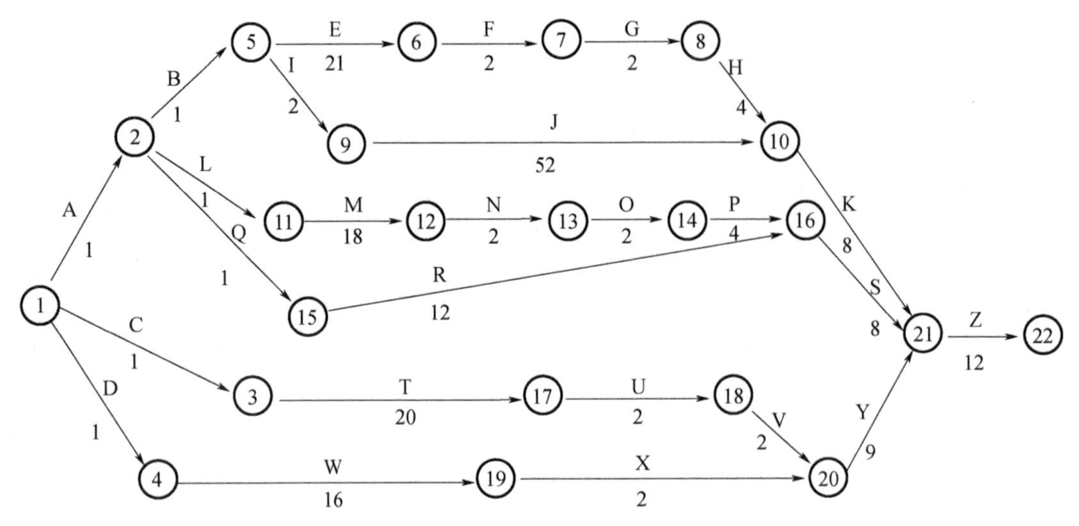

图 6.2.1 美国北极星导弹研制计划的网络计划图

图 6.2.1 中:

A:开始设备准备	B:签订第一级合同	C:开始弹头设计准备
D:开始采购零件和材料	E:开始第一级设计	F:提出第一级设计
G:批准第一级设计	H:鉴定第一级设计	I:开始第一级制造准备
J:开始第一级制造	K:完成第一级装配	L:签订第二级合同
M:开始第二级设计	N:提出第二级设计	O:批准第二级设计
P:鉴定第二级设计	Q:开始第二级制造准备	R:开始第二级制造
S:完成第二级装配	T:开始弹头设计	U:提出弹头设计
V:开始弹头制造	W:开始采购零件和材料	X:接受外购零件
Y:完成弹头装配	Z:总装	

箭线下方数字表示该项工作预计持续的时间(单位:月)。

网络计划图由工作、节点、线路三部分组成。

1. 工作

工作是指一个具体活动过程。即在一定的人、财、物消耗下,经过一段时间才能完成的活动过程。有些活动过程并不消耗人力、物力,但也需要一定时间才能完成,如行军时人员的休息或宿营,也应看作是工作。此外还有一种虚工作,它不需要消耗各种人力、资源,也不需要时间,但通过它可以表明各个工作之间相互依存和相互制约的逻辑性联系。

在网络计划图中,工作用箭线“→”来表示;箭线上部通常标明工作名称或代号,在箭线下方标明完成该工作所需的时间。虚工作用虚箭线“→”表示。

另外,把紧接在某项工作之前的那些工作称为该项工作的紧前工作,把紧接在某项工作之后的那些工作称为该项工作的紧后工作。

例如：在图6.2.2的网络计划图中虚箭线表示的逻辑关系是，工作D必须在工作A、B均完成之后才能开始，A、B即为D的紧前工作。

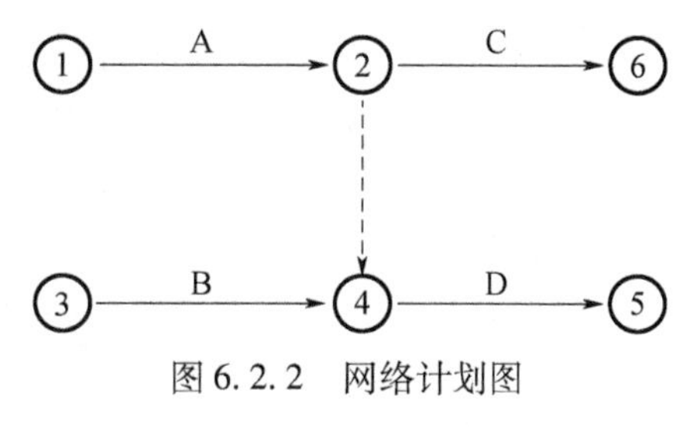

图6.2.2　网络计划图

2. 节点

节点是指某一过程的结果。也就是工作的起点、终点和工作之间的衔接点。在图中用圆圈"○"表示，其中填入代号，不同的节点有不同的编号。节点不占用时间，也不消耗资源，只是一种表示某项工作的开始或完成的符号，是一种瞬时状态。例如在图6.2.1中，节点⑨表示第一级制造准备的结束，同时也表示第一级制造的开始。

引出箭杆的节点叫工作的开始节点，箭头进入的节点，叫该工作的结束节点。整个网络计划图的开始节点称最初节点(始点)；最后一个结束的节点叫最终节点(终点)。其余节点即是前一工作的结束节点，又是后一工作的开始节点。节点的逻辑意义是，当所有进入某节点的工作全部完成时，从该节点出发的各项工作可开始进行。有时为了叙述方便，也把紧接在某节点前的工作称为该节点的紧前工作，紧接在某节点后的工作称为该节点的紧后工作。节点的紧前工作与紧后工作可能有一项，也可能有多项，只有当某节点的所有紧前工作均完成之后，该节点的紧后工作才可能开始。节点的作用有以下三点。

(1) 承上启下。

一般来说，一个节点至少连接着前后两个以上的工作，这一转折点表示前后不同工作的变换，起着承上启下的作用。

(2) 控制进度。

节点作为工作的连接点，具有控制进度的功能。它既是推算各项工作最早可能开始时间和最迟必须结束时间的依据之一，又是了解计划进展情况的主要依据。

(3) 评检效果。

任一工作在进行中不易确定其最后效果如何，只有当工作的全部内容完成时，才具备检查评定效果的最佳条件。此时，要把住质量关，是检查落实岗位责任制的关键时刻。

3. 线路

在网络计划图中，线路是指从最初节点顺着箭头方向连续不断地到达最终节点的一条通路。线路的长度就是这条通路上各工作长度(时间或其他单位)之和。在图6.2.1中，从节点1到节点22的所有线路为：

	线路	路长
(1)	① —1→ ② —1→ ⑤ —21→ ⑥ —2→ ⑦ —2→ ⑧ —4→ ⑩ —8→ ㉑ —12→ ㉒	51
(2)	① —1→ ② —1→ ⑤ —2→ ⑨ —52→ ⑩ —8→ ㉑ —12→ ㉒	76
(3)	① —1→ ② —1→ ⑪ —18→ ⑫ —2→ ⑬ —2→ ⑭ —4→ ⑯ —8→ ㉑ —12→ ㉒	48
(4)	① —1→ ② —1→ ⑮ —12→ ⑯ —8→ ㉑ —12→ ㉒	34
(5)	① —1→ ③ —20→ ⑰ —2→ ⑱ —2→ ⑳ —9→ ㉑ —12→ ㉒	46
(6)	① —1→ ④ —16→ ⑲ —2→ ⑳ —9→ ㉑ —12→ ㉒	40

在所有线路中,路长最大的那条线路称为关键线路,其持续时间记作 T_{kw}。在关键线路上的工作称为关键工作,本例中的关键线路为第二条,关键线路上的工作只有 6 项,占整个工作的 23%。把持续时间仅次于关键线路的线路称为次关键线路,其余的线路都称为非关键线路。

网络计划技术的重要工作之一就是找出工程中的关键线路。因为它决定工期,如果在这条线路上工作进度耽误,整个工程的工期就要延迟。相反,如果想办法缩短这条线路的完工时间,工期也就可能提前。可见,网络计划技术提供了很好的抓主要矛盾的工作方法。

为了做到在一定人力、物力条件下尽量缩短工期,除了在采用新技术上下功夫外,在组织管理上可以采取以下措施。

(1) 在非关键工作上尽量挖潜力。非关键工作在时间上总有一定的余地,这样就可以抽出一部分力量支援关键工作,从而缩短整个总工期。

(2) 尽量多采用平行作业和交叉作业。平行作业是把一项工作分成几项工作时间同时平行地去做。交叉作业则是指相连接的几道工序,可以不必等待一项工作全部做完后,再去做下一项工作,而是在技术条件容许的情况下,上一项工作做好一部分后,就开始做下一项工作,以缩短总工期。

在一个网络计划图中,关键线路可以不止一条,一个网络计划图有多条关键线路,说明整个工程和任务组织安排得比较好,忙闲不均的现象比较少。在对一个项目进行统筹安排时,就是要不断调整关键线路和非关键线路之间的关系,这也就是所谓的线路优化。

6.2.2 绘制网络计划图的原则

绘制网络计划图应遵循以下原则。

(1) 网络计划图中,所有箭线应尽量指向右方并尽量避免箭杆交叉。当箭线必须交叉时,可用图 6.2.3 表示。

(2) 在网络计划图中,不许有回路。否则将造成逻辑错误,使工作无法开始,也无法结束。图 6.2.4 所示的画法是不允许的。

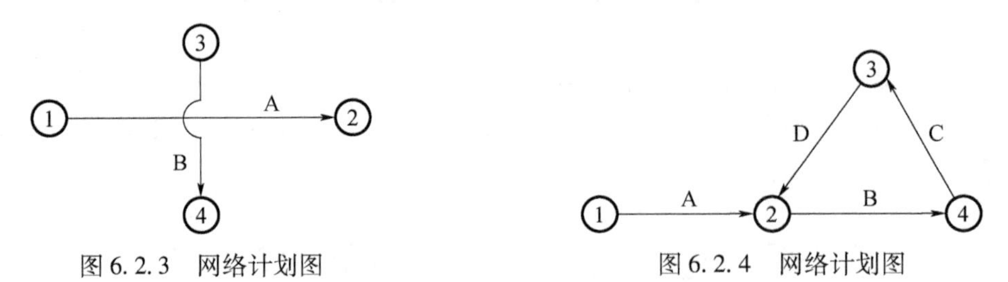

图 6.2.3　网络计划图　　图 6.2.4　网络计划图

(3) 一对节点之间只能有一条箭线,图 6.2.5 所示的画法是不允许的。

(4) 虚工作的运用。

引入虚工作后就可以正确表示一对节点之间有两项工作的情况。图 6.2.4 所示情况的正确画法应为图 6.2.6 所示。

如果几项工作是平行作业或交叉作业,也要引入虚工作表示。

另外,网络计划技术要求一张网络计划图只有一个最初节点和一个最终节点。但它们不唯一时,应引入虚工作使其归一封闭。对图 6.2.7 所示的情形可用图 6.2.8 表示。

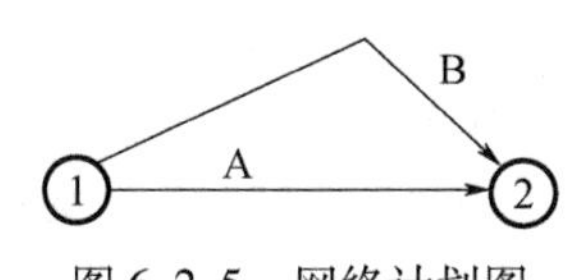

图 6.2.5　网络计划图

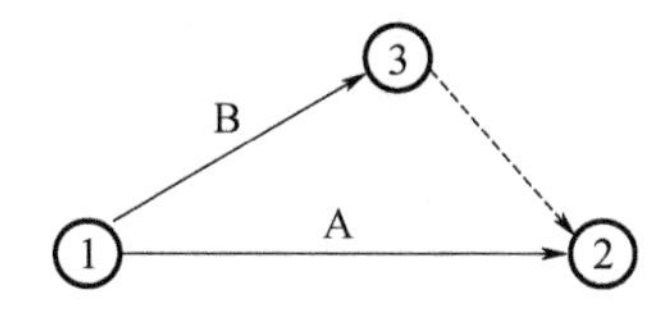

图 6.2.6　网络计划图

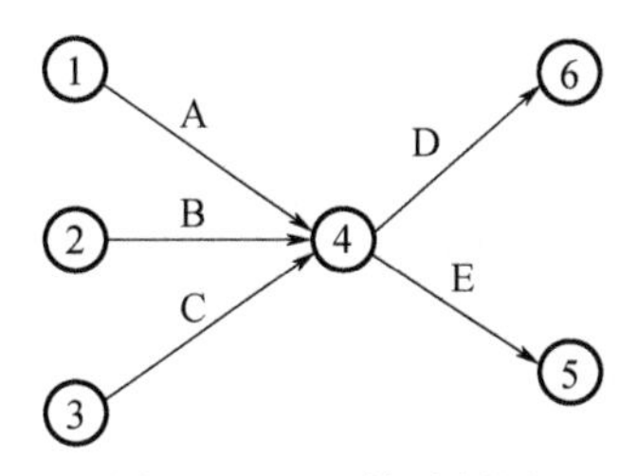

图 6.2.7　网络计划图

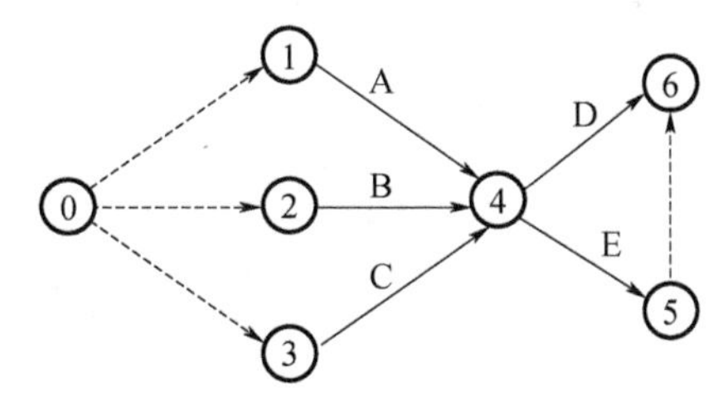

图 6.2.8　网络计划图

在拟制网络计划图的过程中，当遇到工作关系表达困难时，就必须借助于虚工作，但虚工作的大量引用毕竟增加了网络计划图的复杂程度。因此，必须删除多余的虚工作，以使网络计划图简洁清楚、便于使用。

(5) 节点编号。

一个节点只能有一个编号，不能重复。一般情况下，工作 $i \to j$ 要求 $j > i$。为了考虑到将来一个任务分解成几个时，不一定严格按大小顺序编号，可以留有余号。

6.2.3　网络计划图的基本画法

基本画法是拟制网络计划图的基础，主要包括作业画法和规定画法。

1. 作业画法

作业画法主要指顺序作业、并行作业和交叉作业的画法。

(1) 顺序作业画法。

顺序作业就是按照工作的先后顺序，一项接一项地进行，直至最后一项结束。与其特点相对应，其画法就是用圆圈、箭线按工作的先后顺序关系依次画出。

例 6.2.1　我导弹艇对敌目标实施攻击计划，有 4 项工作要完成：接敌、战术展开、导弹攻击和撤收。完成各项工作的时间分别为 65min、10min、3min 和 40min。按顺序作业画法其网络计划图如图 6.2.9 所示，整个计划需 118min 才能完成。

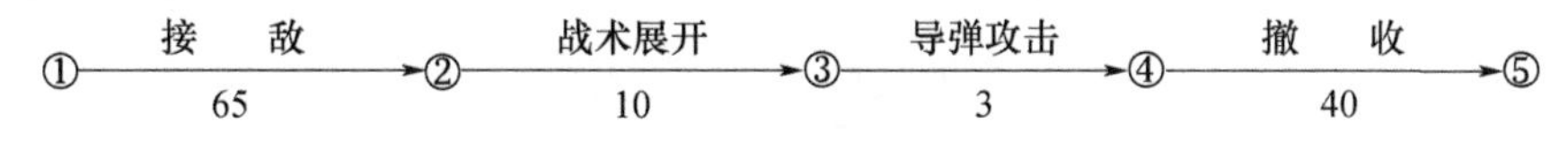

图 6.2.9　导弹艇攻击计划网络计划图

拟制结构复杂的网络计划图时，可以先将其分成一条一条的单独线路，然后用顺序作业法依次把图画出来，这也是拟制网络计划图的一个技巧。

(2) 并行作业画法。

并行作业画法是为了加快任务完成进度，常把一项比较费时的工作分解为几项工作或几组工作同时进行。与其特点相对应，其画法可以概括为：从同一节点同时引出几项不同的工作，以及从某时刻起由不同的节点引出几项不同的工作。值得注意的是这些工作不一定要在同一时间开始。并行作业在平时的训练、工作及作战中经常遇到。

例 6.2.2 在图 6.2.9 中，①→②的工作可进一步分解为“舰艇战术机动”、“雷达搜索目标”、“拟制攻击方案”和“制订保障措施”4 项工作，并且这 4 项工作可同时进行。试绘制其网络计划图。

解 根据并行作业方式的绘制特点，其网络计划图如图 6.2.10 所示。

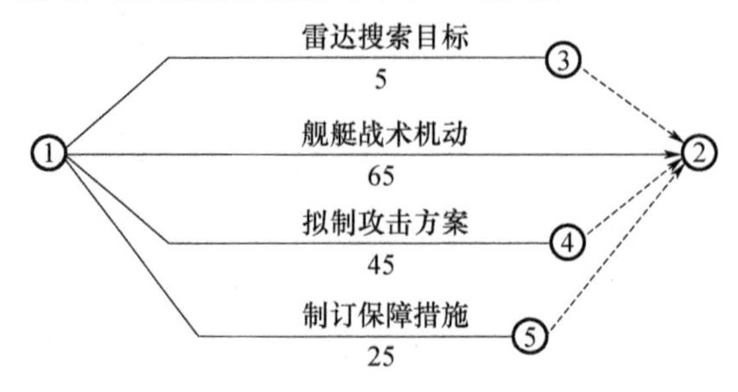

图 6.2.10 并行作业网络计划图

并行作业画法采用的虚工作相对较多，它的主要作用是避免表达混乱。在条件允许时，采用并行作业方式可以减少总的时间消耗，提高工作效率。但是，并行作业方式有时需要的资源比较多，工作与工作之间需要协调，管理和控制比较复杂。

（3）交叉作业画法。

交叉作业画法是对需要较长时间完成的相邻工作，在条件允许时，可以不必在前一项工作全部完工之前再转入下一项工作，而是分期分批地将其前面工作的完成部分转入下一道工序，也就是通常所说的“流水作业”，它兼有顺序作业和并行作业的特点。

交叉作业在画法上，由于多数工作受到的制约关系比较复杂，必须灵活运用虚工作才能正确表达。下面结合例题说明交叉作业及其画法。

例 6.2.3 某水警区后勤部组织汽车队到仓库领取 A、B、C 三类物资，采取边领、边装、边运的方法。试用交叉作业法画出其网络计划图。

解 绘制交叉作业时一定要正确反映工作之间的逻辑关系，引进虚工作，否则会出错，如图 6.2.11 所示。工作“运 A”的开始不仅依赖于“装 A”的结束，而且还依赖于“领 B”的结束，这与事实不符。实际上它只依赖于“装 A”的结束。正确的画法如图 6.2.12 所示。

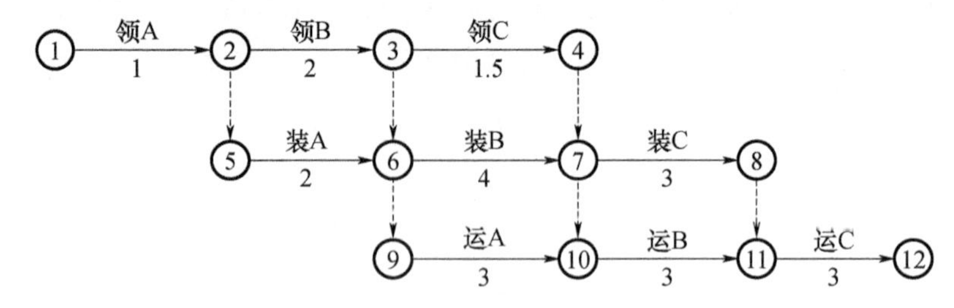

图 6.2.11 错误的画法

显然，用交叉作业完成任务比顺序作业所需的时间短，比并行作业所需的时间长。交叉作业占用的人员和设备比串行作业多，却比并行作业少。

由上可知，只要在人力物力允许的条件下，尽量将顺序作业改变为并行作业或交叉作

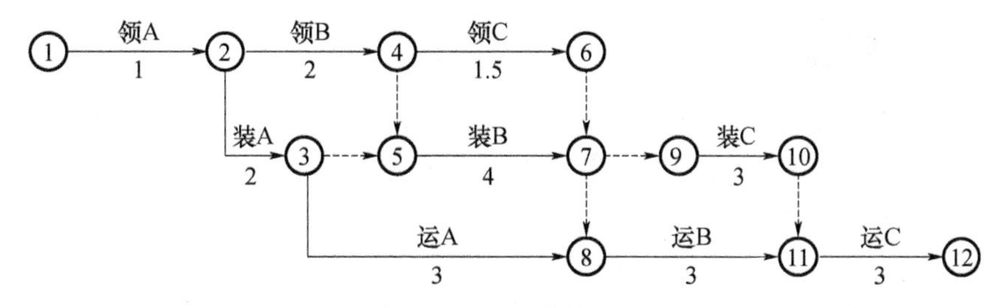

图6.2.12　正确的画法

业，以便缩短完成整个任务的时间。

2. 规定画法

规定画法包括外加条件画法、多种预案画法等。

(1) 外加条件画法。

外加条件画法是指在执行任务过程中得到兵力、武备和物资等方面的补充。在网络计划图中，用一个编号为“0”（零）的双圆圈带一箭线作为外加条件的专门符号，符号旁注记外加条件的内容，如图6.2.13所示。

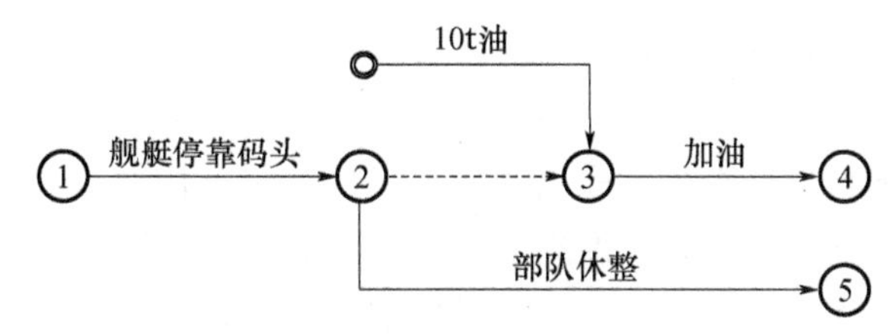

图6.2.13　外加条件画法

(2) 多种预案画法。

多种预案画法是指指挥员或司令部设想的可能发生的多个方案。画多种预案需要引用逻辑判断符号“◇”和虚工作。逻辑判断符号反映了指挥员对情况的事先判断，判断结果简明注记在虚箭线杆上。虚工作后分别画出适应不同情况的行动预案。每一个逻辑判断符号只能表明两种情况的判断，标绘出两种预案。如果有三种判断，三种预案，需引用两个逻辑判断符号。假设敌人由于兵力不足，仅在A、B、C地的一处设防，根据敌人的设防情况，我可选择登陆地点，如图6.2.14所示。

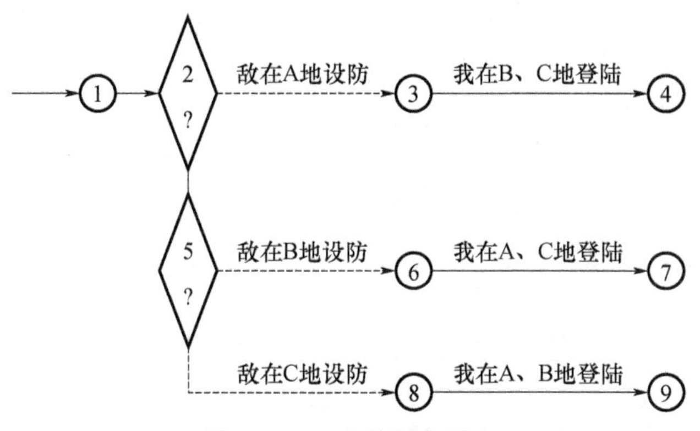

图6.2.14　多种预案画法

6.2.4 网络计划图的绘制步骤

绘制网络计划图首先要根据任务要求，对任务进行分解，列出工作清单，然后按照绘图规则画出草图，并对草图进行调整，最后编号注记，确定关键线路。

1. 任务分解

任务分解就是首先将一个工作系统根据实际情况分解为一定数目的分系统，其关键是确定绘制网络计划图的三个条件。

(1) 完成某一任务需要做的工作。

任何一项计划，都是由若干项工作组成的，因此在接受某一任务后，首先应将任务进行分解细化，即将总的任务分解为若干工作，以便确定完成任务必须进行的所有工作。

(2) 明确各项工作之间的相互关系。

在搞清工作项目的基础上，再仔细分析各项工作之间的顺序关系、平行关系、协同制约关系等反映工作之间客观规律的逻辑关系。在方法上，可以先了解、分析各单位内部工作之间的顺序关系，搞清各项工作的紧前和紧后工作；然后再了解单位与单位之间的横向关系，如协同关系。工作关系比较复杂时，可借助图表等比较直观的手段帮助分析。

(3) 确定各项工作所需的持续时间。

工作的持续时间是对网络计划图进行时间参数分析和优化的原始参数，工作持续时间的准确与否，直接影响到整个任务是否能够按计划完成。因此，确定每项工作的持续时间一定要慎重，力求准确，切忌主观随意性。在具体确定持续时间时，可以借助经验和有关资料直接确定或按上级的规定执行。当对随机因素较多或全新的工作，没有过去的经验和资料可借鉴、持续时间难以确定时，可通过使用概率统计方法来确定，有关内容将在本书6.3节的参数计算中介绍。

为了画图方便，避免遗漏和差错，可以将上述3个条件列成工作清单。工作清单的主要项目包括工作名称、工作代号、紧前(后)工作及持续时间等。其中工作名称栏和紧前(后)工作代号栏里的内容体现着工作之间的制约关系，是绘制网络计划图的依据，必须在切实调查、仔细构思的基础上认真填写。表6.2.1为美军阿基特半岛作战的任务分解表。

表6.2.1 美军阿基特半岛作战的任务分解表

序号	工作内容	工作代号	先行工作	持续时间
1	夺取阿基特半岛的制空权	A	—	10昼夜
2	压制敌反空降和抗登陆防御	B	—	5昼夜
3	组织空降旅空降	C	—	2昼夜
4	第21空降师的一个旅在祖巴附近空降	D	C	2昼夜
5	组织海军陆战队登陆	E	—	2昼夜
6	海军陆战队搭乘上陆工具	F	E	4昼夜
7	第21空降师的其余兵力准备攻占索卢卡锡季	G	—	3昼夜
8	第22步兵师在索卢卡锡季登陆的组织工作	H	—	4昼夜
9	第22步兵师搭乘上陆工具	I	H	3昼夜

（续）

序号	工作内容	工作代号	先行工作	持续时间
10	护送第22步兵师到索卢卡锡季	J	I	4昼夜
11	海军陆战队登陆夺取祖巴	K	D　F	3昼夜
12	海军陆战队登陆从祖巴向索卢卡锡季进攻	L	K	5昼夜
13	空降旅夺取祖巴附近的两个机场	M	D　F	2昼夜
14	修复机场	N	M	2昼夜
15	两个战斗机大队转场	O	N	1昼夜
16	空降旅准备攻占索卢卡锡季	P	M	2昼夜
17	第21空降师攻占索卢卡锡季	Q	G　O　P	2昼夜
18	修复索卢卡锡季的机场	R	Q	1昼夜
19	一个战斗机大队转场到索卢卡锡季	S	R	1昼夜
20	第21空降师组织索卢卡锡季的防御	T	Q	1昼夜
21	第22步兵师登陆	U	S　T	2昼夜
22	组织陆军部队和其他军种的部队协调进攻	V	L　U	1昼夜
23	实施进攻以攻占阿尔克－罗哈一线	W	V	8昼夜

2. 绘制草图

根据表6.2.1所列工作项目的前后顺序关系，绘制出计划草图。在画草图时，不必在图的外观上下功夫，应集中精力去正确反映工作之间的相互关系，具体方法下面将阐述。

3. 检查调整

对照图表检查工作有无遗漏，检查网络计划图中工作的相互关系体现得是否正确，发现错误及时纠正。调整主要是为了尽可能地消除那些不必要的交叉箭线，使网络计划图一目了然。调整后的网络计划图必须与原网络计划图具有相同的工作及其相互关系。

4. 编号注记

网络计划图草图经修正调整无误后，即可给节点编号。编号的一般规则是：按从左到右、从上到下、从小到大的顺序进行，且每一项工作的开始节点编号要小于结束节点的编号。在编号过程中要留有余地，以便在进一步调整优化网络计划图时，需要增加的节点不至于变更全部编号。节点编号后，在每项工作箭杆上方注记工作名称，在工作箭杆的下方注记工作持续时间。当工作名称很长时，可用缩写或代号代替。最后在图中将关键线路用粗线标注清楚，并尽可能地将其调整在全图中间的显著位置，如图6.2.15所示。

6.3　网络计划图的参数分析

网络计划技术之所以被称为科学的计划管理方法，不仅是因为它有一份清晰而直观的工作网络计划图，而且更重要的是因为它可以运用网络计划图来计算和调优。通过计算，可以预见完成整个任务时间，揭示整个任务的主要矛盾和关键工作，确定整个过程各项工作的开始、结束时间，以判断完成工作的紧张程度；预见进程中可能出现的各种情况，制订预防措施；为修改、完善网络计划图，实现优化，提供科学依据。

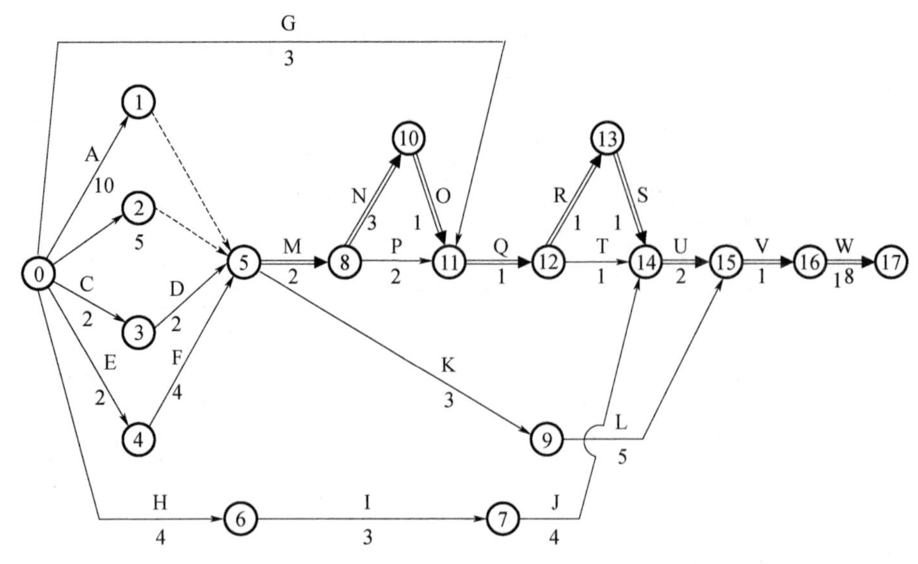

图 6.2.15 美军阿基特半岛作战网络计划图

全面的参数分析与计算是在拟制完网络计划图之后进行,它是网络计划技术的一个重要环节。网络计划图的参数分为工作持续时间、节点参数、工作参数和线路参数,工作持续时间是原始参数,其余参数都是根据原始参数和原始网络计划图的逻辑关系计算出来的,线路参数重点是求取关键线路 T_{KW}。下面重点介绍前三类参数的含义及计算公式。

6.3.1 工作持续时间的确定

工作持续时间就是完成某一项工作所需要的时间。一般根据条令、教程、规定或以往的实际经验来确定。当凭直接经验难以确定时,通常依靠比较有经验的指挥员、专家或参谋人员对完成该项工作的时间提出两三种估计,然后用下面介绍的公式进行计算。这样做虽然有一定的误差,但较直接估计要准确得多。

1. 三时(估计)计算法

在信息不足的情况下,要人们准确估计出工作时间往往很困难,但估计以下三个值确要容易一些。

(1) 最乐观的估计时间 a,指在最顺利的条件下完成该项工作的时间估计,这是可能的最短工作时间。

(2) 最保守的估计时间 b,指在最不利的情况下,完成该项工作的时间估计,这是可能的最长工作时间。

(3) 最可能的估计时间 c,指在一般情况下,完成该项工作的时间估计,这是可能的合适工作时间。

将这三个时间的估计称为“概率估计”,由于 c 发生的概率比 a、b 大,所以用 a、c、b 的加权平均来确定该项工作的持续时间,即

$$T = \frac{a + 4c + b}{6} \tag{6.3.1}$$

2. 两时(估计)计算法

如果对工作所需时间只做出最乐观估计时间 a 和最保守估计时间 b,则用 a、b 的加权平均来确定该项工作的持续时间,即

$$T=\frac{3a+2b}{5} \tag{6.3.2}$$

6.3.2　节点参数的确定

节点参数是讨论工作参数、线路参数的基础,包含节点的最早、最迟实现时间以及节点的机动时间。

1. 节点的最早实现时间

一个节点的最早实现时间是指从始点到本节点最长时间之和,在这之前是不能开始的,用 $T_E(j)$ 表示。

若节点只有一条箭线进入的话,则该箭尾所触节点的最早实现时间加上工作时间即为该箭头所触节点的最早实现时间。

若节点有多条箭线进入的话,则对每条箭线都做上述计算后,取其中最大数值为该节点的最早实现时间。用公式表示为

$$T_E(j)=\max_i\{T_E(i)+T(i,j)\} \tag{6.3.3}$$

式中:$T_E(j)$ 为节点 j(箭头节点)的最早实现时间;$T_E(i)$ 为节点 i(箭尾节点)的最早实现时间;$T(i,j)$ 为节点 i 到节点 j 的工作时间。

如果最初节点用"1"编号,最终节点用"n"编号,则有

$$T_E(1)=0, T_E(n)=T_{kw}$$

由于 $T_E(j)$ 是从最初节点向最终节点方向进行计算的,故称此算法为前向算法。

2. 节点的最迟完成时间

一个节点的最迟完成时间是指以该节点为结束节点的各项工作最迟必须完成的时间,若在此时间内不能完成,就要影响后续工作的按时开工,从而影响整个任务的按期完成。用 $T_L(i)$ 表示。

若节点只有一条箭线引出的话,则该节点的最迟完成时间等于加上箭头所触节点的最迟完成时间减去该工作的时间。

若节点有多条箭线引出的话,则对每一条箭线都做上述计算后,取其中最小值为该节点的最迟完成时间。

计算从终点开始,从右向左计算,至始点为止,用公式表示为

$$T_L(i)=\min_j\{T_L(j)-T(i,j)\} \tag{6.3.4}$$

式中:$T_L(i)$ 为节点 i(箭尾节点)的最迟完成时间;$T_L(j)$ 为节点 j(箭头节点)的最迟完成时间;$T(i,j)$ 为节点 i 到节点 j 的工作时间。

由于 $T_L(i)$ 是从最终节点向最初节点进行计算的,所以也称后向算法。

由上述讨论易知

$$T_E(n)=T_L(n)=T_{kw}, T_E(1)=T_L(1)=0$$

3. 节点机动时间

节点机动时间用 $R(i)$ 表示,它等于节点最迟完成时间减去最早实现时间,即

$$R(i)=T_L(i)-T_E(i) \tag{6.3.5}$$

它表示了节点实现时间的机动范围,但并不是说节点有了时间消耗。在关键线路上,$T_L(i)=T_E(i)$,所以关键线路上的节点,其机动时间均为零。但把机动时间为零的节点连起来,却不一定是关键线路。在图6.3.1中,有

$$T_E(4)=\max\begin{cases}T_E(1)+T(1,4)\\T_E(3)+T(3,4)\end{cases}=\max\begin{cases}4.7\\7.2+2\end{cases}=9.2$$

$$T_L(4)=\min\begin{cases}T_L(7)-T(4,7)\\T_L(6)-T(4,6)\end{cases}=\min\begin{cases}17.5-6.2\\\min\{T_L(7)-T(6,7)\}-T(4,6)\end{cases}=9.2$$

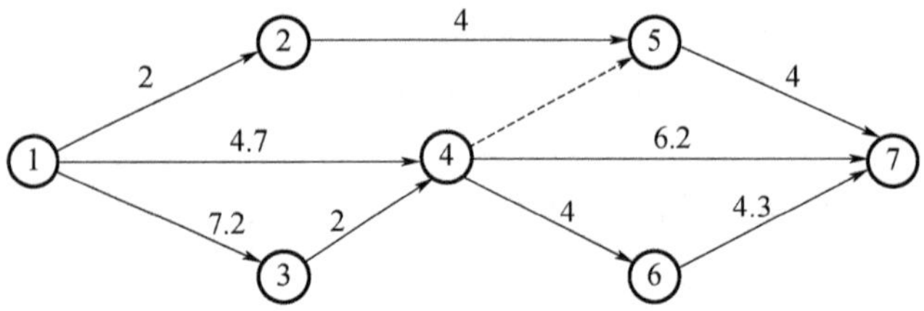

图6.3.1　非关键线路图

但线路(1,4,7)却不是关键线路。

6.3.3　工作参数的确定

利用节点参数可以很方便地计算出工作参数。

1. 工作最早可能开始时间

一个工作必须等它前面的工作(即紧前工作)结束后,才能开始,这之前这项工作是不能开始的,这个时间就叫作工作的最早可能开始时间。其意义就是该工作最早什么时候可以开始。工作(j,k)最早可能开始时间用$T_{ES}(j,k)$表示。

由于节点没有持续时间,工作一结束,就可以认为节点已经实现。根据这个规则,可以确定,工作(j,k)最早可能开始时间等于该工作开始节点j(箭尾节点)的最早实现时间,即

$$T_{ES}(j,k)=T_E(j) \tag{6.3.6}$$

根据式(6.3.3)

$$T_{ES}(j,k)=\max_i\{T_E(i)+T(i,j)\}=\max_i\{T_{ES}(i,j)+T(i,j)\} \tag{6.3.7}$$

由此可见,开始节点相同的工作,其最早可能开始时间也相同。

2. 工作最早可能完成时间

一个工作的最早可能完成时间,就是它的最早可能开始时间加上本工作所需时间。其意义是指该工作最早什么时候可以完成。工作(j,k)最早可能完成时间用$T_{EF}(j,k)$表示,用公式表示为

$$T_{EF}(j,k)=T_{ES}(j,k)+T(j,k) \tag{6.3.8}$$

由式(6.3.7)可得到的关系为

$$T_{EF}(j,k)=\max_i\{T_{ES}(i,j)\} \tag{6.3.9}$$

3. 工作最迟必须完成时间

工作最迟必须完成时间用$T_{LF}(h,i)$表示,等于该工作结束节点的最迟必须实现时间,即

$$T_{LF}(h,i)=T_L(i) \tag{6.3.10}$$

由式(6.3.4)可得到

$$T_{LF}(h,i)=\min_j\{T_{LF}(i,j)-T(i,j)\} \tag{6.3.11}$$

由此可见,结束节点相同的工作,其最迟必须结束时间相同。

4. 工作最迟必须开始时间

一个工作,紧接其后有一个或几个工作,为了不影响后续工作的如期开始,每个工作应有一个最迟必须开始时间。其意义就是工作最迟应该什么时候开始。

工作最迟必须开始时间用 $T_{LS}(h,i)$ 表示,等于该工作最迟必须结束时间减去该工作的持续时间,即

$$T_{LS}(h,i)=T_{LF}(h,i)-T(h,i) \tag{6.3.12}$$

由式(6.3.11)可得

$$T_{LS}(h,i)=\min_j\{T_{LF}(i,j)-T(i,j)\}-T(h,j)=\min_j\{T_{LS}(i,j)\}-T(h,j) \tag{6.3.13}$$

深刻理解上述递推公式,有助于理解上述工作参数间的内在联系及后面的参数计算。

5. 工作总机动时间 $R(i,j)$

工作总机动时间是关键线路的持续时间与通过该工作(i,j)的最长线路的持续时间之差,即

$$R(i,j)=T_L(j)-T_E(i)-T(i,j) \tag{6.3.14}$$

或者写成

$$R(i,j)=T_{LS}(i,j)-T_{ES}(i,j)=T_{LF}(i,j)-T_{EF}(i,j) \tag{6.3.15}$$

它表示在不误总工期的前提下,工作(i,j)的开工时间有多少机动余地。若工作(i,j)为关键工作,则 $R(i,j)=0$;若工作(i,j)为非关键工作,则 $R(i,j)>0$,且为通过该工作的最长线路所共同占有。因此,$R(i,j)$具有全局性的影响。若 $R(i,j)$被占用,则通过工作(i,j)的最长线路就变成新的关键线路。

由此可见,在网络计划图中工作(i,j)为关键工作的充要条件是 $R(i,j)=0$。

6. 工作第一类局部机动时间

工作第一类局部机动时间 $r'(i,j)$是该工作(i,j)的开始节点 i 和结束节点 j 的最迟实现时间之间形成的机动时间,即

$$r'(i,j)=T_L(j)-T_L(i)-T(i,j)=T_{LS}(i,j)-T_L(i) \tag{6.3.16}$$

当某项工作的开始节点的紧后工作有两项以上时,该工作才有可能会有第一类局部机动时间。同样地,还可以证明:若某工作为关键工作,则该工作的第一类局部机动时间必为零。

由于节点的最迟实现时间是根据节点的后续线路用后向算法求得的,所以工作第一类局部机动时间的使用对其开始节点的先行线路没有影响。通常把第一类局部机动时间作为在不影响整个任务完成时限的前提下,该工作可以比计划提前多少时间开始(或完成)的机动指标。

7. 工作第二类局部机动时间

工作第二类局部机动时间 $r''(i,j)$是该工作(i,j)开始节点 i 和结束节点 j 的最早实现

时间两者之间形成的机动时间,即

$$r''(i,j)=T_E(j)-T_E(i)-T(i,j)=T_E(j)-T_{EF}(i,j) \qquad (6.3.17)$$

当某项工作的结束节点的紧前工作有两项以上时,该工作才有可能会有第二类局部机动时间。同样地,还可以证明:若某工作为关键工作,则该工作的第二类局部机动时间必为零。

由于节点的最早实现时间是根据节点的先行线路按前向算法求得的,所以工作第二类局部机动时间的使用对其结束节点后续线路没有影响。通常把工作的第二类局部机动时间作为在不影响整个任务完成时限的前提下,该工作可以比计划推迟多少时间开始(或完成)的机动指标。

6.3.4 参数的计算方法

参数计算方法的本质就是根据上述讨论的各参数含义及计算公式直接计算。因此,对于参数计算最重要的仍是理解参数含义及计算公式。实现的手段无非是通过计算机处理和手工计算两种。当网络计划图的规模大、关系复杂、工作项目在200个以上时,参数计算一般要用计算机计算。规模较小时可用手工计算。下面介绍手工算法中的四扇形格图解计算法和表格计算法。

1. 四扇形格图解计算法

该方法首先直接在网络计划图上计算出节点参数,然后按照公式求出工作机动时间参数。它具有简单、方便、易于掌握的特点。计算步骤如下。

第一步:拟制带四扇形格的网络计划图。把拟制好的网络计划图各节点分成4个扇形格,格内注记内容如图6.3.2所示。

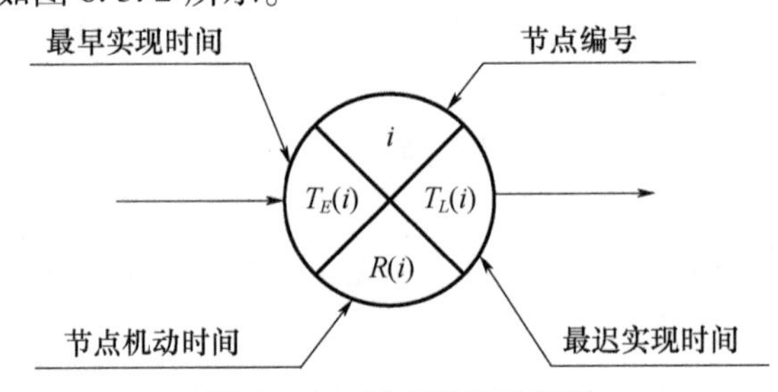

图6.3.2 四扇形格示意图

第二步:在网络计划图上计算出各节点参数,并按规定位置记入四扇形格内。

计算节点参数时,一般先用前向算法计算 $T_E(i)(i=1,2,\cdots,n)$,然后再按后向算法计算 $T_L(i)$,$R(i)(i=1,2,\cdots,n)$,并填入规定位置。

第三步:根据节点参数和工作持续时间计算工作的三种机动时间。在图上注记方式如图6.3.3所示。

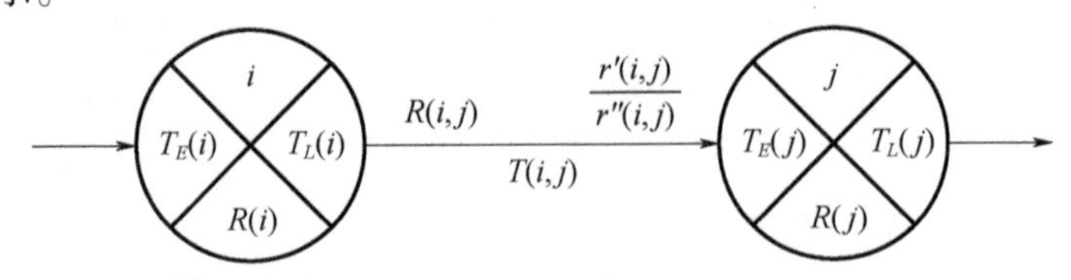

图6.3.3 机动时间标注方式示意图

图6.3.4是以网络计划图6.3.1为原始网络计划图进行计算的结果。从图6.3.4中可以看出,把机动时间等于零的工作依次串接起来就是关键线路。

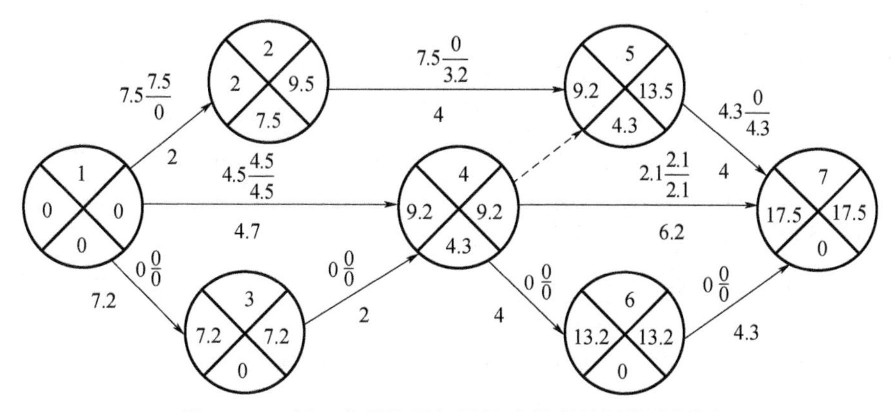

图6.3.4 用四扇形格图解计算法得到的网络计划图

2. 表格计算法

这种方法是在编制的专用表格上填入原始网络计划图的工作编号和工作持续时间,然后按照一定的程序计算出各项参数。由于该方法不直接在图上计算,与图解法相比可以适当用于工作项目较多的情况,也具有简单、方便的特点。现结合图6.3.4简单介绍表格计算法的步骤。

第一步:编制专用表格,见表6.3.1。

表6.3.1 专用表格

工作编号					工作参数				
(1)	(2)	(3)	(4)	(5)	(6)	(7)	(8)	(9)	(10)
开始节点 i	结束节点 j	最早可能开始时间 $T_{ES}(i,j)$	持续时间 $T(i,j)$	最早可能结束时间 $T_{EF}(i,j)$	最迟必须开始时间 $T_{LS}(i,j)$	最迟必须结束时间 $T_{LF}(i,j)$	总机动时间 $R(i,j)$	一类局部机动时间 $r'(i,j)$	二类局部机动时间 $r''(i,j)$
1	2	0	2	2	7.5	9.5	7.5	7.5	0
1	3	0	7.2	7.2	0	7.2	0	0	0
1	4	0	4.7	4.7	4.5	9.2	4.5	4.5	4.5
2	5	2	4	6	9.5	13.5	7.5	0	3.2
3	4	7.2	2	9.2	7.2	9.2	0	0	0
4	5	9.2	0	9.2	13.5	13.5	4.3	4.3	0
4	6	9.3	4	13.2	9.2	13.2	0	0	0
4	7	9.2	6.2	17.4	11.3	17.5	2.1	2.1	2.1
5	7	9.2	4	13.2	13.5	17.5	4.3	0	4.3
6	7	13.2	4.3	17.5	13.2	17.5	0	0	0
备注					关键线路为(1,3,4,6,7)				

第二步:填写工作编号和工作持续时间。

工作编号的填写要按照开始节点由小到大、在表6.3.1内由上向下逐一填入表中第(1)栏和第(2)栏,开始节点相同的填在相邻位置,结束节点小的放在上面。相应的工作持续时间填入表6.3.1中的第(4)、(7)栏。

第三步:计算各栏参数。

顺序是先用前向算法,振荡向下计算第(3)栏与第(5)栏(从第(3)栏最上一格开始到第(5)栏最下一格止);后用后向算法、振荡向上计算第(7)栏与第(6)栏(从第(7)栏最下一格到第(6)栏最上一格止);再分别确定第(8)、(9)、(10)栏。第(8)栏由第(7)栏减去第(5)栏即得,而第(9)栏要由第(1)栏、第(6)栏和式(6.3.16)来确定,第(10)栏由第(2)栏、第(5)栏和式(6.3.17)来确定。

填写各栏目时,理解式(6.3.7)、式(6.3.9)、式(6.3.11)、式(6.3.13)以及式(6.3.16)和式(6.3.17)是很有帮助的。

以图6.3.1所示为原始网络计划采用表格法计算得到的参数,见表6.3.1。

第四步:确定关键线路。

工作总机动时间为零的工作,按其衔接关系从最初节点到最终节点依次串接起来,就是关键线路。表6.3.1中将工作(1,3)、(3,4)、(4,6)、(6,7)串接起来就是关键线路(1,3,4,6,7)。

6.4 网络计划图的优化和应用

通过绘制网络计划图,计算时间参数和确定关键线路,可以得到一个初始的计划方案。而网络计划技术的精华,却在于对初始计划方案进行调整和改善,直至得到最优的计划方案。

网络计划技术研究的课题不同(例如作战、训练、演习、后勤保障等),各课题预期的目标也不尽相同,实现调优的要求和方法也不相同。这里只讨论比较常用的时间优化、资源优化和流程优化。

6.4.1 时间优化

网络计划的时间优化是指在一定的资源条件下,尽量减少完成任务的总时间。因为完成任务的总时间取决于关键线路的长短,所以网络计划的时间优化总是围绕缩短关键线路的持续时间为中心而展开的,其主要方法和措施有以下几点。

(1) 检查关键线路上的各项工作持续时间是否正确。检查的依据是根据规定标准、实践经验或有关资料,力求使各项关键工作的持续时间达到允许的最小值。

(2) 挖掘非关键工作的潜力,加速关键工作的进程。具体做法是:在非关键工作的可机动时间范围内,延长其时间,减少非关键工作的人力、物力的需要量,将其多余的人力、物力用以支援关键工作,从而达到缩短关键线路持续时间的目的。

在军事上,可根据实际情况而定,对于作战行动,一般应该通过不同军兵种之间的密切协同,提高效率,缩短关键线路的持续时间,而不是人力、物力的互相调动。

(3) 分解关键工作,采用平行和交叉作业。采用这种方法对于缩短关键线路时间可以收到较好的效果,但在采用这种方法时,注意考虑客观条件的许可程度,其中包括人力、物力的来源和作业的空间条件等因素,否则就不能奏效。

(4) 增加资源,缩短工作时限。这种方法是在资源有可能增加的情况下才考虑。如果是在不增加资源的条件下进行时间优化,就采用前三种方法。

对于时间优化,一般情况下,调优后的网络计划图关键线路将增加,这正说明经过时间调优后的网络计划在时间方面更趋协调、合理,时间的安排和利用更加充分。但也要注意网络计划图的关键线路数目要适当,否则,一旦按网络计划图付诸实施后出现意外情况,就有可能会全面紧张而陷于混乱,反而导致效率下降。因此,在时间调优过程中要注意下面两点。

① 当缩短关键线路时间已符合上级要求时,改进网络计划图的工作即告结束。

② 每次改变关键线路的持续时间后,均应重新计算全部时间参数。

6.4.2 资源优化

在组织指挥和计划管理工作中,经常会遇到资源供求之间的矛盾。在此情况下,若任务的完成期限符合要求,则需要合理分配资源,使资源消耗量与实际供应量相适应;若完成任务的期限可以延长,则需要充分发挥资源的效能,使得完成任务的时间最短。这就是网络计划的调优问题,下面只介绍前一种情况的调优方法。

解决这一类资源调优问题的基本方法是:在机动时间允许的范围内,推迟开始非关键工作或延长非关键工作的持续时间,解决它们与关键工作争资源的矛盾,以避免资源需求量起伏过大,做到均衡消耗。这种方法也形象地称为"削峰填谷",它通常在带时间比例尺的网络计划图上进行。

1. 绘制带时间比例尺的网络计划图

(1) 绘制时间比例尺。在图纸(最好是坐标方格纸)上方或下方画一横线,作为比例尺的轴线,确定适当长度作为一个网络计划时间单位(分、小时、天等),并在轴线上用与轴垂直的纵线画出相应的时间刻度。在同一张网络计划图上,时间刻度可以选取不同比例尺,以便标绘持续时间特长和特短的工作,但时间的单位要保持一致。

(2) 绘制关键线路。关键线路通常画在图纸中间成一直线并与时间比例尺轴线平行。当关键线路本身包含有虚工作时,则应将其画成折线(虚工作与时间比例尺轴线垂直)。关键线路长度就是整个网络计划图的长度。

(3) 绘制其余线路。根据需要,可按照非关键工作的第一类或第二类局部机动时间依次绘出次关键和非关键线路。

按照第一类局部机动时间绘图时,节点中心位置应依据其最迟实现时间 $T_L(i)$ 标绘;按照第二类局部机动时间绘图时,节点中心位置依据其最早实现时间 $T_E(i)$ 标绘。

(4) 凡工作箭线与时间比例尺轴线不平行时,其持续时间等于该工作箭线在时间比例尺轴线上的投影。

(5) 注记天文时间。当任务开始时间确定以后,应依次在时间的比例尺上注明天文时间(作战时间),以便执行。

网络计划的均衡是在计划网络计划图已初步形成的基础上,充分利用各工作的机动时间,调整和平衡在同一时间单位内所需要的资源总数量(称为资源需要量强度),以实现其资源优化。

资源优化的过程可在条形图或在时间坐标的网格图上进行。下面,通过一个具体例子来说明在条形图上进行资源调优的方法和步骤。

例 6.4.1 海军航空兵有 8 个战斗机中队准备接收新型战斗机,接收之前需对该新型战斗机进行为期 16 天的适应性训练。训练中心只有该型战斗机 20 架,根据这些条件,海航司令部先拟制了一份战斗机使用计划网络计划草图,如图 6.4.1 所示。

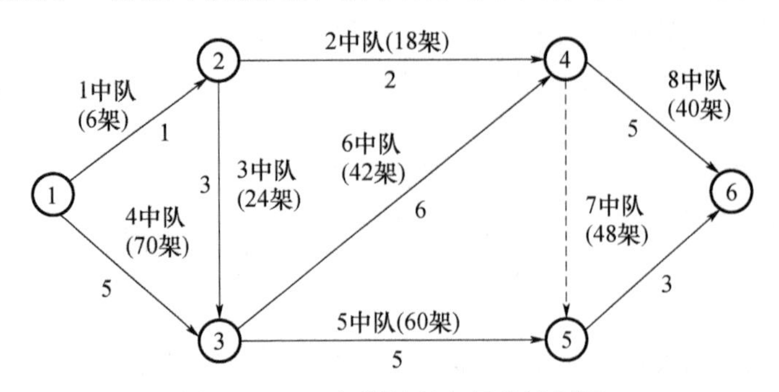

图 6.4.1　飞行训练任务网络计划图

解　在条形图上进行资源调优的方法和步骤如下。

(1) 时间参数计算,计算结果如图 6.4.2 所示。

(2) 绘制条形图。根据网络计划图及时间参数来绘制条形图,如图 6.4.2 所示。图 6.4.2中各工作按工作最早可能开始时间进行安排(黑线为调优前的安排)。工作线的长度等于相应的持续时间或工时。虚线为工作的总机动时间,工作线上的数字为单位时间内所需的飞机数。

(3) 计算资源强度。根据最早可能开始时间的安排,计算出完成整个训练计划每天所需的飞机总数,填写在相应的日期内。由此可看出,在第 2 ~ 4 天、第 12 ~ 14 天的期间内,每天动用的飞机均超过 20 架,最多时为 31 架;而在第 5、11、15、16 等天内又不满 20 架,最少的只动用 7 架,出现这种资源需求量的"高峰"和"低谷",既对组织安排不利,又不能保证正常的训练。为此要进行调整。

(4) 调整、综合平衡。调整是在保证完成训练任务的前提下,适当延长有机动时间的非关键工作的完成时间,以减少每天分配给这些工作的飞机数。但在同一时间内所动用的飞机架数不超过规定的范围。

在调整中,本例使用了非关键工作的机动时间,这样使紧后工作仍按最早可能开始时间进行。调整时应首先注意那些处在"高峰",且机动时间较多的可向"低谷"移动的那些工作。调整后的数字在粗线之上,每天动用的飞机架数不超过 20,符合资源的容许范围。调整后的飞机训练任务网络计划图如图 6.4.3 所示。

在实际处理调优问题时,需要反复调整优化才能达到要求,并且方法比较灵活。因此,只有深刻理解工作的三个机动时间的实际意义,才能在分析的基础上迅速实现资源调优。

从上述讨论中可以得到以下三点结论。

① 网络计划的这一类资源调优,是在保证任务如期完成和各项工作之间的相互关系保持不变的情况下,实现资源消耗量的均衡,解决资源供应不足的矛盾。

② 调优前后所需的资源总量(每天 20 架)不变,这说明该方法不能减少资源的总消耗量。它的作用仅仅在于"削峰填谷",实现需求均衡。

工作	持续时间	总机动时间	二类机动时间	日期/天															
				1	2	3	4	5	6	7	8	9	10	11	12	13	14	15	16
1–2	1	1	0	6															
1–3	5	0	0	14	14	14	14	14											
2–3	3	1	1		8 / 6	8 / 6	8 / 6	6											
2–4	2	8	8		9	9			3	3	3	3	3	3					
3–4	6	0	0						7	7	7	7	7	7					
3–5	5	3	1						12 / 10	12 / 10	12 / 10	12 / 10	12 / 10	10					
4–5	0	2	0																
4–6	5	0	0												8	8	8	8	8
5–6	3	2	2												16 / 12	16 / 12	16 / 12	12	
未调整前架数				20	31	31	22	14	19	19	19	19	19	7	24	24	24	8	8
调整后架数				20	20	20	20	20	20	20	20	20	20	20	20	20	20	20	8

图6.4.2　条形图

③ 形成资源消耗量不均衡的原因，在于非关键工作与关键工作争资源的矛盾形成的。解决这一矛盾是通过（在机动时间的范围内）适当延长非关键工作的持续时间或推迟其开始时间来实现的。所以，如何根据调优要求，正确利用非关键工作的机动时间是资源调优的关键。

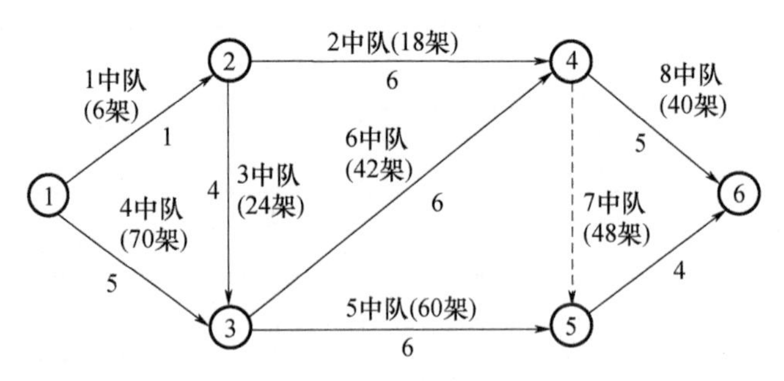

图 6.4.3　调整后的飞行训练任务网络计划图

6.4.3　流程优化

时间优化和资源优化都是在工作顺序不变的情况下考虑的，要更有效地利用时间和其他资源，有时还要考虑流程的优化。所谓流程优化就是通过改变工作顺序，解决组织计划中的窝工现象。

例如有 n 个分队需要依次占用 m 个场地执行任务，每个分队在各个场地上执行任务的时间长短不一，这里有两个问题需要考虑：①怎样安排这些分队的占用顺序才能使得总任务完成时间最短；②怎样安排可以使得场地都连续（或少间断）地有分队执行任务。

流程优化就是解决这类问题。流程优化通常分为 $1\times n$ 型、$2\times n$ 型和 $m\times n$ 型，其中 m 与 n 均为正整数。对于 $1\times n$ 型和 $2\times n$ 型，利用现有方法可找到最优解，但对 $m\times n$ 型（$m\geqslant 3$）目前还没有一般化的寻找最优解的方法，在此不做介绍。

1. $1\times n$ 型问题

$1\times n$ 型问题是指有 n 个分队要占用一类设备执行任务，而该设备在同一时间内只能为一个分队服务。如何安排各个分队的占用顺序才能使得这样问题的解（即安排顺序）达到最优。

例 6.4.2　设有 5 个海军陆战分队都要从同一渡口迅速撤到彼岸，各分队的航渡时间见表 6.4.1。试问怎样撤离才能使各分队平均等待的时间最短？

表 6.4.1　分队航渡时间

分队序号	1	2	3	4	5
航渡时间/h	3	2	1	1.5	0.5

解　依题意，提供作业的设备只有一个渡口，而通过它执行任务的分队有 5 个。因此，它是一个典型的 1×5 型排序问题。解决这类问题很简单：只要将作业时间按从小到大依次安排，就可以达到目的。即按 5→3→4→2→1 的次序安排航渡。这时的平均等待时间为

$$T_E=\frac{0+0.5+1.5+3+5}{5}=2\text{h}$$

而按 1→2→3→4→5 的次序安排航渡时，其平均等待时间为

$$T'_E=\frac{0+3+5+6+7.5}{5}=4.3\text{h}$$

显然，第一种安排航渡的方法比第二种节省 2.3h。

2. $2 \times n$ 型问题

$2 \times n$ 型问题最优解的存在性已由美国人约翰逊(Johnson)所证明。这类问题称为两台机床 n 项任务的排序问题,见表6.4.2。

表6.4.2　$2 \times n$ 型问题

产品 / 时间 / 机床	I_1	I_2	…	I_n
m_1	a_1	a_2	…	a_n
m_2	b_1	b_2	…	b_n

确定最优顺序的解法步骤如下:

第一步:从所有加工时间 $a_i, b_i (i = 1, 2, \cdots, n)$ 中选出最小值;

第二步:若这个最小值在第一行,则该产品最先安排加工;若在第二行,则排在最后加工;

第三步:将已安排加工的产品,在表6.4.2中划掉或标以记号,然后,对经过上述步骤剩下的 $n-1$ 个产品,重复上述步骤,确定下一个产品的加工顺序。

在排序时,若表6.4.2中有两个以上相等的最小值,当它们都在同一行时任意安排或先安排编号小的都无关紧要;而当它们分别在不同行时应该优先安排第一行的产品。

例6.4.3　在已夺取了制空权和制海权的某登陆作战中,登陆输送队的5个分队 F_1、F_2、F_3、F_4 和 F_5 要依次通过TW海峡和LZ雷障(已开辟出的一条通道)。每个分队通过这两段海区所需时间(单位:h)见表6.4.3。试问以怎样的开进序列可使输送队在最短的时间内通过海峡和雷障?

表6.4.3　分队通过海区时间

分　队	F_1	F_2	F_3	F_4	F_5
通过TW海峡的时间	36	84	60	84	48
通过LZ雷障的时间	72	48	36	24	84

解　最优通过的次序按约翰逊方法选择如下:

第一步:从所有时间中选出最小值24;

第二步:因为该工作在第二行,则将 F_4 排在最后通过;

第三步:去掉 F_4,重复上述步骤,可得本例的最佳排序为:F_1、F_5、F_2、F_3、F_4。

计算总工期最直观、最方便、最实用的方法是通过绘制时标流程图来获得。按以上排序可计算出5个分队通过海峡和雷障的总持续时间为336min,如图6.4.4所示。

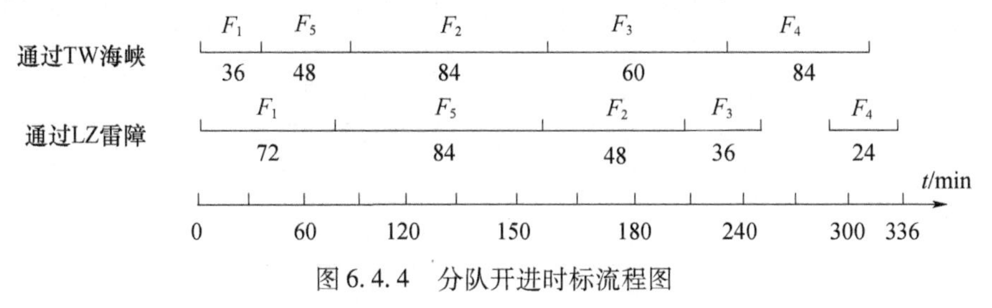

图6.4.4　分队开进时标流程图

本章小结

本章介绍的主要内容是:①网络计划技术简介;②网络计划图的绘制方法;③网络计划图的参数分析;④网络计划图的优化和应用。

网络计划技术是一种对各种工程或项目进行科学的计划、组织和管理的科学方法。本章首先从网络计划图的组成和基本概念入手,介绍了网络计划图绘制的原则、基本方法和步骤。

然后以关键路线的确定为主线介绍了网络计划图中工作持续时间、节点参数和工作参数的确定方法以及相关参数的计算方法。

最后从时间优化、资源优化和流程优化三个方面介绍了网络优化的基本方式。

习　题

6.1　根据图6.1回答以下几个问题:

(1) 图6.1中共有几项工作?工作(2,3)表示什么意思?

(2) 工作(3,5)的紧前、紧后工作有哪些?

(3) 图6.1中有几条线路?哪条是关键线路?哪条是次关键线路?

(4) 计算图6.1中的各个时间参数。

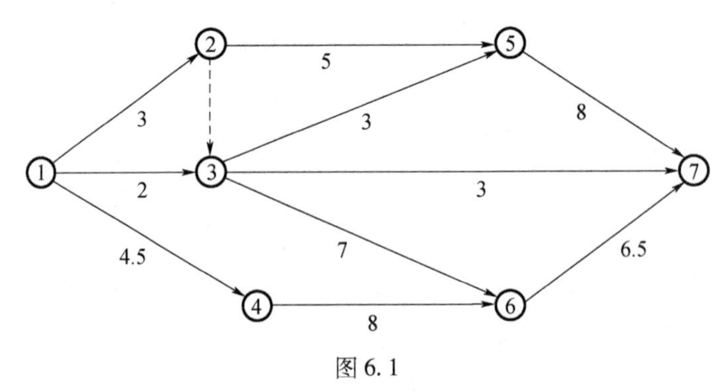

图6.1

6.2　已知表6.1所列的工作清单:

要求:①绘制网络计划图;②计算各项时间参数;③确定关键线路。

表6.1　工作清单

工序	紧前工序	工序时间	工序	紧前工序	工序时间	工序	紧前工序	工序时间
A	—	60	G	B,C	7	M	J,K	5
B	A	14	H	E,F	12	N	I,L	15
C	A	20	I	F	60	O	N	2
D	A	30	J	D,G	10	P	M	7
E	A	21	K	H	25	Q	O,P	5
F	A	10	L	LK	10	—	—	—

6.3　某项研制新产品工程的各个工序与所需时间以及它们之间的相互关系见表6.2。要求：①绘制网络计划图；②计算各项时间参数；③确定关键线路；④若完成工序D、F、G、H、K的机械加工工人人数有限制，并已知现有机械加工工人数为65人，并假定这些工人可以完成上述5个工序中的任何一个工序。各工序所需要的工人数见表6.3，试对各工序的机械加工人数进行合理安排。

表6.2　各个工序与所需时间以及它们之间的相互关系

工　序	工序代号	所需时间/d	紧前工序
产品设计与工艺设计	A	60	—
外购配套件	B	45	A
下料、锻件	C	10	A
工装制造1	D	20	A
木模、铸件	E	40	A
机械加工1	F	18	C
工装制造2	G	30	D
机械加工2	H	15	E,D
机械加工3	K	25	G
装配调试	L	35	B,F,K,H

表6.3　各工序所需的工人数

工序	作业时间/d	需要的机械加工人数	工序	作业时间/d	需要的机械加工人数
D	20	58	H	15	39
F	18	22	K	25	26
G	30	42	—	—	—

6.4　某分队完成一项任务的统筹图如图6.2所示，箭杆上数字为各项工作每天所需人数，下方为该工作持续时间（天数）。因人力有限，实际每天只能抽出15人，试给予调整优化。

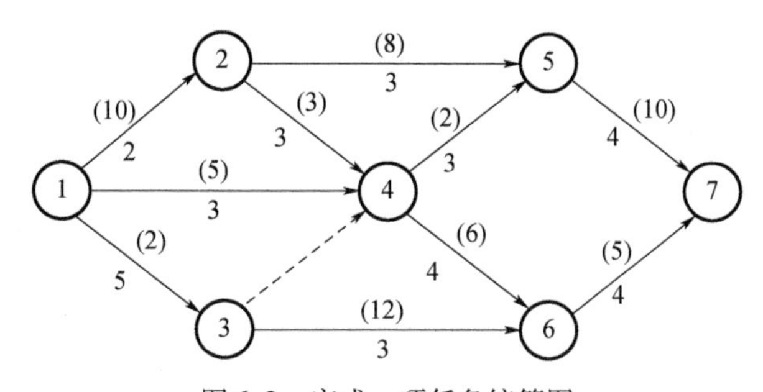

图6.2　完成一项任务统筹图

6.5　某院学员进行汽车驾驶训练，局部统筹图如图6.3所示。

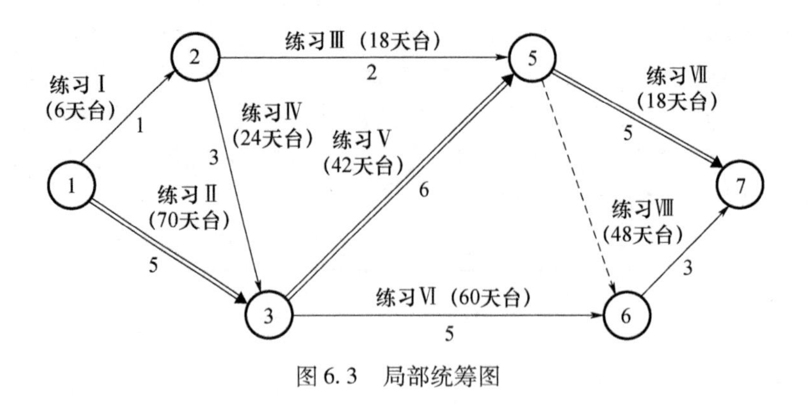

图 6.3　局部统筹图

图 6.3 中括号内数字为练习驾驶需要的汽车台天数,箭杆下面的数字为完成训练所需的天数,现因训练设备(汽车)有限,要求每天使用的汽车不超过 20 台,试对上述统筹图进行资源优化。

第7章　搜 索 论

搜索,狭义地说,是寻找目标的计划与实施过程。搜索论则是研究利用探测手段寻找某种指定目标的优化方案的理论和方法。它起源于第二次世界大战中,库普曼及其同事们在反潜战运筹小组(Antisubmarine Warfare Operations Research Group - ASWORG)中的工作。该小组在莫尔斯的授意下,于1942年春建立了搜索论中的许多基本概念,如搜扫宽度和搜扫率;分析了目力探测和雷达探测发现目标误差的统计规律,建立了随机搜索模型。从那时起,搜索论成长为军事运筹学的一个重要分支。

从第二次世界大战后,搜索论的理论已成功地应用于许多重要领域,从在大洋深处搜索潜水目标到对外层空间的人造卫星进行监视、侦察。例如1966年在西班牙帕洛玛斯(Palomares)附近的地中海海域搜索丢失的氢弹,1968年在亚速尔群岛附近寻找核潜艇"天蝎座号";1974年清理苏伊士运河中,搜索水下残留的水雷等。美国海岸警卫队应用搜索论制订水上搜索救援计划。搜索论还应用于其他非军事领域,例如,地下或海域的资源勘探、海上捕鱼、搜捕逃犯、检索文档、寻找故障等。

本章主要介绍搜索论的基本概念、探测器能力的度量和搜索区域的确定,以及静止搜索、运动搜索和封锁巡逻的搜索方式及发现概率。

7.1　搜索论的基本概念

在搜索中,参加搜索的舰艇、有观察器材设备的飞机以及固定或漂浮的观察器材等所有兵力和工具,统称为搜索者(观察者)。所有被搜索的对象,如敌人的潜艇、飞机或海域中的礁石、沉船和水雷等,统称为目标。

搜索论的研究对象是搜索过程。搜索过程是搜索者通过一定的空间运动形式,利用某种(或几种)探测手段来寻找指定目标的过程。因此,搜索问题有3个要素,即搜索目标、探测手段和搜索策略。搜索的成功依赖于三者很好地结合。

1. 搜索目标

对搜索者而言目标的空间位置或运动规律不能预先确知,但关于目标可能特性的某些了解,如关于目标几何形状、大小、被发现特征及空间位置的概率分布信息将有助于搜索的成功。

2. 探测手段

搜索者用以获得目标存在信息的观察器材,如雷达、目视等;探测手段的特性及其在各种预期条件下,探测各类目标的能力,如观察方式(离散或连续)、误差特性、距离特性、抗干扰特性等都显著影响搜索的成功。只有探测手段与目标之间满足一定的物理条件才有可能发现目标,如反射的电波能量要超过一定水平等。

3. 搜索策略

搜索者运用探测手段进行搜索的策略,如搜索者的运动轨迹、探测时间序列、探测手段的空间分布等。如果按搜索论中的说法,将搜索者的努力,观察器材的效果,耗费的搜索时间或观察次数,搜索航程或搜扫面积等统称为搜索力。那么,搜索策略就是搜索过程中搜索力在时间或空间上的分配方式。有时,这又称为搜索力的配置或搜索计划。

搜索论的研究内容基本有两类。一类是搜索效能评估。根据已知的目标特性、探测手段特性及搜索策略,评估搜索效果。这要求量化有关特性,建立搜索效能模型。另一类是最优搜索问题。根据已知目标特性和探测手段特性,寻求使用探测手段的最优或合理策略,力求在给定搜索力耗费下搜索效果最大或以最小搜索力耗费获得要求的搜索效果。

7.2 静止搜索

静止搜索是搜索者对目标保持相对位置不变情况下,通过应用目力或雷达声呐等仪器探测一个区域以发现预定目标的过程,它是所有搜索几乎都包含的一个共同的基本活动。

所谓发现是通过表征目标的信息辩明该目标确实存在。它要求以下两个条件。

(1) 目标信号通过一定的能量传递,被探测装置接收到。

(2) 探测装置接收到足够强度的目标信息,以致能排除"虚警"(把非预定目标信号误认为预定目标信号)和"漏警"(把预定目标信号误认为非预定目标信号)错误。

根据条件(1),由于探测装置的信号接收特性是有方向的,如目力观察,偏离中心视线方向5度,感觉的清晰度迅速降低。因此,探测装置的最敏感信号接收方向(简称视线方向)应扫描目标可能存在区域,以求"接触"或覆盖目标,即使目标方向相对视线方向的夹角——目标偏向角小于给定的阈值(图7.2.1)。

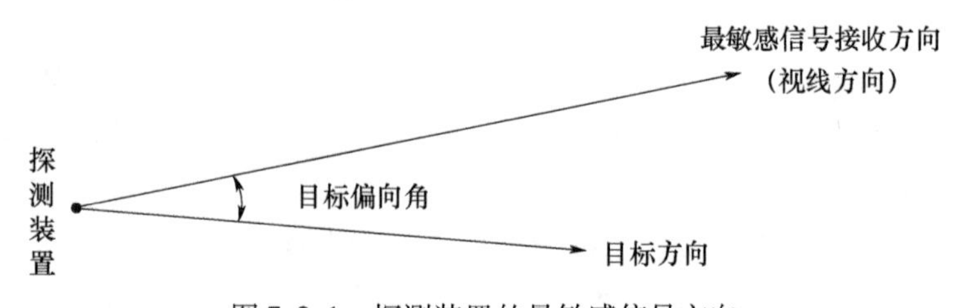

图7.2.1 探测装置的最敏感信号方向

根据条件(2),由于从目标发出的信号(不论是光、电磁还是声等)必须通过物质介质传播,而介质物理状态的不可预测的变化,会严重影响探测装置接收到的目标信息强度。此外,目标本身状态,如姿态、速度、噪声等也往往影响可探测性。因此,探测装置必须对目标进行足够长时间或足够多次数的探测,以求积累足够强的目标信息。

在实际搜索过程中,不论是条件(1),还是条件(2),只能在概率意义上得到满足。因此,我们只能用对目标的发现概率来描述搜索的成功程度。

7.2.1 离散观察

所谓离散观察是指每次观察持续时间极短,两次观察之间有空隙。例如雷达的慢速扫描。我们将离散观察中的一次观察,称为"瞥"。比如雷达的一次慢速扫描,可以说是对目标的一瞥。

在一瞥中,搜索者可能发现目标,也可能没有发现目标。下面主要讨论在一定次数的一瞥中,发现目标的概率以及发现目标所需瞥数的期望值。

假设对目标进行离散观察,相继的每一瞥从搜索开始编号依次为 $i=1,2,\cdots$。用 N 表示首次发现目标的瞥数。g_i 表示在第 i 瞥之前没发现目标的条件下,第 i 瞥发现目标的条件概率,即

$$g_i = P(N=i \mid N>i-1)$$

用 D_i 表示事件"第 i 瞥发现目标",则 n 瞥内未发现目标的概率为

$$\begin{aligned} P(N>n) &= P(\overline{D}_1 \cap \overline{D}_2 \cap \cdots \cap \overline{D}_n) \\ &= P(\overline{D}_1)P(\overline{D}_2 \mid \overline{D}_1)P(\overline{D}_3 \mid \overline{D}_1 \cap \overline{D}_2)\cdots P(\overline{D}_n \mid \overline{D}_1 \cap \overline{D}_2 \cap \cdots \cap \overline{D}_{n-1}) \\ &= (1-g_1)(1-g_2)\cdots(1-g_n) \\ &= \prod_{i=1}^{n}(1-g_i) \end{aligned}$$

所以 n 瞥内发现目标的概率为

$$\begin{aligned} F(n) &= P(N \leqslant n) = 1 - P(N>n) \\ &= 1 - \prod_{i=1}^{n}(1-g_i) \end{aligned} \tag{7.2.1}$$

第 n 瞥才发现目标的概率为

$$\begin{aligned} P(n) &= P(N=n) \\ &= P(N=n \mid N>n-1)P(N>n-1) \\ &= g_n \prod_{i=1}^{n-1}(1-g_i) \end{aligned} \tag{7.2.2}$$

其中 $P(1)=P(N=1)=g_1$。

如果

$$\lim_{n\to\infty} F(n) = 1$$

那么首次发现目标的瞥数 N 是离散型随机变量,$F(n)=P(N\leqslant n)$ 是 N 的分布函数,序列$\{P(n)\}$是 N 的概率分布,且有

$$F(n) = P(N \leqslant n) = \sum_{i=1}^{n} P(i)$$

此时,发现目标所需瞥数的期望值和均方差分别为

$$E(N) = \sum_{n=1}^{\infty} nP(n) \tag{7.2.3}$$

$$D^2(N) = \sum_{n=1}^{\infty} n^2 P(n) - [E(N)]^2 \tag{7.2.4}$$

在实际搜索中,总希望发现目标的概率尽可能大,发现目标所需的瞥数尽可能少,所以 $F(n)$ 和 $E(N)$ 给出了衡量搜索效果好坏的数量指标。

如果搜索在不变的观察条件下进行,并且每次观察是相互独立的,那么每次观察(每次瞥)发现目标的概率是相同的,即 $g_i=g$,此时

$$F(n) = 1-(1-g)^n \tag{7.2.5}$$

$$P(n) = g(1-g)^{n-1} \tag{7.2.6}$$

$$E(N)=\frac{1}{g} \tag{7.2.7}$$

$$D(N)=\frac{\sqrt{1-g}}{g} \tag{7.2.8}$$

由式(7.2.5)可以看出,此时的随机变量 N 服从几何分布。

例 7.2.1 某舰奉命去搜索某目标,假设该目标在某海区内均匀分布。由于观察器材等条件限制,只能将海区分为 4 个区域依次搜索,每次观察(即瞥)只能搜索一个区域,而如果目标在该区域内,它一定能发现。显然:在第一区(第一瞥)发现目标的概率为 $g_1=1/4$;在第一区未发现目标条件下而在第二区(第二瞥)发现目标的概率为 $g_2=1/3$;在第一、二区未发现目标条件下而在第三区(第三瞥)发现目标的概率为 $g_3=1/2$;在第一、二、三区未发现目标条件下而在第四区(第四瞥)发现目标的概率为 $g_4=1$。求 $F(N)$、$P(n)$ 和 $E(N)$。

解 由式(7.2.1)可得分布函数 $F(n)$,见表 7.2.1。

表 7.2.1 分布函数 $F(n)$

n	1	2	3	4
$F(n)$	1/4	1/2	3/4	1

又由式(7.2.2)和 $P(1)=g_1$,可得概率分布 $P(n)$,见表 7.2.2。

表 7.2.2 概率分布 $P(n)$

n	1	2	3	4
$P(n)$	1/4	1/4	1/4	1/4

由式(7.2.3)可得期望值为

$$E(N)=1\times\frac{1}{4}+2\times\frac{1}{4}+3\times\frac{1}{4}+4\times\frac{1}{4}=2.5$$

例 7.2.2 某军舰装有用来发现水面目标的雷达,在此雷达上进行实验表明:天线平均旋转三圈,雷达可发现某固定目标。试求:

(1) 雷达天线旋转一圈发现目标的概率;

(2) 雷达发现目标时天线转数的均方差;

(3) 雷达天线旋转两圈时发现目标的概率。

解 首先认为观察是在不变条件下进行,因而每次瞥(天线转一圈视为一瞥)可以认为是相互独立的,故每次瞥发现目标的概率为 $g_i=g(i=1,2,\cdots)$。

(1) 因为 $E(N)=3$,所以由式(7.2.7)可得

$$g=\frac{1}{E(N)}=1/3=0.33$$

(2) 由式(7.2.8)可得均方差为

$$D(N)=\frac{\sqrt{1-g}}{g}=\sqrt{6}=2.45$$

(3) 由式(7.2.5)可得雷达天线旋转两圈时发现目标的概率为

$$F(2)=P(N\leqslant 2)=1-\left(1-\frac{1}{3}\right)^2=1-\frac{4}{9}=0.56$$

7.2.2　连续观察

所谓连续观察是指每次观察持续时间长，两次观察之间没有空隙或空隙极小，可以认为观察是连续的，是对目标所在区域进行长时间的凝视。例如被动声呐的探测、雷达的快速扫描等，这就可以认为是连续观察。

设首次发现目标的时间是 T，用概率 $P(t<T\leqslant t+\Delta t)$ 表示在时间段 $(t,t+\Delta t]$ 内首次发现目标的概率。令

$$\gamma(t)=\lim_{\Delta t\to 0}\frac{p(t<T\leqslant t+\Delta t)}{\Delta t}$$

称 $\gamma(t)$ 为连续观察发现目标的瞬时概率密度，也称为在 t 时刻发现目标的概率密度。$\gamma(t)$ 可以理解为单位时间发现目标的概率。

不难得到，在 t 时刻以前没有发现目标，而在 t 时刻以后 Δt 时间内发现目标的概率为 $P(t<T\leqslant t+\Delta t)=\gamma(t)\Delta t+^{\circ}(\Delta t)$。相应地，在这段时间内没有发现目标的概率为 $1-\gamma(t)\Delta t-^{\circ}(\Delta t)$。

令 $g(t)$ 表示在 $[0,t]$ 内没有发现目标的概率，则在 $[0,t+\Delta t]$ 内没有发现目标的概率为

$$g(t+\Delta t)=g(t)[1-\gamma(t)\Delta t-^{\circ}(\Delta t)]$$

整理得

$$\frac{g(t+\Delta t)-g(t)}{\Delta t}=-g(t)\left[\gamma(t)+\frac{^{\circ}(\Delta t)}{\Delta t}\right]$$

两边令 $\Delta t\to 0$，则有

$$\frac{\mathrm{d}g(t)}{\mathrm{d}t}=-g(t)\gamma(t)$$

变形为

$$\frac{\mathrm{d}g(t)}{g(t)}=-\gamma(t)\mathrm{d}t$$

两边从0到 t 积分，即

$$\int_0^t\frac{\mathrm{d}g(t)}{g(t)}=\int_0^t-\gamma(t)\mathrm{d}t$$

简单积分可得

$$\ln[g(t))-\ln(g(0)]=-\int_0^t\gamma(t)\mathrm{d}t$$

因为 $t=0$ 时一定不会发现目标，所以 $g(0)=1$。因此

$$g(t)=\mathrm{e}^{-\int_0^t r(t)\mathrm{d}t}$$

我们得到了 $[0,t]$ 内没有发现目标的概率 $g(t)$，那么在 $[0,t]$ 内发现目标的概率为

$$F(t)=P(T\leqslant t)=1-g(t)=1-\mathrm{e}^{-\int_0^t r(t)\mathrm{d}t}\qquad(7.2.9)$$

显然，如果 $\lim\limits_{t\to+\infty}F(t)=1$，则 T 是 $[0,+\infty)$ 上的连续型随机变量，$F(t)$ 就是首次发现目标时间 T 的分布函数。

在$[0,t]$内首次发现目标的概率密度为

$$f(t) = \dot{F}(t) = r(t)\mathrm{e}^{-\int_0^t r(t)\mathrm{d}t} \tag{7.2.10}$$

显然,$f(t)$是T的分布密度。

首次发现目标时间T的期望值(发现目标所需的平均时间)为

$$E(T) = \int_0^{\infty} tf(t)\mathrm{d}t = \int_0^{\infty} t\gamma(t)\mathrm{e}^{-\int_0^t \gamma(t)\mathrm{d}t}\mathrm{d}t \tag{7.2.11}$$

首次发现目标时间T的均方差为

$$\sigma(T) = \sqrt{\int_0^{\infty} t^2\gamma(t)\mathrm{e}^{-\int_0^t \gamma(t)\mathrm{d}t}\mathrm{d}t - (E(T))^2} \tag{7.2.12}$$

如果$\gamma(t)$不随时间变化,即$\gamma(t)$等于常数γ,则有

$$F(t) = 1 - \mathrm{e}^{-\gamma t}, f(t) = r\mathrm{e}^{-\gamma t}$$

$$E(T) = \frac{1}{\gamma}, \sigma(T) = \frac{1}{\gamma}$$

上面最后4个公式读者可自行验证(略)。

与离散观察类似,在$[0,t]$内首次发现目标的概率$F(t)$与发现目标所需的平均时间$E(T)$是衡量搜索效率的重要指标。

例7.2.3 对具有非定向作用的无线电水声浮标的试验表明,对于浮标距离保持为d、速度为V_m的运动舰艇的噪声,在平均时间$E(T)=6\mathrm{s}$内被发现。试求:

(1) 声浮标在任何时刻t发现潜艇的瞬时概率密度γ;

(2) 首次发现目标时间T的均方差$\sigma(T)$;

(3) 在10s内发现潜艇噪声的概率$F(10)$。

解 (1) 因为$E(T)=1/r$,所以概率密度为

$$\gamma = \frac{1}{E(T)} = \frac{1}{6} = 0.167$$

(2) 首次发现目标时间T的均方差为

$$\sigma(T) = \frac{1}{\gamma} = 6\mathrm{s}$$

(3) 在10s内发现潜艇噪声的概率为

$$F(10) = 1 - \mathrm{e}^{-0.167\times 10} = 0.812$$

在离散观察方式中,令

$$u = -\ln\prod_{i=1}^{n}(1 - g^i) \tag{7.2.13}$$

而在连续观察方式中,令

$$u = \int_0^t \gamma(t)\mathrm{d}t \tag{7.2.14}$$

那么离散观察中n次观察发现目标的概率和连续观察中时间t内发现目标的概率可以统一写成

$$P_{\text{发现目标}} = 1 - \mathrm{e}^{-u} \tag{7.2.15}$$

可以看出,u的大小决定了发现目标的概率,u称为发现势。它表示搜索的努力程度,发现势越大,发现目标的概率越大;反之,发现目标的概率越小。

7.2.3　现率的确定

上述发现概率的计算公式中都含有参数 g 或 γ，它们是发现概率的基本要素，其值取决于预定目标和探测装置的特性以及探测条件如目标距离、高度、目标幅射对背景的强度、能量传递条件等。通常由拟合实验曲线的半经验、半理论公式求得，下面介绍目视或光电设备搜索目标是发现率的确定模型。

考虑由红外或其他光学装置构成的探测装置。假设：

（1）探测装置距水平面高为 h，与目标水平距为 r；

（2）探测装置通过看到目标足迹而发现目标。目标足迹可认为是围绕目标的矩形，如海上运动船只呈现在水面的白色尾流；

（3）目标尺寸较 h 和 r 小；

（4）发现率与目标在观察点所张的立体角成正比。

由最后一个假设知，其发现率 g 为

$$g = k\psi$$

式中：k 为比例系数；ψ 为目标所张立体角。

参看图7.2.2(b)，当 α 角很小时，由相似三角形，有

$$\frac{h}{l} = \frac{c}{a} \tag{7.2.16}$$

又由图7.2.2(a)，对小角 α 和 β，有

$$\alpha = \frac{c}{l}, \beta = \frac{b}{l} \tag{7.2.17}$$

注意到立体角 ψ 为

$$\psi = \frac{cb}{4\pi l^2} \tag{7.2.18}$$

将式(7.2.16)、式(7.2.17)代入式(7.2.18)，得到

$$\psi = \frac{hA_T}{4\pi l^3} = \frac{hA_T}{4\pi(h^2 + r^2)^{3/2}}$$

式中

$$A_T = ab$$

由此得出

$$g = \frac{kA_T}{4\pi} \frac{h}{(h^2 + r^2)^{3/2}} \tag{7.2.19}$$

当 $r \gg h$，即低高度探测时，式(7.2.19)可近似为

$$g \approx \frac{kA_T h}{4\pi r^3} \tag{7.2.20}$$

式(7.2.20)说明发现率与目标和探测装置距离的立方成反比。这个规律通常称为倒立方发现律。若修正式(7.2.20)中系数 k，以考虑影响发现率的所有非距离因素，则该模型可预测探测装置对目标进行水平观测时的发现概率。

当 $h \gg r$，即自空间对地探测时，式(7.2.19)可近似为

$$g \approx \frac{kA_T}{4\pi} \frac{1}{h^2} \tag{7.2.21}$$

式(7.2.21)说明发现率与探测装置相对目标的高度平方成反比。这个规律称为倒平方发现律。可用于建立由空间探测装置观测地面目标的发现概率模型。

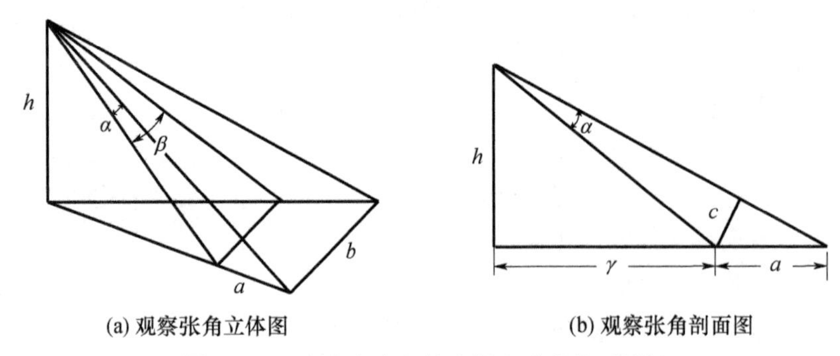

图 7.2.2 在高度为 h 的飞机上观察地面目标

例 7.2.4 假设反导(弹道导弹)作战中,拦截弹发射 $t=0$ 时,雷达显示敌方导弹与拦截弹相距 500 海里,拦截弹以相对速度 10000 节向敌导弹接近,为能与敌导弹相遇,拦截弹的红外导引头必须在距离目标 40 海里前捕捉到目标,假设拦截弹的红外导引头的发现律服从倒立方律,且 $kh=10^8$ 立方海里,则在 t 时刻的探测率为

$$\gamma(t) = \frac{10^8}{r(t)^3}$$

在这种情况下,拦截弹及时捕捉到目标的概率是多少?

敌方导弹与我拦截弹的距离可以由下式给出

$$\gamma(t) = 500 - 10000t$$

其中,t 的单位为 h,因此探测率为

$$\gamma(t) = \frac{10^8}{(500-10000t)^3}$$

因此,在 40 海里处能捕捉到敌导弹的概率等价于 0.046h 的获取概率,则

$$\begin{aligned}\int_0^{0.046} \frac{10^8}{(500-10000t)^3} &= -\frac{10^8}{2\times10^4}\frac{1}{(500-10000t)^2}\Big|_0^{0.046} \\ &= -\frac{1}{2}\frac{1}{(5-100t)^2}\Big|_0^{0.046} = 1.21\end{aligned}$$

则

$$\begin{aligned}F(0.046) &= 1 - e^{-\int_0^{0.046}\frac{108}{(500-10000t)^3}dt} \\ &= 1 - e^{-1.21} \\ &= 0.70\end{aligned}$$

7.3 探测器能力的度量

探测器是搜索者实施搜索的器材。目前,探测器主要种类有雷达、声纳和各种光电设备等,其能力的大小直接关系到搜索的效率。

7.3.1　雷达测距方程

对探测器而言,最简单也是最重要的能力指标就是探测距离,在这个距离之内,目标可能被发现,如果在这个距离之外,则必然无法发现。下面介绍一种重要的探测器材——雷达的探测距离的计算问题。

雷达通常采用主动探测方式,即通过向目标发射电磁波,电磁波经目标反射后被接收装置接收,以此来发现目标。因此,雷达测距理论在很大程度上是建立在能量守恒定律之上的。

假定雷达的功率为 P_t,在传输时向外发出的电磁能量如图 7.3.1(a)所示为各向同性(各方向相等)。那么在半径为 R 的球面上,功率密度按反平方律衰减,即 $1/4\pi R^2$。这些能量也可以由天线聚焦,如图 7.3.1(b)那样,功率密度只覆盖大约 $\theta^2 R^2$ 的球面区域。

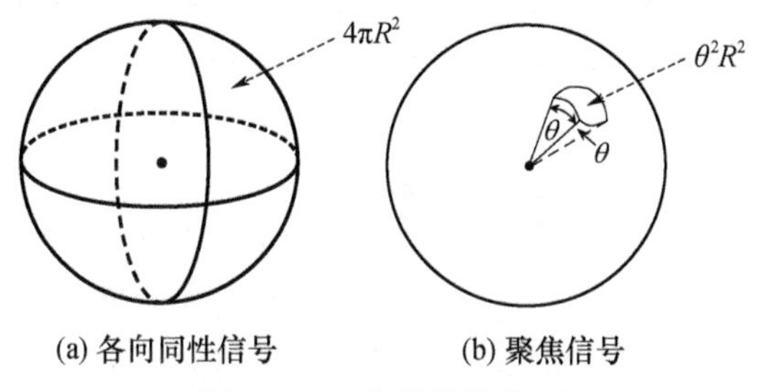

(a) 各向同性信号　　(b) 聚焦信号

图 7.3.1　信号传输类型

在以雷达为中心,半径为 R 的单位球面上所辐射的功率称为该距离的信号功率密度。将天线聚焦方向上的功率密度与各个方向所辐射的总功率密度的比值称为天线增益 G,目标雷达截面积为 σ,雷达天线的有效孔径为 A_e。根据用这些参数,可以得到雷达接收到的信号功率 P_r

接收功率 = 发射功率 × 电线增益 × 空间衰减 × 目标截面积 × 返回信号衰减 × 天线面积

即

$$P_r = P_t \times G \times \frac{1}{4\pi R^2} \times \sigma \times \frac{1}{4\pi R^2} \times A_e$$

设接收机的接收功率 P_r 等于接收机最小可检测信号 $S_{\min}$,则可以得到最基本的雷达方程

$$R = \left(\frac{P_t G \sigma A_e}{(4\pi)^2 S_{\min}} \right)^{1/4} \qquad (7.3.1)$$

式(7.3.1)为基本雷达测距方程。它没有考虑影响测距性能的一些因素,如目标偏离波束中心的程度、气象条件、电子干扰等的影响,以及系统损失、各种参量的动态变量(σ、G、S)等。在进行分析时应当明确雷达回波的强度为任意变量,而不是定量。

由于这些参数的不确定性,采用雷达方程预测的距离通常会和实际情况偏离 1 ~ 2 个数量级,尽管如此,基本雷达方程还是有用的,因为可以用这个方程对两个系统进行比较。对雷达 A 和雷达 B 而言,不管它们的估计值比真实值高还是低,都可以通过这个方程来比较它们的性能。

天线理论提供了下面的关系(其中 λ 为波长)

$$G = \frac{4\pi A_e}{\lambda^2}$$

因此

$$R = \left(\frac{P_t G^2 \sigma \lambda}{(4\pi)^3 S_{\min}} \right)^{1/4}$$

无论是任何一种形式的雷达方程,其中各参数的单位一定要统一。功率的单位一般采用 W,距离单位要采用 m。在上面的公式中,P_t、$S_{\min}$ 的单位为 W,σ 的单位是 m^2,λ 的单位是 m。

雷达中许多计算是基于分贝的,如果用分贝表示,则

$$x(\text{dB}) = 10\lg x$$

用 dBm^2 来表示雷达截面积是个表征目标雷达截面积的很好方法,尤其是对难以观测的目标更为实用。在这个框架内,10dBm^2 相当于 10m^2,-20dBm^2 相当于 0.01m^2。

雷达距离方程的一种重要简化形式是将除 σ 之外的其他参数看成是一个常量,雷达的测距范围只与目标的横截面积成正比,因此根据式(7.3.1)有

$$R_1/R_2 = (\sigma_1/\sigma_2)^{1/4} \tag{7.3.2}$$

由式(7.3.2)可以看出,通过降低雷达截面积可以有效地减少被探测到的距离。举个例子:如果目标截面积减至 1/4000,探测距离将减至 $1/4000^{1/4}$,为 7.95 个数量级。如果雷达搜索 10m^2 目标的能力是 200km,则探测隐形目标的距离将大大地降低,具体数值可参考表 7.3.1。

表 7.3.1　雷达有效面积与雷达探测距离之间关系

σ/dBm^2	10	-2	-14	-26	-38
R/km	200	100	50	25	12.5
σ/m^2	10	0.63	0.04	0.0025	0.00016
R/km	200	100.2	50.2	25.2	12.6

在表 7.3.1 中,σ 值每降低 12dB,探测距离将减少一半,(如表中第二行所示)。通过 12dB 的值和第三行值($\sigma^{1/4}$),可以得到精确的距离值(第四行),与第一行值比较,其变化不到 1%。

7.3.2　雷达视距方程

使用雷达进行探测时,通常具有较远的探测距离,但雷达对低空或水面目标进行探测时,由于受地球曲率的影响,其探测距离通常不会超过视距。

假设地球为一标准圆球,其半径 r,雷达的安装高度为 h_1,目标的高度为 h_2,如图 7.3.2所示。

从图 7.3.2 可以看出

$$r^2 + d_1^2 = (r + h_1)^2$$

求解得

$$d_1^2 = 2rh_1 + h_1^2$$

通常 h^2 要比 $2rh$ 小得多,因此

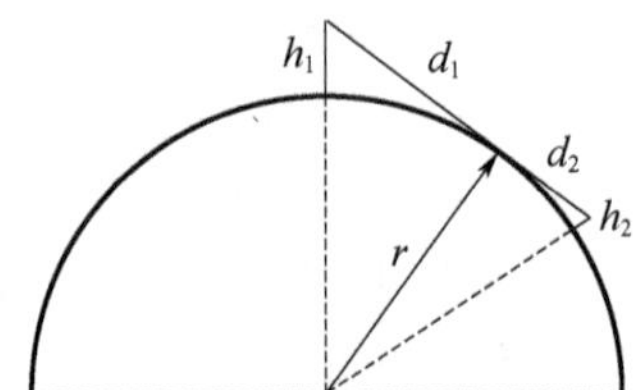

图 7.3.2　雷达视距示意图

$$d_1 \approx \sqrt{2rh_1}$$

同理得到

$$d_2 \approx \sqrt{2rh_2}$$

因此,发现目标的距离 d

$$d = d_1 + d_2 \approx \sqrt{2r}(\sqrt{h_1} + \sqrt{h_2})$$

地球的平均半径 $r \approx 6378\text{km}$,同时考虑到雷达波在大气中会产生折射现象,为修正折射,通常需要一个称为“三分之四地球近似”的近似值,即将地球的大小看成是实际大小的4/3倍,且雷达波沿直线传播,则可得

$$d \approx 4.12(\sqrt{h_1} + \sqrt{h_2}) \tag{7.3.3}$$

式中:h_1, h_2 的单位为 m;d 的单位为 km,这就是雷达视距方程。

例 7.3.1　设水面舰艇对空搜索雷达的安装高度为20m,当其探测飞行高度为10m的反舰导弹目标时,探测距离约为多少?若飞行高度为5000m的飞机,其对该导弹的探测距离又为多少?

由式(7.3.3)可知,水面舰艇对反舰导弹的最大探测距离

$$d_1 = 4.12(\sqrt{20} + \sqrt{10}) \approx 31.5\text{km}$$

空中飞机对反舰导弹的最大探测距离

$$d_2 = 4.12(\sqrt{5000} + \sqrt{10}) \approx 304.4\text{km}$$

可见水面舰艇对低空目标的探测距离是非常有限的。

7.3.3　横距曲线

无论采用何种探测器进行搜索,通常都会遇到目标和搜索者中的一方运动或两者都处于运动状态的情况。通常只有目标和搜索者的相对运动使二者之间的相对距离达到探测要求时,探测才可进行。如果目标与搜索者的相对路径已知且探测过程模型已知,便可得出累积探测概率。

假设目标的相对运动航线是一条直线,在该直线上存在一个与传感器距离最小的目标位置点,该点与传感器的距离称为目标的航路捷径或横距。在分析对目标的探测概率的过程中,目标横距通常为一随机值,用 x 表示。

如果搜索者在搜索过程中,其最大可能发现距离为 R,那么以搜索者为圆心、最大可能发现距离 R 为半径的圆域,叫作可能发现区域,如图7.3.3所示。

在搜索过程中,如果目标的相对运动航线穿过搜索者的可能发现区域,即 $-R \leqslant x \leqslant R$,那么目标可能被发现;如果目标的相对运动航线不穿过搜索者的可能发现区域,那么目标就不可能被发现。

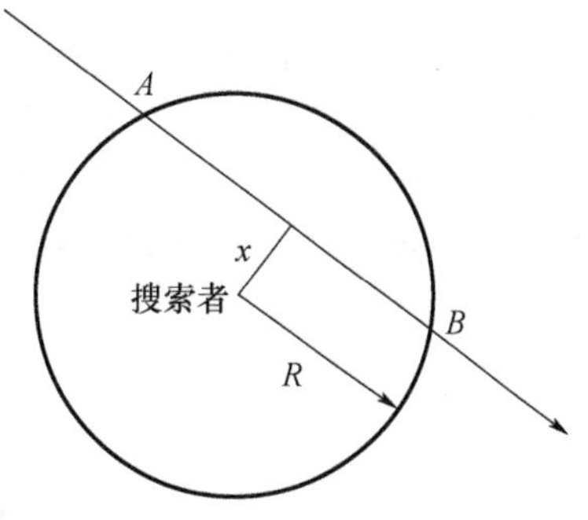

图7.3.3　搜索者的可能发现区域

现在考虑的问题是,当目标横距为 x 时,发现目标的概率是多少?详细地说,就是当目标从 A 点进入发现区,到 B 点离开发现区的时间范围内,被发现的概率是多少?

定义 7.3.1　在目标横距为 x 的条件下搜索者发

现目标的概率，叫作搜索者的横距概率或横距函数，记为 $\overline{P}(x)$。当 x 取不同的值所对应的曲线 $\overline{P}(x)$，叫作横距曲线，如图 7.3.4 所示。

一般情况下，当 $x=0$ 时，目标被发现的概率最大，即 $\overline{P}(x)$ 最大；当 $|x|$ 由 0 变大时，目标被发现概率逐渐减小，即 $\overline{P}(x)$ 逐渐减小；当 $x=\pm R$，目标航线从发现区域的边缘擦边而过，目标被发现概率几乎为 0；当 $|x|>R$ 时，目标的相对运动航线不穿过搜索者的可能发现区域，那么目标就不可能被发现，此时，$\overline{P}(x)=0$。

建立横距曲线的方法有多种，如果能够计算出传感器对目标航线的探测概率，从理论上讲可得出横距曲线。如以空中飞机使用目视或光电设备搜索水面目标为例说明横距概率的推导。

假设海面上空的飞机搜索海面上的船只，飞机采取直线航向，高度为 h，速度为 v，船只的速度比 v 小得多，可近似看作为静止的，如图 7.3.5 所示。

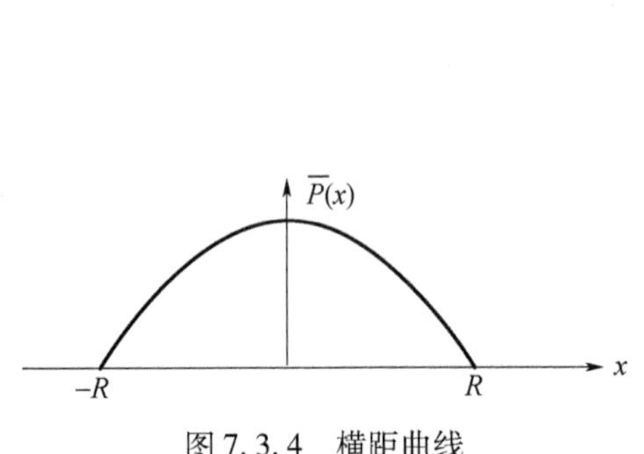

图 7.3.4　横距曲线

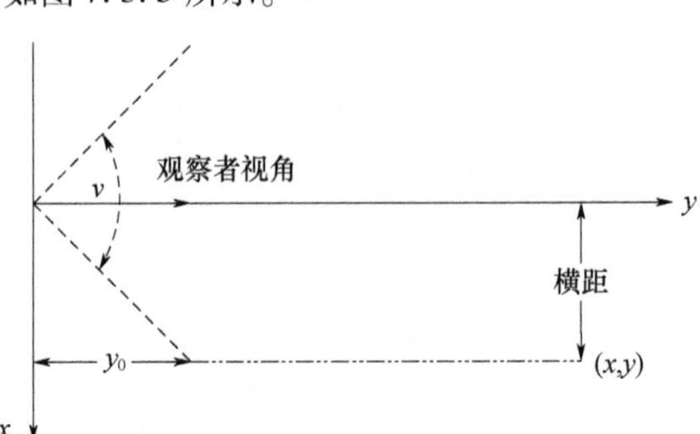

图 7.3.5　飞机搜索船只的平面图

根据式(7.2.9)，可知目标在探测时间 t 以前被发现的概率为

$$P(t)=1-\exp\left(-\int_0^t \gamma(t)\,\mathrm{d}t\right)$$

由于探测器为目视或光电设备，则根据式(7.2.19)，有

$$\gamma(t)=\frac{ch}{(r^2+h^2)^{3/2}}$$

当飞机运动时，飞机到目标的水平距离 r 随时间 t 而变化。因此，r 是时间函数。考虑到这一点，飞机搜索船只的发现概率应由下式给出

$$P=1-\exp(-F)$$

其中

$$F=\int_0^t \frac{ch}{(r^2(t)+h^2)^{3/2}}\mathrm{d}t$$

上式中积分限是目标处在观察者所覆盖立体角以内的整个时间长度。如前所述，函数 F 是发现势，在这里是一个积分，其可加性是显然的。它实际上是飞机在通过目标上空中所有发现势的累积和。利用目力探测的公式，且考虑到 $\mathrm{d}t=\mathrm{d}y/v$，并设 $t=0$ 时，$y=y_0$，则可以求得横距为 x 处船只的发现势，即

$$\begin{aligned}F(x)&=\left(\frac{ch}{v}\right)\int_{y_0}^{\infty}\frac{\mathrm{d}y}{(h^2+x^2+y^2)^{3/2}}\\&=\left(1-\frac{y_0}{\sqrt{h^2+x^2+y_0^2}}\right)\left(\frac{ch}{v(h^2+x^2)}\right)\end{aligned}\tag{7.3.4}$$

其中，y_0 是观察者扫描区域的后方限，如图 7.3.5 所示。如果观察者能扫描前半部分海面，即 $y_0=0$，则式(7.3.4)简化为

$$F(x)=\left(\frac{ch}{v(h^2+x^2)}\right)$$

因此可得高度为 h，直航时速为 v 的飞机发现横距为 x 的船只的概率为

$$\begin{aligned}\overline{P}(x)&=1-\exp\left(-\frac{ch}{v(h^2+x^2)}\right)\\&\approx 1-\exp\left(-\frac{ch}{vx^2}\right)(h\ll x)\end{aligned}\tag{7.3.5}$$

横距曲线也可用统计方法求得，举例如下。

(1) 将搜索者的可能发现区域分成若干个横距带，如图 7.3.6 所示。

(2) 让目标在不同的横距带内航行，计算被发现的频率，以频率作为条件发现概率，见表 7.3.2。

表 7.3.2　某目标穿越各横距带的发现概率统计表

横距带 $\Delta r=5$	目标通过 Δr 的趟数	在 Δr 内发现目标的次数	发现率(频率)
0～5	15	15	1.0
5～10	10	8	0.8
10～15	12	6	0.5
15～20	16	4	0.25

(3) 做出直方图，描出光滑曲线，如图 7.3.7 所示，该曲线就是估计的横距曲线。

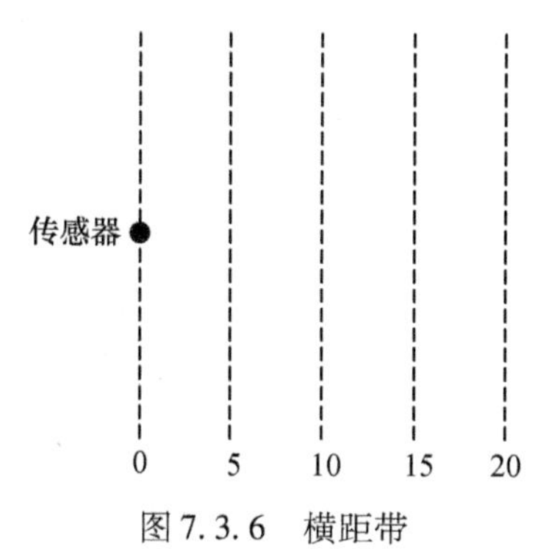

图 7.3.6　横距带

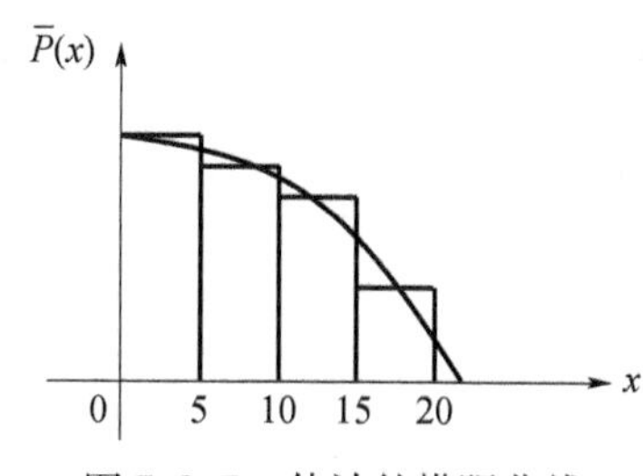

图 7.3.7　估计的横距曲线

在具体问题中，对于不同的搜索者、不同的搜索环境和不同的搜索对象，横距曲线是不相同的。为了使用方便，我们常把不同的搜索者、不同的搜索环境和不同的搜索对象分类，组成各种不同的组合，做出各种各样的横距曲线，而在具体问题中选取符合具体问题的横距曲线。

横距曲线是一条对称于搜索者的对称曲线，它是以横距 x 为条件的发现概率曲线。它既不是概率密度曲线，也不是分布函数曲线。根据横距曲线可求得相应横距的条件发现概率。

在搜索过程中，目标的横距是一个随机变量 X。如果 X 的分布密度为 $f(x)$，则发现目标的平均概率，也即条件发现概率的期望值为

$$E[\overline{P}(X)] = \int_x \overline{P}(x)f(x)\mathrm{d}x \tag{7.3.6}$$

如果已知目标横距 X 在以搜索者为中心的区间 $[-L/2, L/2]$ 上均匀分布，即 X 的分布密度为

$$f(x) = \begin{cases} 1/L, x \in [-L/2, L/2] \\ 0, x \notin [-L/2, L/2] \end{cases}$$

那么发现目标的平均发现概率在 $L \geqslant 2R$ 时为

$$E[\overline{P}(X)] = \frac{1}{L}\int_{-R}^{R} \overline{P}(x)\mathrm{d}x \tag{7.3.7}$$

而在 $L < 2R$ 时为

$$E[\overline{P}(X)] = \frac{1}{L}\int_{-L/2}^{L/2} \overline{P}(x)\mathrm{d}x \tag{7.3.8}$$

例 7.3.2 设有一反潜舰艇具有一条如图 7.3.8 所示的横距曲线，并设目标通过的航线在以反潜舰艇为中心的直线 $L = 60$ 海里均匀分布。求反潜舰艇的平均发现概率 $E[\overline{P}(X)]$。

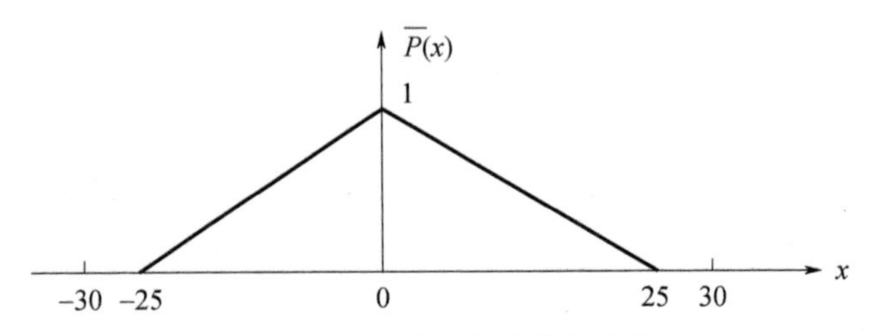

图 7.3.8 反潜舰艇的横距曲线

解 根据图 7.3.8 可求得 $\overline{P}(x)$ 的表达式如下

$$\overline{P}(x) = \begin{cases} 1 + \dfrac{x}{25}, & -25 \leqslant x \leqslant 0 \\ 1 - \dfrac{x}{25}, & 0 < x \leqslant 25 \\ 0, & x \notin [-25, 25] \end{cases}$$

因为 X 服从均匀分布，故 X 的分布密度为

$$f(x) = \begin{cases} \dfrac{1}{60}, & -30 \leqslant x \leqslant 30 \\ 0, & x \notin [-30, 30] \end{cases}$$

所以反潜舰艇的平均发现概率为

$$\begin{aligned} E[\overline{P}(X)] &= \frac{1}{60}\int_{-25}^{25} \overline{P}(x)\mathrm{d}x \\ &= \frac{1}{60}\left[\int_{-25}^{0}\left(1 + \frac{x}{25}\right)\mathrm{d}x + \int_{0}^{25}\left(1 - \frac{x}{25}\right)\mathrm{d}x\right] \\ &= 0.42 \end{aligned}$$

7.3.4　搜扫宽度

定义 7.3.2　称 $W = \int_{-R}^{R} \overline{P}(x)\,\mathrm{d}x$ 为探测器的搜扫宽度。

从几何上讲,搜扫宽度 W 表示为由横距曲线与 x 轴所围成的曲边梯形的面积。这个面积相当于以 W 为底、以 1 为高的矩形的面积,如图 7.3.9 所示。

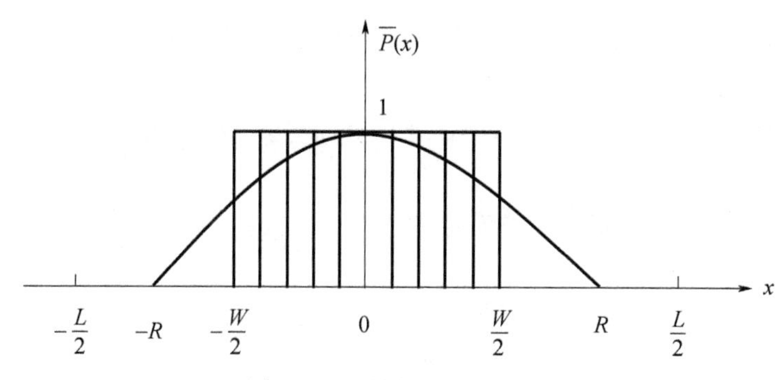

图 7.3.9　搜扫宽度示意图

根据式(7.3.5),低空目力搜索的搜扫宽度为

$$W = \int_{-\infty}^{\infty}\left(1 - \exp\left(-\frac{ch}{vx^2}\right)\right)\mathrm{d}x = 2\sqrt{\frac{\pi ch}{v}}\,(h < W/10) \tag{7.3.9}$$

在高空目力搜索情况下

$$W = 2\sqrt{\frac{\pi ch}{v}}\exp\left(-\frac{hv}{4c}\right) \tag{7.3.10}$$

我们知道,当 $L \geqslant 2R$ 时

$$E[\overline{P}(X)] = \frac{1}{L}\int_{-R}^{R}\overline{P}(x)\,\mathrm{d}x = \frac{W}{L} \tag{7.3.11}$$

也即

$$\text{平均发现概率} = \frac{\text{搜扫宽度}}{\text{目标可能通过的区间长}}$$

因此,从几何概率的意义上看,搜扫宽度的区间是有利于"发现目标"这一事件的区间(即目标通过搜扫宽度的区间时,发现目标的事件就发生),所以搜扫宽度 W 与目标可能通过的区间长 L 的比值就是"发现目标"的概率。这实际上意味着:探测器通过一个区域搜索目标时,它有效地清扫出一条具有宽度 W 的通道,如果目标在这个区域内,就会被发现。所以搜扫宽度又叫作有效宽度,它是以距离来衡量探测器效能的一种指标,表示搜索者的发现区域的有效宽度。

另外,当 $L \geqslant 2R$ 时,根据公式 $E[\overline{P}(X)] = \frac{W}{L}$,可以计算平均发现概率,而不需要横距曲线。

例 7.3.3　某雷达的横距曲线如图 7.3.10 所示。试问:

(1) 此雷达的最大发现距离 R 是多少?

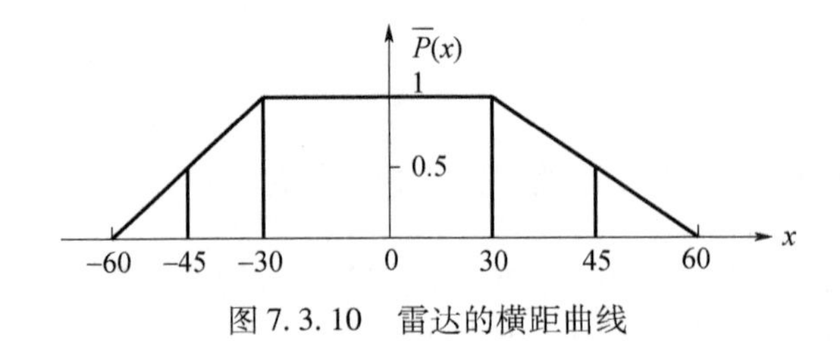

图 7.3.10　雷达的横距曲线

(2) 某一目标以横距 45 海里通过时,此雷达发现目标的概率多大?

(3) 此雷达的搜扫宽度是多少?

(4) 某一目标以均匀方式在 60 海里以内通过,此雷达发现目标的平均概率多大?

(5) 某一目标以均匀方式在距离雷达 30 ~ 60 海里通过,此雷达发现目标的平均概率多大?

(6) 某一目标在 45 海里之内均匀随机通过,此雷达发现目标的平均概率多大?

解　(1) 由图 7.3.10 可见,$R=60$ 海里;

(2) 由图 7.3.10 可见,$\overline{P}(45)=0.5$;

(3) 由定义 7.3.1 可得雷达的搜扫宽度为

$$W = \int_{-60}^{60} \overline{P}(x)\,\mathrm{d}x = 90\ (\text{海里})$$

(4) 因为 $L=2\times 60=120\geqslant 2R$,所以由定义(7.3.4)可得

$$E[\overline{P}(X)] = \frac{W}{L} = \frac{90}{120} = 0.75$$

(5) 由题设可知

$$f(x) = \begin{cases} \dfrac{1}{30}, 30\leqslant x\leqslant 60 \\ 0, x\notin [30,60] \end{cases}$$

故由式(7.3.1)可得

$$E[\overline{P}(X)] = \int_{30}^{60} \overline{P}(x) f(x)\,\mathrm{d}x = \frac{1}{30}\int_{30}^{60} \overline{P}(x)\,\mathrm{d}x = \frac{15}{30} = 0.5$$

(6) 因为 $L=2\times 45=90<2R$,所以由式(7.3.3)可得

$$E[\overline{P}(X)] = \frac{1}{90}\int_{-45}^{45} \overline{P}(x)\,\mathrm{d}x = \frac{82.5}{90} \doteq 0.9167$$

7.4　对不规避目标的运动搜索

运动搜索指搜索者通过运动来搜索目标的过程。不规避目标是指其运动与搜索无关的目标,包括静止目标,也包括目标缓慢运动(在整个搜索过程中目标仍位于搜索区域)的情况。下面介绍对不规避目标的运动搜索的主要搜索方式:随机搜索方式和平行搜索方式。

7.4.1　随机搜索

如果参加搜索的兵力奉命在某一指定的海域内进行搜索，他们搜索的目的是发现目标或证明该海域内没有目标。这时，往往假设目标是静止的，并且是均匀分布的。在这种情况下，我们采取随机搜索的方式进行搜索。所谓随机搜索是指任何时刻搜索者的航向在所有方向上是等可能的。

下面研究随机搜索发现目标的概率。为此，做如下假设：

(1) 目标在总面积为 A 的区域内均匀分布；

(2) 搜索者在该区域内随机搜索，搜索者的横距曲线为 $\overline{P}(x)$。

在上述假设下，当搜索者的搜索航线长为 L 时，发现目标的概率有多大？

将搜索者的航线分割为 N 等分，如图 7.4.1 所示，每段近似为 L/N 长的直线段。设搜索者的最大发现距离为 R，那么搜索者航行了 L/N 长的直线段，相当于搜索了面积为 $2RL/N$ 的小矩形区域。

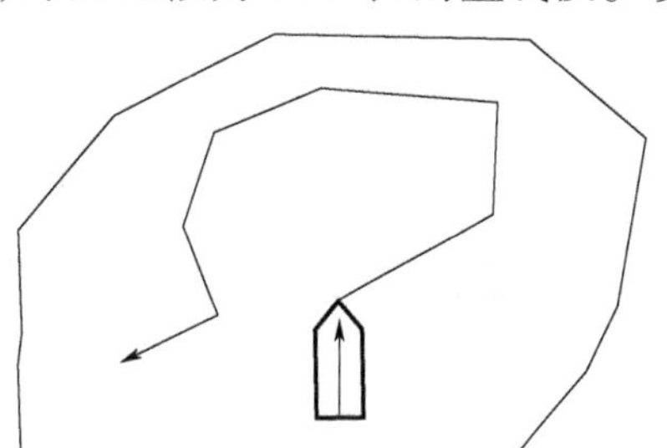

图 7.4.1　对不规避目标的随机搜索示意图

记 B = "目标位于第一个小矩形区域"，则有

$$P(B)=\frac{2RL}{NA}$$

再记 C = "发现目标"，则

$$P(C|B)=\frac{W}{2R}$$

因此，搜索者在该区域内发现目标的概率为

$$\begin{aligned}P(BC)&=P(B)P(C|B)\\&=\frac{2RL}{NA}\times\frac{W}{2R}\\&=\frac{LW}{NA}\end{aligned}$$

设 D_i 表示事件"在第 i 段上发现目标"$(i=1,2,\cdots,N)$，则有

$$\begin{aligned}P(D_1)&=P(BC)\\&=\frac{LW}{NA}\end{aligned}$$

从而可得

$$P(\overline{D}_1)=1-\frac{LW}{NA}$$

在第一段上未发现目标的条件下，计算在第二段上发现目标概率时，由于目标位置的可能区域因 $\overline{D}_1$ 而缩小，其面积小于 A，且分布仍可认为是均匀分布的，因而提高了在第二段上发现目标的可能性，即

$$P(D_2|\overline{D}_1)\geqslant P(D_1)=\frac{LW}{NA}$$

所以

$$P(\overline{D}_2|\overline{D}_1)\leqslant 1-\frac{LW}{NA}$$

类似地,可得

$$P(D_i|\overline{D}_1\overline{D}_2\cdots\overline{D}_{i-1})\geqslant\frac{LW}{NA}$$

$$P(\overline{D}_i|\overline{D}_1\overline{D}_2\cdots\overline{D}_{i-1})\leqslant 1-\frac{LW}{NA},i=1,2,\cdots,N$$

于是,有

$$\begin{aligned}P(\text{未发现目标})&=P(\overline{D}_1\overline{D}_2\cdots\overline{D}_N)\\&=P(\overline{D}_1)P(\overline{D}_2|\overline{D}_1)\cdots P(\overline{D}_N|\overline{D}_1\overline{D}_2\cdots\overline{D}_{N-1})\\&\leqslant\left(1-\frac{WL}{NA}\right)\left(1-\frac{WL}{NA}\right)\cdots\left(1-\frac{WL}{NA}\right)\\&=\left(1-\frac{WL}{NA}\right)^N\end{aligned}$$

所以

$$P(\text{发现目标})\geqslant 1-\left(1-\frac{WL}{NA}\right)^N$$

对搜索者的航线做无限细分,即令 $N\to\infty$,则有

$$\left(1-\frac{WL}{NA}\right)^N\to e^{-\frac{WL}{A}}$$

所以随机搜索发现目标概率的下限为

$$P_{发}=1-e^{-\frac{WL}{A}} \tag{7.4.1}$$

下面对式(7.4.1)做几点说明。

(1) 当我们对目标情况了解很少时,即使不采取任何系统的搜索方案而进行随机搜索,仍能估计出发现目标概率的下限。

(2) 把$\frac{WL}{A}$叫作覆盖系数。它是搜扫面积与总面积之比,说明了搜索者花在搜索上的努力程度。显然,$\frac{WL}{A}$越大,发现目标的概率越大。

(3) 当$\frac{WL}{A}$很小时,$P_{发}=1-e^{-\frac{WL}{A}}\approx\frac{WL}{A}$,并且 $P_{发}=1-e^{-\frac{WL}{A}}<\frac{WL}{A}$,所以 $1-e^{-\frac{WL}{A}}$是发现目标概率的下限,是对随机搜索发现目标概率的保守估计,而 WL/A 可以作为发现目标概率的上限,是发现目标概率的乐观估计。

(4) 如果将搜索区域分割成长为 b、宽为 S 的 n 个搜索带,使得 $A=nSb$,同时假设搜索者在每个搜索带采用随机搜索的方法大体均匀地覆盖整个搜索区域,则这种搜索方式称为均匀随机搜索,如图 7.4.2 所示。在每个搜索带中搜索航线长为 b,所以整个搜索航线长为 $L=nb$,覆盖系数为$\frac{WL}{A}=\frac{Wnb}{nSb}=\frac{W}{S}$。于是,均匀随机搜索发现目标概率的下限为 $P_{发}=1-e^{-\frac{W}{S}}$。在执行中均匀随机搜索可减少搜索面的重叠,从而会使实际的发现概率有所提高。

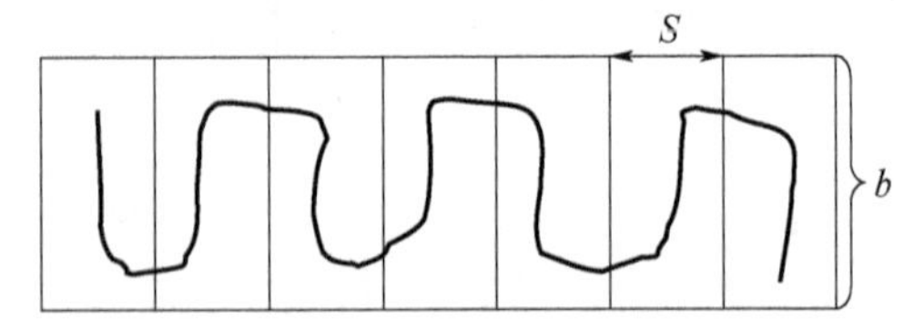

图 7.4.2 均匀随机搜索示意图

7.4.2　平行搜索

平行搜索是搜索者在不知道目标位置和运动诸元的情况下采取的一种多个搜索者同时进行搜索的搜索方式。做如下假设：

① 目标在区域 A 内均匀分布且静止不动；

② 将区域 A 分成 n 个平行搜索带，如图 7.4.3 所示。由 n 个搜索者(一般认为是同类搜索者)平行地沿自己负责的搜索带的中心线航行搜索，任意两个搜索带的中心线间距为 S；

③ 各个搜索者发现目标是相互独立的，第 i 个搜索者的横距曲线为 $\overline{P}_i(x)$ 且发现距离为 R_i。

在以上假设条件下，平行搜索发现目标的平均概率 $P_{平均}$ 是多少？

下面分三种情况进行讨论。

(1) 当 $S \geqslant R_i + R_{i+1}$ 时，相邻的各搜索者的横距曲线不互相重叠，如图 7.4.4 所示。

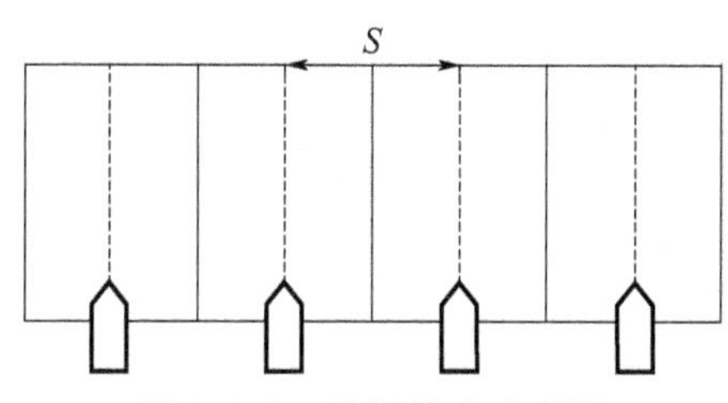

图 7.4.3　平行搜索示意图

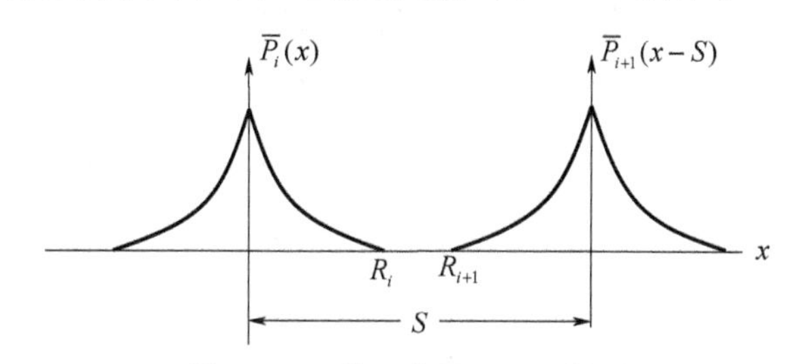

图 7.4.4　横距曲线不重叠情形

我们知道，如果目标在第 i 个搜索带，那么它被发现的概率为 $E[\overline{P}(X)] = \dfrac{W_i}{S}$，而目标在任意搜索带的概率均为 $1/n$，所以目标在第 i 个搜索带内被发现的概率为

$$\frac{1}{n} \times \frac{W_i}{S} = \frac{W_i}{nS}$$

因为各搜索者发现目标是相互独立的，并且相邻横距曲线没有重叠，所以目标在整个搜索区域内被发现的平均概率为

$$P_{平均} = \sum_{i=1}^{n} \frac{W_i}{nS} = \frac{1}{nS}\sum_{i=1}^{n} W_i$$

如果所有搜索者的横距曲线 $\overline{P}_i(x)$ 都为 $\overline{P}(x)$，则所有搜索者的搜扫宽度都相同，即 $W_i = W$，从而目标在整个搜索区域内被发现的平均概率为

$$P_{平均} = \frac{W}{S} \tag{7.4.2}$$

(2) 当 $R_i < S < R_i + R_{i+1}$ 时，有两个搜索者可能同时发现目标。

以第 i 个搜索者为坐标原点画出两个搜索者的横距曲线，如图 7.4.5 所示，则目标在第 i 个搜索者与第 $i+1$ 个搜索者之间穿过时被发现的概率为

$$E_{i,i+1} = \frac{1}{S}\left\{ \int_{0}^{S-R_{i+1}} \overline{P}_i(x)\,\mathrm{d}x + \int_{S-R_{i+1}}^{R_i} [1-(1-\overline{P}_i(x))(1-\overline{P}_{i+1}(x-S))]\,\mathrm{d}x + \int_{R_i}^{S} \overline{P}_{i+1}(x-S)\,\mathrm{d}x \right\}$$

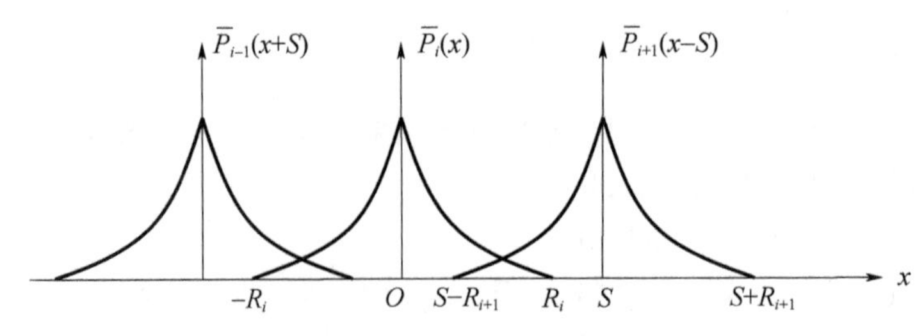

图 7.4.5　两条横距曲线重叠情形

另外,目标在搜索区域两端时被发现的平均概率分别为

$$E[\overline{P}_1(X)] = \frac{W_1}{S}$$

$$E[\overline{P}_n(X)] = \frac{W_n}{S}$$

因为各搜索者发现目标是相互独立的,所以目标在搜索区域内被发现的平均概率为

$$P_{平均} = \frac{1}{n}\sum_{i=1}^{n-1} E_{i,i+1} + \frac{1}{2n}E[\overline{P}_1(X)] + \frac{1}{2n}E[\overline{P}_n(X)]$$

如果目标从两个搜索者之间穿过时被发现的概率相等(这一假设条件等价于所有搜索者具有相同的横距曲线),即 $E_{i,i+1} = E(i = 1,2,\cdots,n)$,则有

$$P_{平均} = E - \frac{1}{n}\left(E - \frac{W_1 + W_2}{2S}\right)$$

当海域很大且 n 较大时,通常忽略目标在搜索区域两端出现的情形。这时,整个搜索过程发现目标的平均概率就是通过任意两个搜索者之间的目标被发现的平均概率,于是可以忽略上式的后一项,得到

$$P_{平均} = E$$

当各搜索者的横距曲线都相同,即 $\overline{P}_i(x) = \overline{P}(x)$ 时,有

$$P_{平均} = \frac{1}{S}\left\{\int_0^{S-R}\overline{P}(x)\,\mathrm{d}x + \int_{S-R}^{R}[1-(1-\overline{P}(x))(1-\overline{P}(x-S))]\,\mathrm{d}x + \int_R^S \overline{P}(x-S)\,\mathrm{d}x\right\} \tag{7.4.3}$$

(3) 当 $S < R_i$ 时,至少有三个搜索者可能同时发现目标。解决问题的方法与情况(2)类似(略)。

例 7.4.1　设搜索者以航线间距 $S = 60$ 海里进行平行搜索,各搜索者的横距曲线相同,如图 7.4.6 所示。试求发现目标的概率。

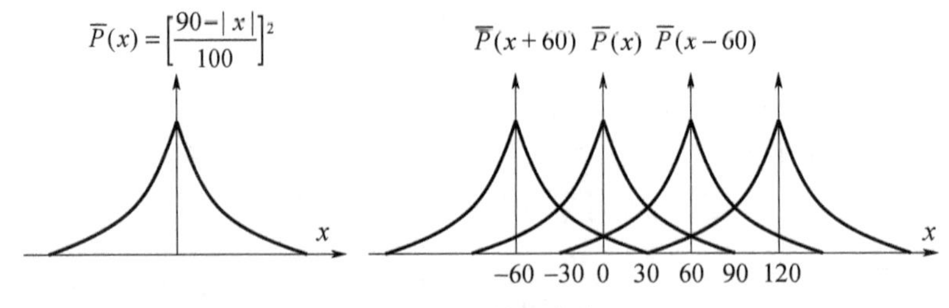

图 7.4.6　横距曲线

解　从图7.4.6中看出,在横距[0,60]内的横距曲线关于直线 $x=30$ 对称,所以目标横距在[0,60]内均匀分布时被发现的平均概率与目标横距在[0,30]内均匀分布时被发现的概率相等。因此,在搜索区域内发现目标的平均概率为

$$\begin{aligned}
P_{平均} &= \frac{1}{30}\int_0^{30}\{1-[1-\overline{P}(x+60)][1-\overline{P}(x)][1-\overline{P}(x-60)]\}\mathrm{d}x \\
&= \frac{1}{30}\int_0^{30}\left\{1-\left[1-\left(\frac{90-|x+60|}{100}\right)^2\right]\left[1-\left(\frac{90-|x|}{100}\right)^2\right]\left[1-\left(\frac{90-|x-60|}{100}\right)^2\right]\right\}\mathrm{d}x \\
&\approx 0.6785
\end{aligned}$$

7.5　对规避目标的运动搜索

所谓规避目标是指为躲避搜索而进行机动的目标。

7.5.1　扩大面积的随机搜索

前面已经讨论过,对于一个在有限固定区域内的静止目标进行随机搜索,搜索者发现目标的概率为

$$P_{发}=1-\mathrm{e}^{-\frac{WL}{A}}$$

式中:L 为搜索者的航线长。如果设 V 是搜索速度,t 是搜索时间,那么搜索者发现目标的概率可以写为

$$P_{发}=1-\mathrm{e}^{-\frac{WVt}{A}} \tag{7.5.1}$$

如果对目标以速度 u 进行规避,那么目标有可能逃出原先预定的搜索区域。为继续搜索目标,就要不断扩大搜索区域,也就是说,搜索区域 A 随时间 t 而变化。设 $A(t)$ 是 t 时刻搜索区域的面积,这时在 t 时间内搜索发现目标的概率为

$$P(t) = 1-\mathrm{e}^{-\int_0^t \frac{WV}{A(t)}\mathrm{d}t} \tag{7.5.2}$$

最常见的情况是搜索区域呈圆形扩大而目标位置均匀分布在逐渐扩大的区域内。如果最初得知目标位置均匀分布在一个半径为 R 的圆内,而以后目标能在任一方向上以最大速度 u 进行规避,这时有

$$A(t)=\pi(R+ut)^2$$

所以可得

$$P(t) = 1-\mathrm{e}^{-\int_0^t \frac{WV}{A(t)}\mathrm{d}t} = 1-\mathrm{e}^{-\int_0^t \frac{WV}{\pi(R+ut)^2}\mathrm{d}t} = 1-\mathrm{e}^{-\frac{WVt}{\pi R(R+ut)}} \tag{7.5.3}$$

当 $t\to\infty$ 时,有

$$P(t)\to 1-\mathrm{e}^{-\frac{WV}{\pi Ru}} \tag{7.5.4}$$

例7.5.1　假设发现一艘潜艇的潜望镜,并派出一架飞机去发现地点进行随机搜索,潜艇以最大速度10节逃离发现点,而搜索飞机在发现目标后30min才能到达该海域。搜索飞机以速度250kn围绕发现点进行随机搜索,其搜扫宽度为2海里。试求:

(1) 在预定搜索2h内发现潜艇的概率;

(2) 如果无限期搜索下去,发现目标的概率。

解 因为搜索飞机在发现目标后30min才能到达该海域，所以开始搜索时目标的位置应均匀分布在半径为$R=10\times0.5=5$(海里)的圆域内。于是，由式(7.5.3)可得在t时间内搜索发现目标的概率为

$$P(t)=1-\mathrm{e}^{-\frac{2\times250}{\pi\times5\times(5+10t)}t}$$

(1) 在预定搜索2h内发现潜艇的概率为

$$P(2)=1-\mathrm{e}^{-\frac{2\times250\times2}{\pi\times5\times(5+10\times2)}}=1-\mathrm{e}^{-2.55}\approx0.92$$

(2) 由式(7.5.4)可得无限期搜索的概率为

$$\lim_{t\to\infty}P(t)=1-\mathrm{e}^{-\frac{2\times250}{\pi\times5\times10}}\approx0.96$$

搜索2h和无限期搜索发现目标的概率相差不大，所以在实际当中搜索2h后就没有必要无限期搜索下去。

7.5.2 螺旋线搜索

考虑这样一种情况：目标在O点被发现后随即脱离与搜索者的接触而逃离被发现点。此时位于K点，与目标距离为D的搜索者奉命以最大速度v前往发现目标的初始点进行搜索。搜索者的搜索速度为$\bar{v}$，估计目标的规避速度为$\bar{u}$，可能向任意方向规避。当搜索者接到命令后，应向目标最大可能规避方向进行搜索。

如果已知目标规避最大可能方向为OC，这时敌舷角为α，则通过做速度三角形可确定搜索者接近目标的航线，如图7.5.1所示。于是可求出搜索者的舷角β和初始相遇时间t_c分别为

$$\beta=\arcsin\left(\frac{\bar{u}}{v}\sin\alpha\right)$$

$$t_c=\frac{D}{\bar{u}\cos\alpha+v\cos\beta}$$

如果不知道目标的规避方向，则搜索者首先以最短直线KO方向迅速接近目标，如图7.5.2所示。如果目标正好沿着OK方向规避，则经过时间t_0后，搜索者与目标相遇于C_0点，可以计算出相遇时间为

$$t_0=\frac{D}{\bar{u}+v}$$

相遇距离为

$$C_0K=\frac{Dv}{\bar{u}+v}$$

$$R_0=OC_0=\frac{D\bar{u}}{\bar{u}+v}$$

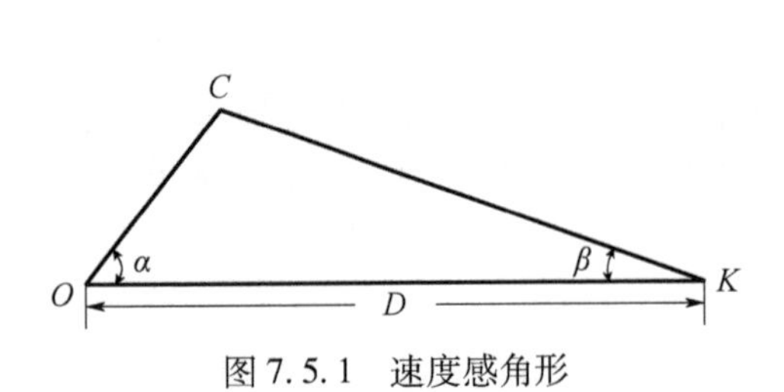

图7.5.1 速度感角形

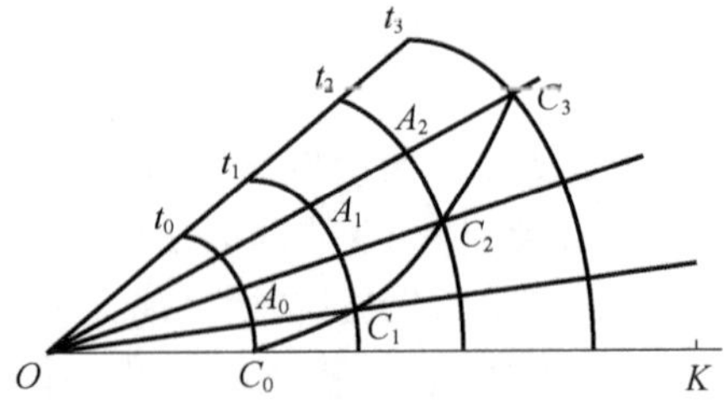

图7.5.2 按螺旋线搜索示意图

如果在 C_0 点没有发现目标，则应按螺旋线航线搜索是比较合理的。事实上，如果目标不是沿 OK 方向规避，而是沿 OA_0 方向规避，则经过时间 t 后，搜索者到达 C_0 点，而目标到达 A_0 点。再经过 Δt 时间，目标继续沿 OA_0 方向规避到 C_1 点，这时搜索者应在 Δt 时间后到达 C_1 点才能捕捉到目标，如图 7.5.2 所示。在 C_0 点，搜索者的舷角应为

$$\angle OC_0C_1 = \frac{\pi}{2} + \arcsin\frac{\bar{u}}{\bar{v}}$$

同样地，如果在 C_1 没有发现目标，那么可设目标沿 OA_1 方向规避，经过 $t_1 = t + \Delta t$ 时间目标到达 A_1 点，而搜索者到达 C_1 点。再经过 Δt 时间，目标继续沿 OA_1 方向规避到 C_2 点，而搜索者也应达到 C_2 点才能捕捉到目标。这时搜索者的舷角应为

$$\angle OC_1C_2 = \frac{\pi}{2} + \arcsin\frac{\bar{u}}{\bar{v}}$$

由此可见，搜索者和目标可能在 C_0、C_1、C_2 等点上相遇，而搜索者由 C_0 航行至 C_1，C_2 等点上，其舷角始终保持为

$$q = \frac{\pi}{2} + \arcsin\frac{\bar{u}}{\bar{v}} = \frac{\pi}{2} + Q \tag{7.5.5}$$

其中 $Q = \arcsin\frac{\bar{u}}{\bar{v}}$ 称为临界角。

容易验证，如果以目标的初始位置 O 作为极点，射线 OK 作为极轴，建立极坐标系，那么搜索者的航线是螺旋线，其方程为

$$\rho = R_0 e^{k\theta} \tag{7.5.6}$$

其中 $R_0 = OC_0$，$k = \tan Q$。

通过上述分析可知，如果搜索者不知道目标的规避方向，那么它应首先沿最短直线 KO 方向到达 C_0 点。如果在 C_0 点没有遇到目标，那么搜索者应按照螺旋线航线进行搜索，并保持固定搜索舷角，如图 7.5.3 所示。也就是说，搜索者到达 C_0 点以后，就要眼看着目标初始位置 O 点，并做定舷角航行搜索。

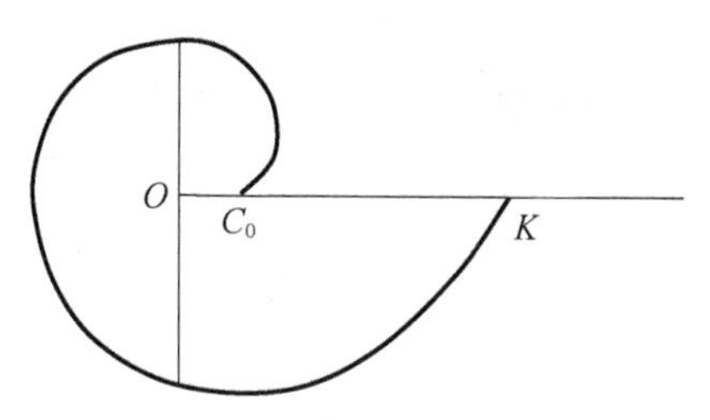

图 7.5.3　按螺旋线搜索的航行曲线

下面讨论按螺旋线搜索时发现目标的概率。我们知道，在任意时刻 t，搜索者的搜索极径为 $\rho = \bar{u}t$。如果搜索者的搜扫速度为 W，那么目标速度 $\bar{u}$ 在区间 $[u', u'']$ 内仍能被发现，如图 7.5.4 所示。其中

$$u' = \bar{u} - \frac{\frac{W}{2}}{t} = \bar{u} - \frac{\frac{W}{2}}{\frac{\rho}{\bar{u}}} = \bar{u} - \frac{W\bar{u}}{2\rho} = \bar{u} - \frac{W\bar{u}}{2R_0}e^{-k\theta}$$

$$u'' = \bar{u} + \frac{\frac{W}{2}}{t} = \bar{u} + \frac{\frac{W}{2}}{\frac{\rho}{\bar{u}}} = \bar{u} + \frac{W\bar{u}}{2\rho} = \bar{u} + \frac{W\bar{u}}{2R_0}e^{-k\theta}$$

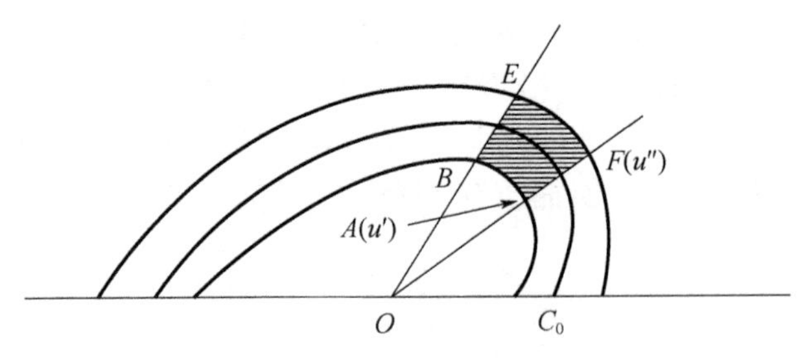

图 7.5.4 搜索示意图

由于目标航向在$[0,2\pi]$上是均匀分布的，因此目标航向在$[\theta,\theta+\mathrm{d}\theta]$上的概率为$\frac{\mathrm{d}\theta}{2\pi}$。如果设目标速度的概率密度为$f(u)$，$u\in[u_1,u_2]$，那么目标速度在$[u,u+\mathrm{d}u]$上的概率为$f(u)\mathrm{d}u$。于是，目标航向在$[\theta,\theta+\mathrm{d}\theta]$上且速度在$[u,u+\mathrm{d}u]$上的概率为

$$\mathrm{d}P=\frac{\mathrm{d}\theta}{2\pi}f(u)\mathrm{d}u$$

因此，搜索者沿螺旋线搜索φ角度以后发现目标的概率为

$$P(\varphi)=\int_0^{\varphi}\frac{\mathrm{d}\theta}{2\pi}\int_{u'}^{u''}f(u)\mathrm{d}u \tag{7.5.7}$$

注意，如果$\theta=0$时，有$u'\geqslant u_1$，$u''\leqslant u_2$，则式(7.5.7)中的积分上、下限不变。如果对任意θ有$u'<u_1$或$u''>u_2$，则分别取u_1或u_2为积分上、下限。

如果目标速度服从均匀分布，即

$$f(u)=\begin{cases}\dfrac{1}{u_2-u_1},u_1\leqslant u\leqslant u_2\\0,u\notin[u_1,u_2]\end{cases}$$

那么搜索者沿螺旋线搜索φ角度后发现目标的概率为（这里假设$u'\geqslant u_1$，$u''\leqslant u_2$）

$$\begin{aligned}P(\varphi)&=\int_0^{\varphi}\frac{\mathrm{d}\theta}{2\pi}\int_{u'}^{u''}f(u)\mathrm{d}u=\frac{1}{2\pi(u_2-u_1)}\int_0^{\varphi}(u''-u')\mathrm{d}\theta\\&=\frac{1}{2\pi(u_2-u_1)}\int_0^{\varphi}\frac{W\bar{u}}{R_0}\mathrm{e}^{-k\theta}\mathrm{d}\theta=\frac{W\bar{u}(1-\mathrm{e}^{-k\varphi})}{2k\pi(u_2-u_1)R_0}\end{aligned} \tag{7.5.8}$$

例 7.5.2 设目标速度u在$[2,10]$上服从均匀分布，搜索者搜索速度与最大航速相同即$\bar{v}=v=15\mathrm{kn}$，搜扫宽度$W=2.8$海里，搜索者与目标初始距离$D=10$海里。求搜索者按螺旋线搜索半圈后发现目标的概率。

解 假定目标以速度期望值$\bar{u}=(2+10)/2=6\mathrm{kn}$做定速航行，则得到

$$R_0=\frac{D\bar{u}}{\bar{u}+v}\approx 2.8571$$

$$k=\tan\left(\arcsin\frac{\bar{u}}{v}\right)\approx 0.4364$$

又由于$\theta=0$时，有

$$u'=\bar{u}-\frac{W\bar{u}}{2R_0}=3.06>u_1=2$$

$$u'' = \bar{u} + \frac{W\bar{u}}{2R_0} = 8.94 < u_2 = 10$$

由式(7.5.8)可得搜索半圈发现目标的概率为

$$P(\pi) = \frac{W\bar{u}(1 - e^{-k\pi})}{2k\pi(u_2 - u_1)R_0} = \frac{2.8 \times 6 \times (1 - e^{-0.4364\pi})}{2 \times 0.4364\pi(10 - 2) \times 2.8571} = 0.20$$

7.6　封锁巡逻搜索

封锁巡逻是在大体了解目标运动方向和速度条件下对预定境界区域进行的搜索活动。其目的在于发现越过境界的目标。常见的封锁巡逻搜索方式有两种:往返航线的搜索(也称线式搜索)和交叉航线搜索(也称8字形搜索)。

巡逻搜索是在概略知道目标航向,不知其确切位置条件下的搜索,因而巡逻线总长度应能保证遮蔽目标通过时可能的位置,不致漏掉目标。巡逻搜索时,搜索者在巡逻线上反复探测,为了不致漏掉目标,巡逻线存在最大搜索长度。如果巡逻线总长度大于巡逻线最大长度,则需多个搜索者在巡逻线上分段巡逻,下面以单个搜索者为例,说明如何计算最大巡逻长度。

7.6.1　往返航线搜索

设搜索者沿长度为 L 的航线进行往返搜索,其运动速度为 v_r,探测半径为 R,则其在运动过程中可能发现目标的区域为一“跑道”形区域,如图7.6.1所示。同时假设目标沿垂直于搜索者运动方向穿越搜索区,其速度为 v_m。

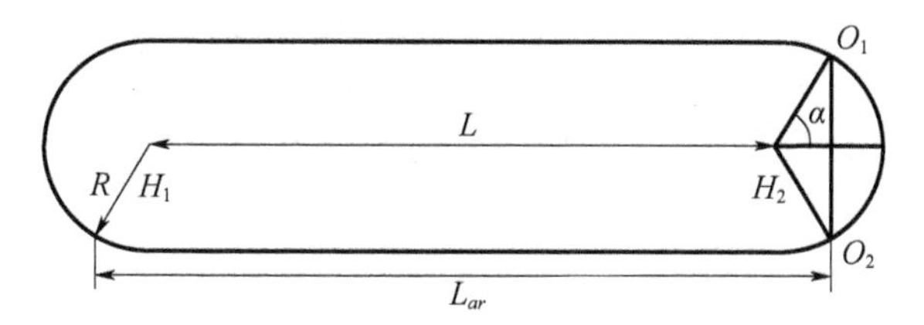

图7.6.1　往返航线搜索示意图

为了能发现目标,搜索者从 H_1 点开始运动,至 H_2 点后开始返回,直到再次回到 H_1 点时,应不迟于目标穿越搜索区的路程 O_1O_2,如图7.6.1所示。

由此可得

$$\frac{L}{v_r} = \frac{|O_1O_2|}{v_m} \tag{7.6.1}$$

其中

$$|O_1O_2| = 2R\sin\alpha \tag{7.6.2}$$

$$L = L_{ar} - 2R\cos\alpha \tag{7.6.3}$$

将式(7.6.2)、式(7.6.3)代入式(7.6.1)可得

$$L_{ar} = R(v_r/v_m)\sin\alpha + 2R\cos\alpha \tag{7.6.4}$$

对式(7.6.4)对 α 求导,并令其为0,可得

$$\alpha = \arctan(v_m/2v_r) \tag{7.6.5}$$

将式(7.6.5)代入式(7.6.4)可得

$$L_{ar} = \frac{v_m^2 R}{2v_t^2 \sqrt{1+(v_m/2v_r)^2}} + \frac{2R}{\sqrt{1+(v_m/2v_r)^2}}$$

令 $m = v_m/v_r$,则得

$$L_{ar} = R\sqrt{m^2+4} \tag{7.6.6}$$

同理,可得出巡逻线的最大长度为

$$L = R\frac{m^2}{\sqrt{m^2+4}} \tag{7.6.7}$$

7.6.2 交叉航线搜索

用交叉搜索航次在边缘线上组织搜索时,应确定下列要素:短搜索航次的长度 l_1、交叉搜索航次的长度 l_2 和方向、搜索地段的长度 l_{ar},如图 7.6.2 所示。

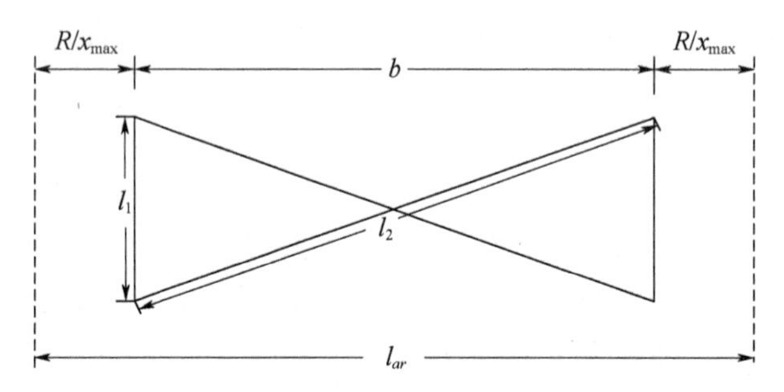

图 7.6.2　交叉航线搜索示意图

短搜索航次的长度 l_1 应当满足,在该搜索航次时相对搜索地带的长度等于预警雷达发现目标距离的两倍,即

$$l_1 = v_r\frac{2R}{v_r+v_m} = \frac{2m}{1+m}R \tag{7.6.8}$$

交叉搜索航次的方向应使该搜索航次的相对搜索地带与搜索边缘线(垂直于目标可能航向)平行,也就是说,搜索的航向线与搜索边缘线构成一个夹角。这个夹角就是临界角,即

$$Q = \arcsin(v_m/v_r)$$

由此得出交叉搜索航次的长度 l_2 为

$$l_2 = \frac{l_1}{\sin Q} = \frac{2m^2}{m+1}R \tag{7.6.9}$$

搜索地段的长度 l_{ar} 应根据搜索地段内发现目标的概率达到给定值的要求来确定。在发现概率等于接触概率的条件下,搜索地带的长度 $l_{ar} = b + 2R$,式中 b 是交叉搜索航次在搜索边缘线(垂直于目标可能航向)上的投影。

因为

$$b = l_2\cos Q \tag{7.6.10}$$

而

$$Q = \arcsin(1/m)$$

所以

$$l_{ar} = R\frac{2m}{m+1}\sqrt{m^2-1} + 2R \tag{7.6.11}$$

从式(7.6.6)和式(7.6.11)中可以看出,与巡逻方式相关联的搜索地段长度与 R 成正比,其比例系数为

在线式巡逻时:

$$K_1 = \sqrt{m^2+4} \tag{7.6.12}$$

在交叉巡逻时:

$$K_2 = 2\left(1 + \frac{m\sqrt{m^2-1}}{m+1}\right) \tag{7.6.13}$$

用式(7.6.12)和式(7.6.13)计算不同速度比时的 K_1 与 K_2,列于表7.6.1中。

表7.6.1　取决于速度比的 K_1 与 K_2

m	1/27	1/12	1	1.5	2
K_1	2.0	2.0	2.1	2.1	2.2
K_2	—	—	2.0	2.3	3.3

从表7.6.1中可以看出,交叉("8"字)巡逻搜索方式,只有在 $m>1.5$ 时要比线式巡逻搜索好。

7.7　搜索区域的确定

搜索尤其是对水下目标的搜索是及其耗时的工作,而搜索活动的关键是确定搜索区域,对搜索区域的判断和预测的结果直接关系到搜索工作量的大小甚至搜索的成败。那么如何确定搜索区域呢?搜索区域的确定取决于搜索的目的、对搜索目标位置信息的掌握情况等。如果搜索的目的是查明某一海域有无目标,如对舰艇编队作战或训练海域进行检查搜索、对登陆海域的水雷进行搜索等,可根据相关作战海域的大小来确定搜索区域,但对于运动目标,如水面船只、水下潜艇等,确定其搜索区域将更加复杂,下面介绍两种基于目标最后位置信息的搜索区域确定方法。

7.7.1　根据目标最后位置确定搜索区域

在海上搜救行动或对潜应召搜索中,通常可通过某种手段和途径获知目标消失时的最后位置信息,但一般无法获知目标可能的航向信息,此时只能认为目标可能沿任意方向运动,若可确定搜索时目标可能运动的距离,则可以最后位置点为中心,以可能运动距离为半径画圆,作为搜索区域,如图7.7.1所示。

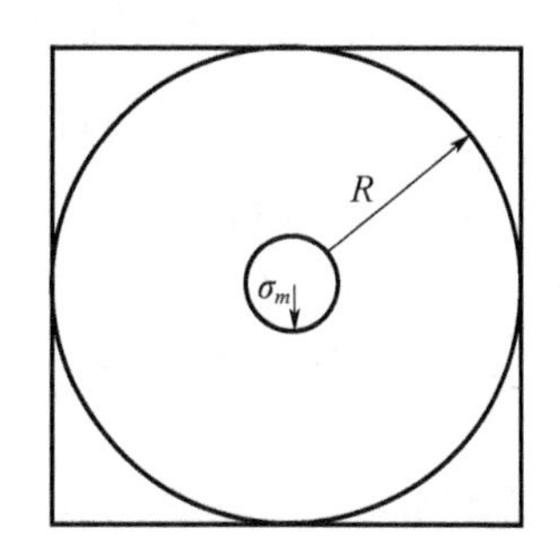

图7.7.1　由目标最后位置确定搜索区域示意图

若目标的最大航速为 V_m,可能的运动时间为 T,则目标的运动距离 D 为

$$D = V_m \cdot T$$

若考虑到初始位置的确定存在一定误差,若最大误差为 σ_m,则目标的可能分布半径 R 为

$$R = V_m \cdot T + \sigma_m \tag{7.7.1}$$

为方便搜索,有时用矩形区域代替圆形区域,若设矩形搜索区域的边长为 A,则有

$$A = 2(V_m \cdot T + \sigma_m) \tag{7.7.2}$$

例 7.7.1 1963 年 4 月 10 日,美国海军核潜艇“长尾鲨”在“云雀”舰的伴随下进行试航。上午 9 时 17 分,“长尾鲨”用水下电话向“云雀”报告说:该艇难于保持平衡。“云雀”随即利用罗兰电子导航系统测定了舰位(北纬 41°45′,西经 65°00′)。“云雀”在完成了与“长尾鲨”最后一次联络的几秒钟后,从水下电话中听到断裂杂声。

设点 A 是“云雀”在通话时的真实位置,水下电话的最大距离约为 2.5 海里,那么“长尾鲨”应在以 A 点为中心,2.5 海里为半径的圆域里,记为区域Ⅰ。考虑到罗兰导航系统为误差引起的“云雀”舰位不准确,可将搜索海域扩大为一个以 A 为中心,半径为 5 海里的圆形海域,在这个海域之内且在区域Ⅰ之外的部分,记为区域Ⅱ。如图 7.7.2 所示。“长尾鲨”应以很大的概率在这个海域之内,最后果然在区域Ⅱ中“ * ”处找到了失事的“长尾鲨”。

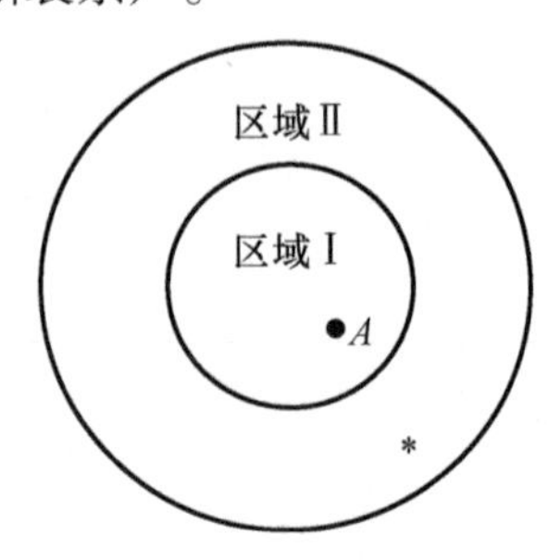

图 7.7.2 “长尾鲨”号失事地点示意图

例 7.7.2 设某民航飞机,在飞行过程中,其每隔 5min 向外发送一次自己的位置和速度信息,当其发送位置坐标(北纬 2.98°、西经 30.59°)及速度(480kn)后消失坠海,再没有发出任何信息,若其位置和速度信息由 GPS 确定误差很小,可忽略不及,则其可能坠落海域在何处?搜索区域面积有多大?

解 由于该民航飞机每隔 5min 发送一次信息,因此其坠海前最大可能飞行距离到最后位置点的距离应为两次信号发送间隔时间乘以飞行速度,即

$$R = V_m \cdot T = 480 \times 5/60 = 40(\text{海里})$$

搜索区域面积 S 为

$$S = \pi R^2 = 5024(\text{平方海里})$$

即搜索区域应为最后位置点为中心半径 40 海里的海域,搜索总面积 5024 平方海里,约 1.7 万 km^2。

7.7.2 根据目标最后位置和可能航向确定搜索区域

有时,不仅可以获知目标的最后位置,还可获知或判断目标的可能航向,若设目标的可能航向为 C,判断的航向误差为 ΔC,目标最大运动速度为 V_{max},最小运动速度为 V_{min},可能的运动时间为 T,则其最大运动距离为 $V_{max} \cdot T$,最小运动距离为 $V_{min} \cdot T$,则目标应位于以航向 C 为中心,圆心角为 $2\Delta C$,半径分别为 $V_{min} \cdot T$ 和 $V_{max} \cdot T$ 的两段圆弧之间,如图 7.7.3所示。

若目标初始位置的最大误差为 σ_m,并用矩形区域代替,则可知,矩形的长 A 和宽 B 分别为

$$A = 2((V_{max} \cdot T + \sigma_m) \cdot \tan\Delta C + \sigma_m) \tag{7.7.3}$$

$$B=(V_{\max}\cdot T+\sigma_m)-(V_{\min}\cdot T+\sigma_m)\cos\Delta C \quad (7.7.4)$$

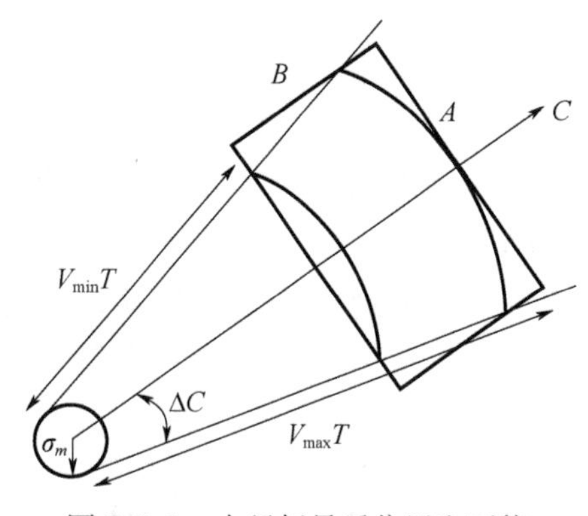

图 7.7.3　由目标最后位置和可能航向确定搜索区域示意图

例 7.7.3　若在例 7.7.2 中还已知最后航向，且飞机可能偏离航向为 ±30°，则搜寻该失事飞机所需的搜寻面积为多少？

解　由于不能获知失事前目标的飞行速度，可认为其最小可能速度为 0，最大为 480kn，则

$$A=2\times480\times5/60\times\tan30^\circ=46.2(\text{海里})$$

$$B=480\times5/60=40(\text{海里})$$

因此，总的搜寻面积

$$S=46.2\times40=1848(\text{平方海里})$$

该搜索面积仅相对于例 7.7.2 中未知航向时搜索面积的 1/3。

例 7.7.4　在纯方位攻击时，水面舰艇用被动声纳测得目标位于右舷 60°，已知该声纳的方位误差为 ±5°，在当时的水文条件下声纳的作用距离为 25 ~ 35 海里，若以本舰为参考点，则目标的可能位置在何处？

解　因以本舰为参考点，故可忽略本舰定位误差

$$A=2\times35\times\tan5^\circ=6.2(\text{海里})$$

$$B=35-25\times\cos5^\circ=10.1(\text{海里})$$

即目标应位于该舰右舷 60°，最近距离约 25 海里，最远距离约 35 海里，宽度约 6 海里的海域内。

本章小结

本章介绍的主要内容包括：①搜索论的基本概念；②探测器能力的度量；③静止搜索、运动搜索、封锁巡逻搜索；④搜索区域的确定。

本章首先简要介绍了搜索论的起源及应用情况，分析了搜索的三要素及其关系，为搜索论的展开奠定了基础。

针对探测器能力的度量，本章介绍了反应探测器搜索效率的能力指标，主要有雷达测局和视距方程、横距曲线和搜扫宽度，并给出了相应的计算方法。

根据搜索者与目标之间的相对关系，将搜索分为了静止搜索与运动搜索。针对静止搜索，给出了离散观察与连续观察下发现目标的概率的计算方法。针对运动搜索，将搜索目标分为不规避目标和规避目标两类，针对不规避目标，给出了随机搜索和平行搜索两种搜索方法及发现概率的计算方法；针对规避目标，给出了扩大面积的随机搜索和螺旋线搜索两种搜索方法及发现概率的计算方法。

根据目标的运动特点，介绍了封锁巡逻搜索问题。分别给出了往返航线搜索、交叉航线搜索两种搜索方法及相关参数的计算方法，并分析比较了两种方法的使用条件。

最后，对目标可能分布的区域，即搜索区域确定问题进行了介绍。分别给出了根据目标最后位置及根据目标最后位置和可能航向确定搜索区域的方法。

习　题

7.1　若第 n 次瞥发现目标的概率为 $g_n = n/(10-n), n=1,2,\cdots,5$。试求 $P(n)$、$F(n)$ 与 $E(N)$。

7.2　若每次瞥发现目标概率为常量 g，在 n 次瞥中发现某个给定目标的概率为 $F(n)=1-(1-g)^n$。假设有 n 个目标独立地活动。试问：在 n 次瞥中至少发现一个目标的概率是多少？

7.3　在某次连续搜索中，$r=0.1$ 发现次数/分钟。试问：

（1）在最初 2min 内发现目标的概率是多少？

（2）在搜索开始后 2～3min，首次发现目标的概率是多少？

（3）在最初 15min 内，期望发现次数是多少？

（4）为了发现目标，平均必须连续观察多久？

7.4　在某反导弹阵地，应用一台雷达探测来袭的敌导弹。雷达最大探测距离为 140 海里，为了击毁敌导弹，必须在它接近到距离 100 海里以前发现目标。由于该雷达有两种可能的扫描速度：快速和慢速。因此，曾考虑两种可选择方案：快速和慢速。在快速时，对目标可能做 4 次瞥扫描，即目标每接近 10 海里瞥一次，每次瞥发现目标的概率为：当距离在 120～140 海里为 0.2，当距离在 100～120 海里为 0.4。在慢速时，对目标可能做二次瞥扫描，即目标每接近 20 海里瞥一次，每次瞥发现目标的概率为：当距离在 120～140 海里为 0.4，当距离在 100～120 海里为 0.7。试问：选择哪一种扫描速度比较好，为什么？

7.5　设每次瞥发现目标的概率为常数 $g=0.002$，瞥速度 $a=5$ 瞥/min（于是 $n=60at=300t$，这里 t 是以 h 为单位的搜索时间）。试问：

（1）期望发现目标的时间是多少？

（2）为了达到 80% 的发现目标的机会，将需要搜索多长时间？

7.6　某雷达的横距曲线如图 7.1 所示。

（1）雷达的可能发现距离 R 是多少？

（2）此雷达发现一个以横距 20 海里通过的目标的概率有多大？

（3）此雷达的搜扫宽度是多少？

（4）发现一个将在距此雷达 15～30 海里均匀随机通过的目标的平均概率多大？

（5）此雷达发现一个将以均匀随机方式在 30 海里以内通过的目标的平均概率多大？

（6）此雷达发现一个将在 20 海里以内均匀随机通过的目标的概率多大？

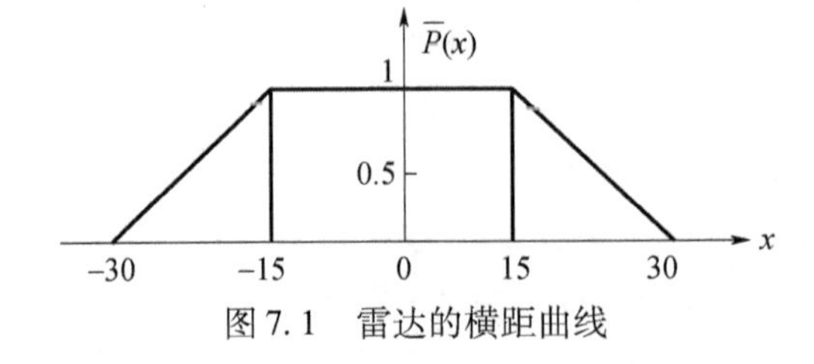

图 7.1　雷达的横距曲线

7.7　某观测仪器安装在一个宽为 120 海里的海峡的中心点，其横距曲线如图 7.2 所示。

（1）发现一个从距海峡边缘10海里处通过该海峡的目标的概率有多大？

（2）发现一个以均匀随机方式从该海峡的任一点通过的目标的概率有多大？

7.8　假设一目标从靠近海峡中心处通过的可能性比靠近边缘通过的可能性大，有如图7.3所示的概率密度函数曲线。采用7.7题的条件和横距曲线，试问：发现这样一个目标的期望概率有多大？

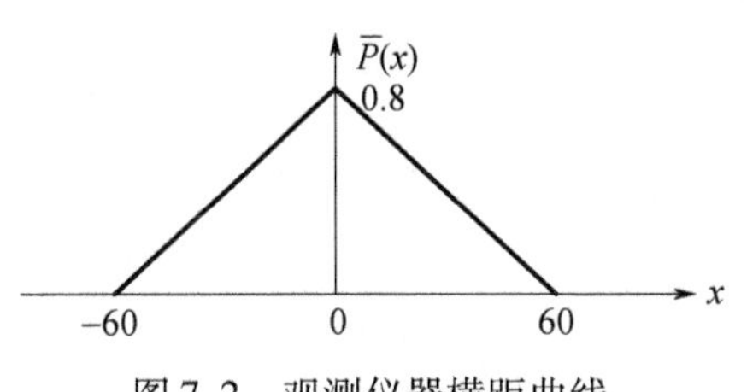

图7.2　观测仪器横距曲线

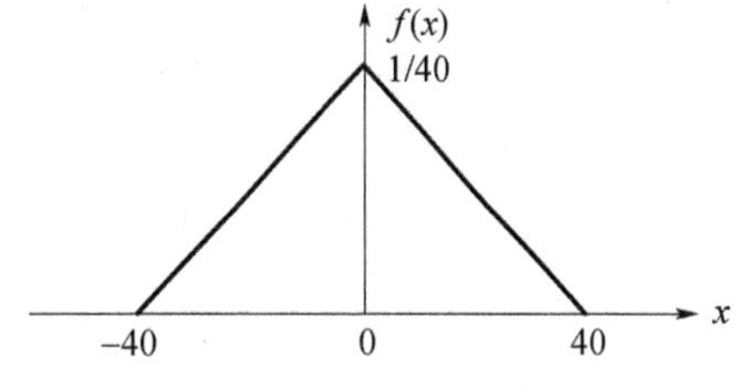

图7.3　概率密度函数曲线

7.9　某艘舰艇在面积为2000平方海里的海区进行随机搜索。设搜索的全程为80海里，共包括10个等长的直线搜索段，该舰的搜扫宽度为15海里。试问：

（1）在一个搜索段上发现目标的概率？

（2）在10个搜索段的任何一段上都未发现目标的概率？

（3）该舰此次搜索能发现目标的概率？

7.10　三架飞机被派往面积为600海里×300海里的海区进行各自独立行动的随机搜索。飞机的搜索速度为180节。机载雷达的搜扫宽度为60海里，限定每架飞机的执勤时间为3h。试问：

（1）第一架飞机在一次出动中发现目标的概率多大？

（2）如果每架飞机出动一次，发现目标的概率多大？

（3）如果每架飞机都以完全独立的方式出动一次，为使发现目标的概率达到0.9，需要多少架飞机？

7.11　一次平行搜索所要覆盖的矩形面积为150海里×20海里。搜索的航线间距S为30海里。设搜扫宽度$W=2R=20$海里，平行搜扫示意图如图7.4所示。试问：

（1）搜索的总航程多大？

（2）求搜索发现目标的平均概率？

（3）试用随机搜索模型估计发现目标概率？

（4）覆盖系数多大？

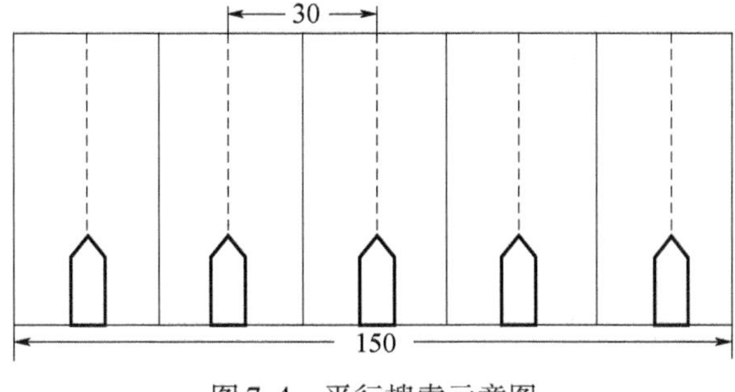

图7.4　平行搜索示意图

7.12 一架飞机被派去搜索一个位于面积为500海里×100海里的海区内某处的目标。飞机搜索时速150节。根据目标特征、飞机高度等条件,雷达搜扫宽度为50海里,限定飞机执勤时间为4h。试问:

(1) 随机搜索模型计算,飞机一次出动就发现目标的概率?

(2) 为获得0.95的发现概率,需在该区搜索多少小时?

(3) 为发现目标,飞机需在该区进行搜索的小时平均数 T 是多少?

7.13 某猎潜艇奉命到某海区搜索一潜艇。接上级指示敌潜艇的位置后1h到达搜索区域,敌潜艇以8节航速在逃离该海区。猎潜艇飞机对敌潜艇做随机搜索,搜扫宽度为3海里,搜索速度为15kn。试求预定2h内发现目标的概率。

参 考 文 献

[1] 李登峰,等. 海军运筹学基础[M]. 大连:海军大连舰艇学院,2002.
[2] 张俊学. 作战运筹学[M]. 北京:解放军出版社,2000.
[3] 甘应爱,等. 运筹学教程[M]. 北京:清华大学出版社,1995.
[4] 唐焕文,秦学志. 实用最优化方法[M]. 大连:大连理工大学出版社,2000.
[5] 李长生. 军事运筹学教程[M]. 北京:军事科学出版社,2000.
[6] 张最良,等. 军事运筹学[M]. 北京:军事科学出版社,1993.
[7] 许腾. 海军合同战术运筹分析[M]. 北京:海潮出版社,2000.
[8] 海军指挥学院. 作战运筹分析[M]. 南京:海军指挥学院,1989.
[9] 李登峰. 模糊多目标决策与对策[M]. 北京:国防工业出版社,2002.
[10] L. G. 托马斯(靳敏,王辉青,译). 对策论及其应用[M]. 北京:解放军出版社,1988.
[11] 刘德铭,黄振高. 对策论及其应用[M]. 长沙:国防科技大学出版社,1995.
[12] 王建华. 对策论[M]. 北京:清华大学出版社,1986.
[13] 谭乐祖. 军事运筹学教程[M]. 北京:兵器工业出版社,2010.
[14] 张兆基. 系统工程[M]. 北京:知识出版社,1991.
[15] 戴自立. 现代舰艇作战系统[M]. 北京:国防工业出版社,1999.
[16] 许腾. 海军合同战术运筹分析[M]. 北京:海军出版社,2000.
[17] 杨剑波. 多目标决策方法与应用[M]. 长沙:湖南出版社,1996.
[18] 卫民堂,等. 决策理论与技术[M]. 西安:西安交通大学出版社,2000.
[19] 马振华,等. 现代应用数学手册[M]. 北京:清华大学出版社,1998.
[20] 史越冬. 指挥决策定量分析[M]. 南京:海军指挥学院教材,1999.
[21] 朱松春,等. 军事运筹学[M]. 北京:解放军出版社,1987.
[22] 广州舰艇学院. 军事运筹学基础[M]. 广州:广州舰艇学院,1985.
[23] 劳伦斯. D. 斯通. 最优搜索理论[M]. 北京:海潮出版社,1990.
[24] 姜青山,郑保华,译. 海军运筹分析[M]. 北京:国防工业出版社,2008.
[25] 荆心泉,姚志杨,等. 军事运筹学 100 例[M]. 北京:国防工业出版社,1992.